U0501679

高等职业教育土木建筑类专业
新形态一体化教材

钢筋混凝土
工程施工

主 编 李仙兰

高等教育出版社·北京

内容提要

本书内容包括：基础知识、钢筋混凝土独立基础施工、钢筋混凝土条形基础施工、钢筋混凝土柱施工、钢筋混凝土梁施工、钢筋混凝土（梁）板施工、钢筋混凝土剪力墙施工、钢筋混凝土楼梯施工和高层建筑施工。本书可供建筑工程技术、工程管理、工程造价、建设工程监理专业等相关专业教学使用，也可供建筑行业各专业技术岗位的从业人员参考。

本书重点、难点的知识点、技能点配有动画、微课等数字化资源，视频类资源可通过扫描书中二维码在线观看。授课教师如需要本书配套的教学课件资源，可发送邮件至 gztj@ pub.hep.cn 索取。

图书在版编目（CIP）数据

钢筋混凝土工程施工/李仙兰主编.--北京:高等教育出版社,2021.8
ISBN 978-7-04-055272-0

Ⅰ.①钢… Ⅱ.①李… Ⅲ.①钢筋混凝土结构-工程施工-高等职业教育-教材 Ⅳ.①TU755

中国版本图书馆 CIP 数据核字(2020)第 217010 号

GANGJIN HUNNINGTU GONGCHENG SHIGONG

策划编辑	刘东良	责任编辑	刘东良	封面设计	李树龙	版式设计	马 云
插图绘制	邓 超	责任校对	高 歌	责任印制	赵 振		

出版发行	高等教育出版社		网 址	http://www.hep.edu.cn
社 址	北京市西城区德外大街 4 号			http://www.hep.com.cn
邮政编码	100120		网上订购	http://www.hepmall.com.cn
印 刷	高教社（天津）印务有限公司			http://www.hepmall.com
开 本	787mm×1092mm 1/16			http://www.hepmall.cn
印 张	18.75			
字 数	440 千字		版 次	2021 年 8 月第 1 版
购书热线	010-58581118		印 次	2021 年 8 月第 1 次印刷
咨询电话	400-810-0598		定 价	49.80 元

前　　言

　　本书根据《高等职业学校建筑工程技术专业教学标准》,本着为行业、企业培养面向生产、管理、服务一线技术技能型人才的目标进行编写,主要是为了适应钢筋混凝土工程施工的教学需要,满足高职高专建筑工程技术专业的教学需要。本书可以作为工程造价、建设工程监理等相关专业的教学用书,也可以作为施工员、技术员、质量员以及钢筋工的工作指南。

　　本书由原学科体系下的"建筑材料""建筑施工技术""建筑工程施工质量控制与验收"和"建筑质量事故分析"等多门课程以及《混凝土结构施工图平面整体表示方法制图规则和构造详图》系列图集重构而成,通过对基础、柱、墙、梁板和楼梯等钢筋混凝土项目基于工作过程的学习,使学生全面学习和掌握钢筋混凝土工程施工图的识读、施工工艺、质量验收和简单的工程质量事故分析与处理的知识,具备钢筋混凝土工程施工的管理能力和简单的操作能力,为学生毕业后适应建筑行业各专业技术岗位(施工员、技术员、质量员等)打下坚实的基础。

　　本书由内蒙古建筑职业技术学院李仙兰任主编,内蒙古建筑职业技术学院杨晶、吴俊臣任副主编,内蒙古建筑职业技术学院任尚万、代洪伟参编。基础知识由杨晶编写;项目1、项目2和项目7由吴俊臣编写;项目3和项目4由李仙兰编写;项目5和项目6由代洪伟编写;项目8由任尚万编写。全书由李仙兰和杨晶负责统编工作。

　　本书由内蒙古建筑职业技术学院邬宏、内蒙古第三建筑公司李钟亮主审,内蒙古机电职业技术学院郝俊也对本书提出许多宝贵意见,在此,编者表示衷心感谢。

　　由于编者水平有限,书中难免有不足之处,恳请读者批评指正。

编　者

2020 年 9 月

目　录

I

基 础 知 识

【学习目标】

掌握钢筋的分类、钢筋的进场检验、钢筋的连接方式、钢筋的代换;掌握模板的施工验收要求、模板的拆除要求;掌握混凝土的施工工艺和质量验收要求;掌握混凝土的质量缺陷及处理方法;熟悉模板的分类和各类模板的特点;熟悉模板的工程质量事故分析;熟悉钢筋的工程质量事故分析;了解模板的受力计算;了解钢筋的加工。通过本章的学习,使学生具备钢筋、模板和混凝土工程的基本施工管理能力,为实施项目教学做一个良好的铺垫。

【内容概述】

本章内容主要包括钢筋工程、模板工程、混凝土工程三部分,学习重点是钢筋的分类、钢筋的进场检验、混凝土的施工工艺和质量验收要求,学习难点是钢筋的连接方式、钢筋的代换和混凝土的强度评定。

【知识准备】

《钢筋混凝土用钢 第 1 部分:热轧光圆钢筋》(GB/T 1499.1—2017)已于 2018 年 9 月 1 日正式实施,《钢筋混凝土用钢 第 2 部分:热轧带肋钢筋》(GB/T 1499.2—2018)于 2018 年 11 月 1 日贯彻实施。因此,有关钢筋牌号、尺寸、外形、质量及允许偏差、技术要求等内容的学习,可参考上述两个规范。

0.1 钢筋工程

0.1.1 钢筋的分类和力学性质

一、钢筋的分类

钢筋种类很多,通常按化学成分、生产工艺、轧制外形、供应形式、直径大小,以及在结构中的用途进行分类。

1. 按轧制外形分

1)热轧光圆钢筋:经热轧成型,横截面通常为圆形,表面光滑的成品钢筋。牌号为 HPB300,钢筋的公称直径范围为 6~22 mm,推荐的钢筋公称直径为 6 mm、8 mm、10 mm、12 mm、16 mm、20 mm。按盘卷交货的钢筋,每根盘条质量应不小于 500 kg,每盘质量应不小于 1 000 kg。钢筋的下屈服强度 R_{eL}、抗拉强度 R_m、断后伸长率 A、最大力总伸长率 A_{gt} 等力学性能特征值应符合规范的要求。

微课
钢筋的
分类

2）热轧带肋钢筋：横截面通常为圆形，且表面带肋的混凝土结构用钢材。钢筋按屈服强度特征值分为 400、500、600 级，有普通热轧钢筋和细晶粒热轧钢筋两个类别，牌号的构成及含义见表 0.1。

表 0.1　钢筋牌号的构成及含义

类别	牌号	牌号构成	英文字母含义
普通热轧钢筋	HRB400	由 HRB+屈服强度特征值构成	HRB——热轧带肋钢筋的英文缩写 E——地震的英文首字母
	HRB500		
	HRB600		
	HRB400E		
	HRB500E		
细晶粒热轧钢筋	HRBF400	由 HRBF+屈服强度特征值构成	HRBF——在热轧带肋钢筋的英文缩写后加"细（Fine）"的英文首字母 E——地震的英文首字母
	HRBF500		
	HRBF400E	由 HRBF+屈服强度特征值+E 构成	
	HRBF500E		

3）钢丝及钢绞线：钢丝是用热轧盘条经冷拉制成的再加工产品。工程中钢丝和钢绞线一般都用于大型预应力混凝土构件的受力钢筋。预应力高强度钢丝是用优质碳素结构钢盘条，经酸洗、冷拉、回火处理等工艺制成。钢绞线是由 2 根、3 根或 7 根直径为 2.5~5.0 mm 的高强钢丝绞捻后，经一定热处理清除内应力而制成。

4）冷轧扭钢筋：由低碳钢热轧圆盘条经专用钢筋冷轧机调直冷轧并冷扭一次成型，具有规定截面形状和带距的连续螺旋状钢筋，直径一般有 6 mm、8 mm、10 mm、12 mm、14 mm。

2. 按直径大小分

钢丝（直径为 3~5 mm）、细钢筋（直径为 6~10 mm）、粗钢筋（直径大于 22 mm）。

3. 按生产工艺分

热轧、冷轧（冷轧扭、冷轧带肋）、冷拉的钢筋，还有热轧后利用热处理原理进行表面控制冷却，并利用芯部余热自身完成回火处理所得的余热处理钢筋。

4. 按在结构中的作用分

受压钢筋、受拉钢筋、架立钢筋、分布钢筋、箍筋等。

二、钢筋的力学性质

钢筋混凝土及预应力混凝土结构中所用的钢筋可分为两类：一类是有明显屈服点的钢筋（一般称为软钢），另一类是无明显屈服点的钢筋（一般称为硬钢）。

有明显屈服点的钢筋的应力-应变曲线如图 0.1 所示。图中，a 点以前应力与应变按比例增加，其关系符合虎克定律，这时如卸去荷载，应变将恢复到 0，即无残余变形，a 点对应的应力称为比例极限；过 a 点后，应变较应力增长为快；到达 b 点后，应变急剧增加，而应力基本上不变，应力-应变曲线呈现水平段 cd，钢筋产生相当大的塑性变形，此阶段称为屈服阶段。b、c 两点分别称为上屈服点和下屈服点。由于上屈服点 b 对应应力为开始进入屈服阶段的应力，呈不稳定状态，而下屈服点 c 比较稳定，因此，将下屈服点 c 对应的应力称为"屈服强度"。当钢筋屈服到一定程度,即到达图中的 d 点,cd 段称为屈服台阶,过 d 点后,应力应变关系又形成上升曲线,但曲线趋平,其最高点为 e,de 段称为钢筋的"强化阶段",相应于 e 点的应力称为钢筋的极限强度,过 e 点后,钢筋薄弱断面显著缩小,产生"颈缩"现象,此时变形迅速增加,应力随之下降,直至到达 f 点时,钢筋被拉断。

无明显屈服点的钢筋的应力-应变曲线如图 0.2 所示。钢筋应力达到比例极限点之前,应力-应变曲线按直线变化,钢筋具有明显的弹性性质,超过比例极限点以后,钢筋表现出越来越明显的塑性性质,但应力应变均持续增长,应力-应变曲线上没有明显的屈服点。到达极限抗拉强度 b 点后,同样由于钢筋的"颈缩"现象出现下降段,至钢筋被拉断。

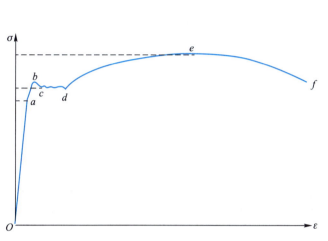

图 0.1 有明显屈服点的钢筋的应力-应变曲线   图 0.2 无明显屈服点的钢筋的应力-应变曲线

钢筋的力学性质指标有 4 个,即屈服强度、极限抗拉强度、伸长率和冷弯性能。

（1）屈服强度

如上所述,对于软钢,取下屈服点 c 对应的应力作为屈服强度;对无明显屈服点的硬钢,设计中极限抗拉强度不能作为钢筋强度取值的依据,一般取残余应变为 0.2% 所对应的应力 $\sigma_{0.2}$ 作为无明显流幅钢筋的强度限值,通常称为条件屈服强度。对于高强钢丝,条件屈服强度相当于极限抗拉强度的 85%。对于热处理钢筋,则为极限抗拉强度的 90%。为了简化运算,《混凝土结构设计规范》(GB 50010—2010)统一取 $\sigma_{0.2}=0.85\sigma_b$,其中 σ_b 为无明显流幅钢筋的极限抗拉强度。

（2）极限抗拉强度

对于软钢,取应力-应变曲线中的最高点 e 为极限抗拉强度;对于硬钢,规范规定,将应力-应变曲线的最高点作为强度标准值的依据。

（3）伸长率

伸长率是衡量钢筋塑性性能的一个指称,用 δ 表示。δ 为钢筋试件拉断后的残余应变,其值为:

$$\delta = \frac{l_2-l_1}{l_1}\times 100\% \tag{0.1}$$

式中：l_1——钢筋试件受力前量测的标距长度(m)；

　　l_2——试件经拉断并重新拼合后量测得到的标距长度(m)。

伸长率大的钢筋塑性性能好，拉断前有明显的预兆；伸长率小的钢筋塑性性能差，其破坏会突然发生，呈脆性特征。具有明显屈服点的钢筋有较大的伸长率，而无明显屈服点的钢筋伸长率很小。

（4）冷弯性能

冷弯试验是检验钢筋塑性的另一种方法，即将要试验的钢筋（直径为 d）绕某一规定直径的钢辊轴（直径为 D）进行弯曲，如图0.3所示。伸长率一般不能反映钢筋的脆化倾向，而冷弯性能可间接地反映钢筋的塑性性能和内在质量。冷弯试验的两个主要参数是弯心直径 D 和冷弯角度 α。冷弯试验合格的标准为在规定的 D 和 α 下冷弯后的钢筋无裂纹、鳞落或断裂现象。

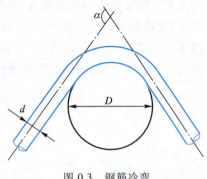

图0.3　钢筋冷弯

上述钢筋的4项指标中，对有明显屈服点的钢筋均须进行测定，对无明显屈服点的钢筋则只测定后3项。

微课
钢筋的进场检验

0.1.2　钢筋进场检验

钢筋进场应有产品合格证、出厂检验报告，每捆（盘）钢筋均应有标牌，进场钢筋应按进场的批次和产品的抽样检验方案抽取试样做机械性能试验，合格后方可使用。钢筋在加工过程出现脆断、焊接性能不良或力学性能显著不正常等现象时，还应进行化学成分检验或其他专项检验；同时还应进行外观检查，要求钢筋应平直、无损伤，表面不得有裂纹、油污、颗粒状或片状老锈。

0.1.3　钢筋的配料与代换

钢筋计算长度有预算长度与下料长度之分。预算长度指的是钢筋工程量的计算长度，主要是用于计算钢筋的重量，确定工程的造价；下料翻样是钢筋工程施工中一项非常重要的工作，在钢筋施工工序上，钢筋配料（钢筋的切断、工艺加工等）、绑扎安装、交付验收等都需要有书面的依据，这个依据就是翻样工所出具的《钢筋配料单》，翻样工所出具《钢筋配料单》的工作过程就是钢筋下料翻样，翻样工的水平如何直接决定了钢筋施工每道工序的操作质量、原材的合理利用、使用人工是否经济等，两者既有联系又有区别。预算长度和下料长度都说的是同一构件的同一钢筋实体，下料长度可由预算长度调整计算而来。预算长度和下料长度主要区别在于内涵不同、精度不同。

从内涵上说，预算长度按设计图示尺寸计算，它包括设计已规定的搭接长度，对设计未规定的搭接长度不计算（设计未规定的搭接长度考虑在定额损耗量里，清单计价则考虑在价格组成里），不过实际操作时都按定尺长度加搭接长度。而下料长度，则是根据施工进料的定尺情况、实际采用的钢筋连接方式并按照施工规范对钢筋接头数量、位置等具体规定要求考虑全部搭接在内的计算长度，有时还要考虑施工工艺和施工流程，如果是分段施工还需要考虑两个流水段之间的钢筋连接。从精度上讲，预算长度按图示尺寸计算，即构件几何尺寸、钢筋保护层厚度和弯曲调整值，并不考虑所读出的图示尺寸与钢筋制作的实际尺寸之间的量度差值,而下料长度却是全都要考虑的。比如一个矩形箍筋,预算长度只考虑构件截面宽、截面高,钢筋保护层厚度及两个135°弯钩,不考虑那3个90°直弯,而下料长度则都要考虑。

讨论这个问题的目的,既是为了准确计算钢筋工程量用以确定造价,也是为了相应算出符合实际的下料长度,以期指导施工。钢筋下料的钢筋形状、根数、长度要准确无误,否则会造成严重后果,而钢筋预算仅仅是量上的误差,最多是误差率超过允许范围而重新计算。

在计算难度上,下料比预算要求高,计算一个异形高低、大小不一的复杂集水坑,下料计算必须高度精确,需要钢筋翻样人员对钢筋的具体形式和钢筋的摆放位置相当清楚,并且对施工流程非常了解,而钢筋预算对这方面就没有太高的要求,只要钢筋的总量基本相同就可以了,但是没法用于施工。

施工下料有几个关键因素,即可操作性、规范化、优化下料,而钢筋预算的最主要因素就是计算准确。这应该就是预算和下料最本质的区别了。

一、钢筋下料长度计算

1. 钢筋弯曲调整值计算

钢筋下料长度计算是钢筋配料的关键。实际图中注明的钢筋尺寸是钢筋的外轮廓尺寸(从钢筋外皮到外皮量得的尺寸),在钢筋加工时,也按外轮廓尺寸进行验收。钢筋弯曲后的特点是:在钢筋弯曲处,内皮缩短,外皮延伸,而中心线尺寸不变,故钢筋的下料长度即中心线尺寸。钢筋成型后量度尺寸都是沿直线量外皮尺寸;同时弯曲处又成圆弧,因此弯曲钢筋的量度尺寸大于下料尺寸,两者之间的差值称为"弯曲调整值",即在下料时,下料长度应用量度尺寸减去弯曲调整值。

钢筋弯曲常见形式及调整值计算简图如图0.4所示。

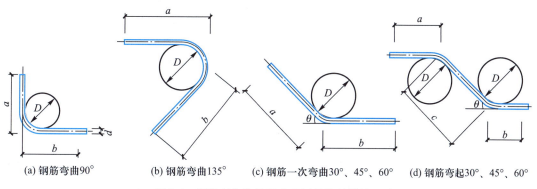

(a) 钢筋弯曲90°   (b) 钢筋弯曲135°   (c) 钢筋一次弯曲30°、45°、60°   (d) 钢筋弯起30°、45°、60°

图 0.4　钢筋弯曲常见形式及调整值计算简图

a、b—量度尺寸

(1) 钢筋弯曲之间的有关规定

1) 受力钢筋的弯钩和弯弧规定:HPB300级钢筋末端应做180°弯钩,弯弧内直径 $D \geq 2.5d$(钢筋直径),弯钩的弯后平直部分长度 $\geq 3d$(钢筋直径);当设计要求钢筋末端做135°弯折时,HRB400级钢筋的弯弧内直径 $D \geq 4d$(钢筋直径),弯钩的弯后平直部分长度应符合设计要求;钢筋做不大于90°的弯折时,弯折处的弯弧内直径 $D \geq 5d$(钢筋直径)。

2) 箍筋的弯钩和弯弧规定:除焊接封闭环式箍筋外,钢筋末端应做弯钩,弯钩形式应符合设计要求。当设计无要求时,应符合下面规定:箍筋弯钩的弯弧内直径除应满足上述规定外,尚应不小于受力钢筋直径。箍筋弯弧的弯折角度,对一般结构,不应小于90°;对有抗震

要求的结构,应为135°。箍筋弯后平直部分的长度,对一般的结构,不宜小于箍筋直径的5倍;对有抗震要求的结构,不应小于箍筋直径的10倍。

（2）钢筋弯折各种角度时的弯曲调整值计算

1）钢筋弯折各种角度时的弯曲调整值:弯起钢筋弯曲调整值的计算简图如图0.4(a)、图0.4(b)、图0.4(c)所示;钢筋弯折各种角度时的弯曲调整值计算式及取值见表0.2。

表0.2　钢筋弯折各种角度时的弯曲调整值

弯折角度	钢筋级别	弯曲调整值 δ		弯弧直径
		计算式	取值	
30°	HPB300 级 HRB400 级	$\delta = 0.006D + 0.274d$	$0.3d$	$D = 5d$
45°		$\delta = 0.022D + 0.436d$	$0.55d$	
60°		$\delta = 0.054D + 0.631d$	$0.9d$	
90°		$\delta = 0.215D + 1.215d$	$2.29d$	
135°	HPB300 级 HRB400 级	$\delta = 0.822D - 0.178d$	$1.88d$ $3.11d$	$D = 2.5d$ $D = 4d$

2）弯起钢筋弯折30°、45°、60°的弯曲调整值:弯起钢筋弯曲调整值的计算简图如图0.4(d)所示;弯起钢筋弯曲调整值计算式及取值见表0.3。

表0.3　弯起钢筋弯折30°、45°、60°的弯曲调整值

弯折角度	钢筋级别	弯曲调整值 δ		弯弧直径
		计算式	取值	
30°	HPB300 级 HRB400 级	$\delta = 0.012D + 0.28d$	$0.34d$	$D = 5d$
45°		$\delta = 0.043D + 0.457d$	$0.67d$	
60°		$\delta = 0.108D + 0.685d$	$1.23d$	

3）钢筋180°弯钩长度增加值

根据规范规定,HPB300级钢筋两端做180°弯钩,其弯曲直径 $D = 2.5d$,平直部分长度为 $3d$,如图0.5所示。度量方法为以外包尺寸度量,其每个弯钩长度增加值为 $6.25d$。

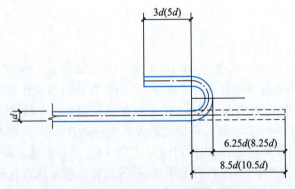

图0.5　钢筋180°弯钩长度增加值计算简图

箍筋做 180°弯钩时,其平直部分长度为 5d,则其每个弯钩增加长度为 8.25d。

2. 钢筋下料长度计算

直钢筋下料长度＝构件长度−混凝土保护层厚度+弯钩增加长度(混凝土保护层厚度按教材规定查用)。

弯起钢筋下料长度＝直段长度+斜段长度−弯曲调整值+弯钩增加长度

箍筋下料长度＝直段长度+斜段长度−弯曲调整值

或:箍筋下料长度＝箍筋周长+箍筋长度调整值

曲线钢筋(环形钢筋、螺旋箍筋、抛物线钢筋等)下料长度＝钢筋长度计算值+弯钩增加长度

二、钢筋配料单及料牌的填写

1. 钢筋配料单的作用及形式

钢筋配料单是根据施工设计图纸标定钢筋的品种、规格及外形尺寸、数量,并进行编号,计算下料长度,用表格形式表达的技术文件。

1) 钢筋配料单的作用:钢筋配料单是确定钢筋下料加工的依据,是提出材料计划、签发施工任务单和限额领料单的依据,是钢筋施工的重要工序,合理的配料单能节约材料、简化施工操作。

微课
钢筋配料单

2) 钢筋配料单的形式:钢筋配料单一般用表格的形式表达,其内容由构件名称、钢筋编号、钢筋简图、尺寸、钢号、数量、下料长度及质量等组成。

2. 钢筋配料单的编制方法及步骤

1) 熟悉构配件钢筋图,弄清每一编号钢筋的直径、规格、种类、形状和数量,以及在构件中的位置和相互关系。

2) 绘制钢筋简图。

3) 计算每种规格的钢筋下料长度。

4) 填写钢筋配料单。

5) 填写钢筋料牌。

3. 钢筋的标牌与标识

除填写配料单外,还需给每一编号的钢筋制作相应的标牌与标识,即料牌,以作为钢筋加工的依据,并在安装中作为区别、核实工程项目钢筋的标志。

【案例应用】

【例 0.1】 某教学楼第一层楼共有 5 根 L1 梁,梁的配筋如图 0.6 所示,梁混凝土保护层厚度取 25 mm,箍筋为 135°斜弯钩,试编制该梁的钢筋配料单(HRB400 级钢筋末端为 90°弯钩,弯起直段长度为 250 mm)。

解:

1. 熟悉构件配筋图,绘出各钢筋简图见表 0.4。

2. 计算各钢筋下料长度:

①号钢筋为 HPB300 级钢筋,两端需做 180°弯钩,每个弯钩长度增加值为 6.25d,端头保

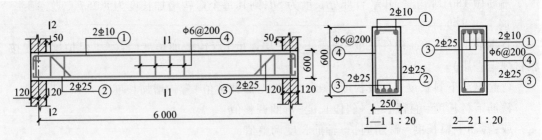

图 0.6 梁的配筋图

护层厚度为 25 mm,则钢筋外包尺寸为:6 240-2×25=6 190(mm),钢筋下料长度=构件长-两端保护层厚度+弯钩增加长度

①号钢筋下料长度=6 190+2×6.25×10=6 190+125=6 315(mm)

②号钢筋为 HRB400 级钢筋(钢筋下料长度计算式同前),钢筋弯曲调整值查表 0.2,弯折 90°时取 2.29d。②号钢筋下料长度=6 240-2×25+2×250-2×2.29d=6 190+500-115=6 575(mm)

③号钢筋为弯起钢筋,钢筋下料长度计算式为:

弯起钢筋下料长度=直段长度+斜段长度-弯曲调整值+弯钩增加长度

分段计算其长度:

端部平直段长=240+50-25=265(mm);

斜段长=(梁高-上下保护层厚度)×1.41=(600-2×25)×1.41=550×1.41=777(mm),(1.41 是钢筋弯折 45°斜长增加系数);

中间直线段长=6 240-2×65-2×265-2×550=6 240-1 680=4 560(mm)。

HRB400 级钢筋锚固长度为 250mm,末端无弯钩,钢筋的弯曲调整值查表 0.3,弯折 45°时取 0.67d;钢筋的弯折调整值查表 0.2,弯折 90°时取 2.29d。

③号钢筋下料长度=2×(250+265+777)+4 560-4×0.67d-2×2.29d=7 144-182=6 962(mm)。

④号钢筋为箍筋,下料长度=直段长度+弯钩增加长度-弯曲调整值=1 651(mm)

箍筋数量=(构件长-两端保护层)/箍筋间距+1

=(6 240-2×25)/200+1

=31.95,取 32 根

计算结果汇总于表 0.4。

表 0.4 钢筋配料单

构件名称	钢筋编号	简图	直径/mm	钢筋级别	下料长度/mm	单位根数	合计根数	质量/kg
L1 梁共 5 根	①	⌐ 6 190 ⌐	10	Φ	6 315	2	10	39.0
	②	250⌐ 6 190 ⌐	25	Φ	6 575	2	10	253.1

续表

构件 名称	钢筋 编号	简图	直径 /mm	钢筋 级别	下料长 度/mm	单位 根数	合计 根数	质量/ kg
L1梁 共5根	③	250 265 4 560	25	Φ	6 962	2	10	266.1
	④	200 550	6	φ	1 651	32	160	58.6

三、钢筋的代换

1. 钢筋代换原则

在施工中,已确认工地不可能供应设计图要求的钢筋品种和规格时,在征得设计单位的同意并进行设计变更文件后,才允许根据库存条件进行钢筋代换。代换前,必须充分了解设计意图、构件特征和代换钢筋性能,严格遵守国家现行设计规范和施工验收规范及有关技术规定。代换后应仍能满足各类极限状态的有关计算要求以及配筋构造规定,如受力钢筋和箍筋的最小直径、间距、锚固长度、配筋百分率,以及混凝土保护层厚度等。一般情况下,代换钢筋还必须满足截面对称的要求。

梁内纵向受力钢筋与弯起钢筋应分别进行代换,以保证正截面与斜截面强度要求。偏心受压构件或偏心受拉构件(如框架柱、承受吊车荷载的柱、屋架上弦等)钢筋代换时,应按受力方向(受压或受拉)分别代换,不得取整个截面配筋量计算。吊车梁等承受反复荷载作用的构件,必要时,应在钢筋代换后进行疲劳验算。同一截面内配置不同种类和直径的钢筋代换时,每根钢筋拉力差不宜过大(同类型钢筋直径差一般不大于 5 mm),以免构件受力不匀。钢筋代换应避免出现大材小用、优材劣用,或不符合专料专用等现象。钢筋代换后,其用量不宜大于原设计用量的 5%,也不应低于原设计用量的 2%。

对抗裂性要求高的构件(如吊车梁、屋架下弦等),不宜用 HPB300 级钢筋代换 HRB400级带肋钢筋,以免裂缝开展过宽。当构件受裂缝宽度限制时,代换后应进行裂缝宽度验算。如代换后裂缝宽度有一定增大(但不超过允许的最大裂缝宽度),还应对构件做挠度验算。

进行钢筋代换的效果,除应考虑代换后仍能满足结构各项技术性能要求之外,同时还要保证用料的经济性和加工操作的方便性。

2. 钢筋代换计算

(1) 等强度代换

当结构构件按强度控制时,可按强度相等的原则代换,称为"等强度代换",即代换后钢筋的钢筋抗力不小于施工图纸上原设计配筋的钢筋抗力。

即
$$A_{s2}f_{y2} \geqslant A_{s1}f_{y1} \tag{0.2}$$

将圆面积公式 $A_s = \pi d^2/4$ 代入式(0.2)中有:

$$n_2 d_2^2 f_{y2} \geqslant n_1 d_1^2 f_{y1} \tag{0.3}$$

当原设计钢筋与拟代换的钢筋直径相同时($d_1 = d_2$):

$$n_2 f_{y2} \geqslant n_1 f_{y1}$$

当原设计钢筋与拟代换的钢筋级别相同时（$f_{y1}=f_{y2}$）：

$$n_2 d_2^2 \geqslant n_1 d_1^2 \tag{0.4}$$

式中：f_{y1}、f_{y2}——分别为原设计钢筋和拟代换钢筋的抗拉强度设计值（N/mm^2）；

A_{s1}、A_{s2}——分别为原设计钢筋和拟代换钢筋的计算截面面积（mm^2）；

n_1、n_2——分别为原设计钢筋和拟代换钢筋的根数（根）；

d_1、d_2——分别为原设计钢筋和拟代换钢筋的直径（mm）。

（2）等面积代换

当构件按最小配筋率配筋时，可按钢筋面积相等的原则进行代换，称为"等面积代换"。即

$$A_{s2}=A_{s1}$$

或：

$$n_2 d_2^2 \geqslant n_1 d_1^2 \tag{0.5}$$

式中：A_{s1}、n_1、d_1——分别为原设计钢筋的计算截面面积（mm^2）、根数（根）、直径（mm）；

A_{s2}、n_2、d_2——分别为拟代换钢筋的计算截面面积（mm^2）、根数（根）、直径（mm）。

当构件受裂缝宽度或抗裂性要求控制时，代换后应进行裂缝或抗裂性验算，还应满足构造方面的要求（如钢筋间距、最小直径、最少根数、锚固长度、对称性等）及设计中提出的其他要求。

0.1.4　钢筋的加工

1. 钢筋的调直、切断及弯曲

微课
钢筋的焊接连接

钢筋调直宜采用机械调直，也可采用冷拉调直。采用冷拉方法调直钢筋时，HPB300级钢筋的冷拉率不宜大于4%；HRB400级钢筋的冷拉率不宜大于1%。除利用冷拉方法调直钢筋外，粗钢筋还可采用锤直和拔直的方法；直径1~14 mm的钢筋可采用调直机调直。调直机具有使钢筋调直、除锈和切断三项功能。冷拔低碳钢丝在调直机上调直后，其表面不得有明显擦伤，抗拉强度不得低于设计要求。

钢筋的表面应洁净，油渍、漆污和用锤敲击时能剥落的浮皮、铁锈等应在使用前清除干净。在焊接前，焊点处的水锈应清除干净。钢筋的除锈宜在钢筋冷拉或钢丝调直过程中进行，这对大量钢筋的除锈较为经济省工。用机械方法除锈，如采用电动除锈机除锈，对钢筋的局部除锈较为方便；手工（用钢丝刷、砂盘）喷砂和酸洗等除锈，由于费工费料，现已很少采用。

2. 钢筋的切断及弯曲

钢筋下料时须按下料长度切断。钢筋切断机器可采用手动切断器或钢筋切断机。手动切断器一般只用小于ϕ12钢筋；钢筋切断机可切断小于ϕ40钢筋。切断时根据下料长度统一排料；先断长料，后断短料；减少短头，减少损耗。

钢筋下料之后，应按钢筋配料单进行画线，以便将钢筋准确地加工成所规定的尺寸。当弯曲形状比较复杂的钢筋时，可先放出实样，再进行弯曲。钢筋弯曲宜采用弯曲机，弯曲机可弯ϕ6~ϕ40的钢筋。小于ϕ25的钢筋当无弯曲机时，也可采用板钩弯曲。目前钢筋弯曲机着重承担弯曲粗钢筋。为了提高工效，工地常自制多头弯曲机（一个电动机带动几个钢筋弯曲盘）以弯曲细钢筋。

0.1.5 钢筋的连接

1. 钢筋的绑扎

绑扎仍是目前钢筋连接的主要手段之一,尤其适用于板筋。钢筋绑扎时,应采用铁丝扎牢;板和墙的钢筋网,除外围两行钢筋的相交点全部扎牢外,中间部分交叉点可相隔交错扎牢,保证受力钢筋位置不产生偏移;梁和柱的钢筋应与受力钢筋垂直设置。弯钩叠合处应沿受力钢筋方向错开设置。钢筋绑扎搭接接头的末端与钢筋弯起点的距离,不得小于钢筋直径的 10 倍,接头宜设在构件受力较小处。钢筋搭接处,应在中部和两端用铁丝扎牢。受拉钢筋和受压钢筋的搭接长度及接头位置应符合《混凝土结构工程施工质量验收标准》(GB 50204—2015)的规定。

微课
钢筋的机械连接

2. 钢筋的焊接

采用焊接代替绑扎,可改善结构受力性能,提高工效,节约钢材,降低成本。结构的有些部位,如轴心受拉和小偏心受拉构件中的钢筋接头应焊接。钢筋的焊接应采用闪光对焊、气压焊、电渣压力焊和电弧焊。钢筋与钢板的 T 形连接,宜采用埋弧压力焊或电弧焊。

钢筋的焊接质量与钢材的可焊性、焊接工艺有关。在相同的焊接工艺条件下,能获得良好焊接质量的钢材,称其在这种条件下的可焊性好,相反则称其在这种工艺条件下的可焊性差。钢筋的可焊性与其含碳及含合金元素的数量有关。含碳、锰数量增加,则可焊性差;加入适量的钛,可改善焊接性能。焊接参数和操作水平亦影响焊接质量,即使可焊性差的钢材,若焊接工艺适宜,亦可获得良好的焊接质量。

钢筋焊接的接头形式、焊接工艺和质量验收,应符合《钢筋焊接及验收规程》(JGJ 18—2012)的规定。

(1)闪光对焊

闪光对焊广泛用于钢筋接长及预应力钢筋与螺丝端杆的焊接。热轧钢筋的焊接宜优先用闪光对焊,条件不可能时才用电弧焊。闪光对焊适用于焊接直径为 10~40 mm 的 Ⅰ~Ⅲ级钢筋及直径为 10~25 mm 的 Ⅳ级钢筋。

钢筋闪光对焊的原理是利用对焊机使两段钢筋接触,通过低电压的强电流,待钢筋被加热到一定温度变软后,进行轴向加压顶锻,形成对焊接头。

钢筋闪光对焊焊接工艺根据具体情况选择,如钢筋直径小,可采用连续闪光焊;钢筋直径较大,端面比较平整,宜采用预热闪光焊;端面不够平整,宜采用闪光-预热-闪光焊。

1)连续闪光焊:这种焊接工艺过程是将待焊钢筋夹紧在电极钳口上后,闭合电源,使两钢筋端面轻微接触。由于钢筋端部不平,开始只有一点或数点接触,接触点很快融化并产生金属电阻,接触点很快熔化并产生金属蒸气飞溅,形成闪光现象。闪光一开始,即徐徐移动钢筋,形成连续闪光过程,同时接头也被加热。待接头烧平、闪去杂质和氧化膜、白热熔化时,随即施加轴向压力迅速进行顶锻,使两根钢筋焊牢,如图 0.7 所示。

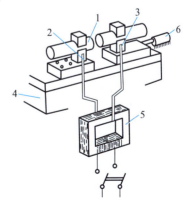

图 0.7 钢筋闪光对焊原理
1—焊接的钢筋;2—固定电极;3—可动电极;
4—机座;5—变压器;6—手动顶压机构

2）预热闪光焊：施焊时先闭合电源，然后使两钢筋端面交替地接触和分开。这时钢筋端面间隙中即发出断续的闪光，形成预热过程。当钢筋达到预热温度后进入闪光阶段，随后顶锻而成。

3）闪光-预热-闪光焊：在预热闪光焊前加一次闪光过程。其目的是使不平整的钢筋端面烧化平整，使预热均匀，然后按预热闪光焊操作。

焊接大直径的钢筋（直径 25 mm 以上），多用预热闪光焊与闪光-预热-闪光焊。

采用连续闪光焊时，应合理选择调伸长度、烧化留量、顶锻留量以及变压器级数等；采用闪光-预热-闪光焊时，除上述参数外，还应包括一次烧化留量、二次烧化留量、预热留量和预热时间等参数。焊接不同直径的钢筋时，其截面比不宜超过 1.5。焊接参数按大直径的钢筋选择。负温下焊接时，由于冷却快，易产生冷脆现象，内应力也大，为此，负温下焊接应减小温度梯度和冷却速度。

钢筋闪光对焊后，除对接头进行外观检查（无裂纹和烧伤，接头弯折不大于 4°，接头轴线偏移宜不大于 1/10 钢筋直径，也不大于 2 mm）外，还应按《钢筋焊接及验收规程》（JGJ 18—2012）的规定进行抗拉强度和冷弯试验。

（2）气压焊

气压焊接钢筋时利用乙炔-氧混合气体燃烧的高温火焰对已有初始压力的两根钢筋端面接合处加热，使钢筋端部产生塑性变形，并促使钢筋端面的金属原子互相扩散，当钢筋加热到 1 250~1 350 ℃（相当于钢材熔点的 80%~90%，此时钢筋加热部位呈橘黄色，有白亮闪光出现）时进行加压顶锻，使钢筋内的原子得以再结晶而焊接在一起。

钢筋气压焊接属于热压焊。在焊接加热过程中，加热温度为钢材熔点的 80%~90%，钢材未呈熔化液态，且加热时间较短，钢筋的热输入量较少，所以不会出现钢筋材质裂化倾向。另外，它设备轻巧、使用灵活、效率高、节省电能、焊接成本低，可进行全方位（竖向、水平和斜向）焊接，目前已在我国得到推广应用。

加热系统中的加热能源是氧和乙炔。系统中的流量计用来控制氧和乙炔的输入量，焊接不同直径的钢筋要求不同的流量。加热器用来将氧和乙炔混合后，从喷火嘴喷出火焰加热钢筋，要求火焰能均匀加热钢筋，有足够的温度和功率并且安全可靠。

加压顶锻时压力平稳。压接器是气压焊的主要设备之一，要求能准确、方便地将两根钢筋固定在同一轴线上，并将油泵产生的压力均匀地传递给钢筋达到焊接的目的。施工时压接器需反复装拆，故要求它质量轻、构造简单和装拆方便。

气压焊接的钢筋要用砂轮切割机断料，不能用钢筋切断机切断，要求端面与钢筋轴线垂直。焊接前应打磨钢筋端面，清除氧化层和污物，使之现出金属光泽，并随即喷涂一薄层焊接活化剂保护端面不再被氧化。

钢筋加热前先对钢筋施加 30~40 MPa 的初始压力，使钢筋端面贴合，当加热到缝隙密合后，上下摆动加热器适当增大钢筋加热范围，促使钢筋端面金属原子互相渗透以便于加压顶锻。加压顶锻的压应力为 34~40 MPa，使焊接部位产生塑性变形。直径小于 22 mm 的钢筋可以一次顶锻成型，大直径钢筋可以进行二次顶锻。

气压焊的接头应按规定的方法检查外观质量和进行拉力试验。

（3）电渣压力焊

现浇钢筋混凝土框架结构中竖向钢筋的连接，宜采用自动或手工电渣压力焊进行焊接。

与电弧焊相比,它工效高、节约钢材、成本低,在高层建筑施工过程中得到广泛应用。

电渣压力焊设备包括电源、控制箱、焊接夹具、焊剂盒。自动电渣压力焊的设备还包括控制系统及操作箱。焊接夹具(图 0.8)应具有一定刚度,要求坚固、灵巧、上下钳口同心,上下钢筋的轴线应尽量一致,其最大偏移不得超过 $0.1d$(d 为钢筋直径),同时也不得大于 2 mm。焊接时,先将钢筋的端部约 120 mm 范围内的铁锈除尽,将夹具夹牢在下部钢筋上,并将上部钢筋扶直夹牢于活动电极中,上下钢筋间放一小块导电剂(或钢丝小球),装上药盒,装满焊药,接通电路,用手柄使电弧引燃(引弧)。然后稳弧一定时间使之形成渣池并使钢筋熔化(稳弧),随着钢筋的熔化,用手柄使上部钢筋缓缓下送。稳弧时间的长短视电流、电压和钢筋直径而定。如电流 850 A、工作电压 40 V 左右,$\phi30$ 及 $\phi32$ 钢筋的稳弧时间约 50 s。稳弧达到规定时间后,在断电的同时用手柄进行加压顶锻以排除焊渣。引弧、稳弧、顶锻 3 个过程连续进行。电渣压力焊的参数为焊接电流、渣池电压和焊接通电时间,它们均根据钢筋直径选择。

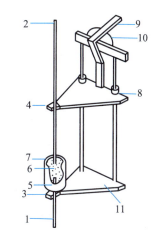

图 0.8 焊接夹具构造示意图
1、2—钢筋;3—固定电极;4—活动电极;
5—药盒;6—导电剂;7—焊药;8—滑动架;
9—手柄;10—支架;11—固定架

电渣压力焊的接头应按规范规定的方法检查外观质量和进行拉力试验。

(4)电弧焊

电弧焊是利用弧焊机使焊条与焊件之间产生高温电弧,使焊条和电弧燃烧范围内的焊件熔化,待其凝固,便形成焊缝或接头。钢筋电弧焊可分为搭接焊、帮条焊、坡口焊和熔槽帮条焊四种接头形式。下面介绍搭接焊、帮条焊和坡口焊,熔槽帮条焊及其他电弧焊接方法详见《钢筋焊接及验收规程》(JGJ 18—2012)。

① 搭接焊接头:只适用于焊接直径为 10~40 mm 的 HPB300、HRB335、HRB400 级钢筋,如图 0.9(a)所示。焊接时,宜采用双面焊,不能进行双面焊时,也可采用单面焊。搭接长度与帮条长度相同,见表 0.5。钢筋帮条接头或搭接接头的焊缝厚度 h 应不小于钢筋直径的 30%;焊缝宽度 b 不小于钢筋直径的 70%。

② 帮条焊接头:适用于焊接直径为 10~40 mm 的各级热轧钢筋,如图 0.9(b)所示。宜采用双面焊,不能进行双面焊时,也可采用单面焊。帮条宜采用与主筋同级别、同直径的钢筋制作,帮条长度见表 0.5。如帮条级别与主筋相同时,帮条的直径可比主筋小一个规格,如帮条直径与主筋相同时,帮条钢筋的级别可比主筋低一个级别。

③ 坡口焊接头:有平焊和立焊两种。这种接头比上两种接头节约钢材,适用于在现场焊接装配整体式构件接头中直径为 18~40 mm 的各级热轧钢筋。坡口立焊时,坡口角度为45°,如图 0.9(c)所示。钢垫板长为 40~60 mm。平焊时,钢垫板宽度为钢筋直径加 10 mm;立焊时,其宽度等于钢筋直径。钢筋根部间隙,平焊时为 4~6 mm,立焊时为 3~5 mm,最大间隙均不宜超过 10 mm。

焊接电流的大小应根据钢筋直径和焊条的直径间隙选择。

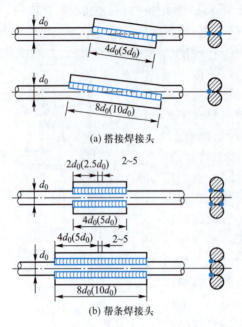

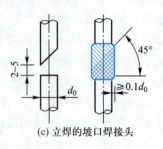

(a) 搭接焊接头

(c) 立焊的坡口焊接头

(b) 帮条焊接头

图 0.9　电弧焊接头

表 0.5　钢筋帮条长度

项次	钢筋级别	焊缝形式	帮条长度 d
1	HPB300 级	单面焊 双面焊	>8d >4d
2	HRB400 级	单面焊 双面焊	>10d >5d

　　帮条焊、搭接焊和坡口焊的焊接接头,除应进行外观质量检查外,亦需抽样做拉力试验。如对焊接质量有怀疑或发现异常情况,还应进行无损检测(X 射线、γ 射线、超声波探伤等)。

3. 钢筋的机械连接

　　(1) 套筒挤压连接

　　套筒钢筋挤压连接亦称钢筋套筒冷压连接。它是将需连接的带肋钢筋插入特制钢套筒内,利用液压驱动的挤压机进行侧向加压数道,使钢套筒产生塑性变形,套筒塑性变形后即与带肋钢筋紧密咬合达到连接的效果(图 0.10)。它适用于竖向、横向及其他方向的较大直径带肋钢筋的连接。

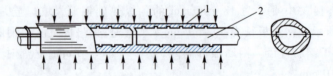

图 0.10　钢筋径向挤压连接原理图
1—钢套筒;2—被连接的钢筋

与焊接相比,套筒挤压连接的接头强度高,质量稳定可靠,是目前各类钢筋接头中性能最好、质量最稳定的接头形式。挤压连接速度快,一般每台班可挤压 φ25 钢筋接头 150~200个。此外,挤压连接具有节省电能、不受钢筋可焊性能影响、不受气候影响、无明火、施工简便和接头可靠度高等特点。适用于垂直、水平、倾斜、高空及水下等各方位的钢筋连接,还特别适用于不可焊钢筋及进口钢筋的连接。

一般规定采用挤压连接的钢筋必须有资质证明书,性能符合国际要求。钢套筒必须有材料质量证明书,其技术性能应符合钢套筒质量验收的有关规定。正式施工前,必须进行现场条件下的挤压连接试验,要求每批材料制作 3 个接头,按照套筒挤压连接质量检验标准规定检验合格后,方可进行施工。

钢筋检验连接的工艺参数主要是压接顺序、压接力和压接道数。压接顺序是从中间逐道向两端压接。压接力要能保证套筒与钢筋紧密咬合,压接力和压接道数取决于钢筋直径、套筒型号和挤压机型号。

钢筋及钢套筒压接之前,要清楚钢筋压接部位的铁锈、油污、砂浆等,钢筋端部必须平直,如有弯折扭曲应予以矫直、修磨、锯切,以免影响压接后钢筋接头性能。还应在钢筋端部做上能够准确判断钢筋伸入套筒内长度的位置标记。压接前应按设备操作说明书有关规定调整设备,检查设备是否正常,调整油浆的压力,根据要压接钢筋的直径,选配相应的压模。如发现设备有异常,必须排除故障后再使用。

(2)锥螺纹套筒连接

钢筋套筒锥螺纹连接是利用锥形螺纹套筒将两根钢筋端头对接在一起,利用螺纹的机械咬合力传递拉力或压力。用于这种连接的钢套筒内壁,在工厂用专用机床加工有锥螺纹,钢筋的对接端头在施工现场用套丝机加工有与套筒匹配的螺纹。连接时,在对螺纹检查无油污和损伤后,先用手旋入钢筋,然后用扭矩即完成连接(见图 0.11)。它施工速度快、不受气候影响、质量稳定、对中性好。

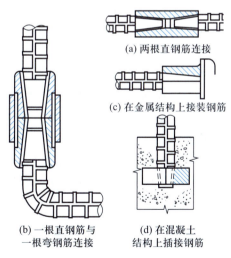

(a)两根直钢筋连接

(c)在金属结构上接装钢筋

(b)一根直钢筋与
一根弯钢筋连接

(d)在混凝土
结构上插接钢筋

图 0.11 钢筋套管锥螺纹连接

钢筋套筒锥螺纹连接施工过程:钢筋下料→钢筋套丝→钢筋连接。

1)钢筋下料:钢筋下料可用钢筋切断机或砂轮锯,但不得用气割下料。钢筋下料时,要求端面垂直于钢筋轴线,端头不得挠曲或出现马蹄形。

钢筋要有复试证明。钢筋的连接套必须有明显的规格标记,锥孔两端必须用密封盖封住,应有产品出厂合格证,并按规格分类包装。

2) 钢筋套丝:钢筋套丝可以在施工现场或钢筋加工厂进行预制。为确保钢筋套丝质量,操作工人必须持证上岗作业。

要求套丝工人对其加工的丝头用牙形规和卡规逐个进行检查,达到质量要求的钢筋丝头,一端戴上与钢筋规格相同的塑料保护帽,另一端按规定力矩值拧紧连接套,并按规格分类堆放整齐。

3) 钢筋连接:钢筋连接之前,先回收钢筋待连接端的塑料保护帽和连接套上的密封盖,并检查钢筋规格是否与连接套规格相同;检查锥螺纹丝扣是否完好无损、清洁,发现杂物或锈蚀可用铁刷清理干净,然后把已拧好连接套的一头钢筋拧到被连接的钢筋上,用扭力扳手按规定的力矩紧至发出响声,并随手画上油漆标记,以防钢筋接头漏拧。连接水平钢筋时,必须将钢筋托平,再按以上方法连接。

(3) 直螺纹套筒连接

为了提高螺纹套筒连接的质量,近年来又开发了直螺纹套筒连接技术。钢筋直螺纹套筒连接是将钢筋待连接的端头用滚轧加工工艺滚轧成规整的直螺纹,再用相配套的直螺纹套筒将两钢筋相对拧紧,实现连接。根据钢材冷作硬化的原理,钢筋上滚轧出的直螺纹强度大幅提高,从而使直螺纹接头的抗拉强度一般均可高于母材的抗拉强度。

钢筋直螺纹套筒连接用专用的滚轧螺纹设备加工的钢筋直螺纹质量好,强度高;钢筋连接操作方便,速度快;钢筋滚丝可在工地的钢筋加工场地预制,不占工期;在施工面上连接钢筋时不用电、不用气、无明火作业,可全天候施工;可用于水平、竖直等各种不同位置钢筋的连接。

目前钢筋直螺纹加工由"剥肋滚轧"发展到"压肋滚轧"方式。

滚压直螺纹又分为直接滚压直螺纹和挤压肋滚压直螺纹两种。采用专用滚压套丝机,先将钢筋的横肋和纵肋进行滚压或挤压处理,使钢筋滚丝前的柱体达到螺纹加工的圆度尺寸,然后再进行螺纹滚压成型,螺纹经滚压后材质发生硬化,强度提高 6% ~ 8%,全部直螺纹成型过程由专用滚压套丝机一次完成。

剥肋滚压直螺纹是将钢筋的横肋和纵肋进行剥切处理,使钢筋滚丝前的柱体圆度精度高,达到同一尺寸,然后再进行螺纹滚压成型。从剥肋到滚压直螺纹成型过程由专用套丝机一次完成。剥肋滚压直螺纹的精度高,操作方便,耗材量少。

直螺纹工艺流程为钢筋平头→钢筋滚压或挤压(剥肋)→螺纹成型→丝头检验→套筒检验→钢筋就位→拧下钢筋保护帽和套筒保护帽→接头拧紧→做标记→施工质量检验。

0.1.6　钢筋的检查验收

钢筋工程属于隐蔽工程,在浇混凝土前要对钢筋及预埋件进行隐蔽工程验收,并按规定做好隐蔽工程记录,以便查验。其内容包括:纵向受力钢筋的品种、规格、数量、位置是否正确,特别是要注意检查负筋的位置;钢筋的连接方式、接头位置、接头数量、接头面积百分率是否符合规定;箍筋、横向钢筋的品种、规格、数量、间距等;预埋件的规格、数量、位置等。检查钢筋绑扎是否牢固,有无变形、松脱和开焊。

钢筋工程的施工质量检验应按主控项目、一般项目所规定的检验方法进行检验。检验批合格质量应符合下列规定：主控项目的质量经抽样检验均应合格；一般项目的质量经抽样检验合格；当采用计数检验时，除有专门要求外，一般项目的合格点率应达到 80% 及以上，且不得有严重缺陷；具有完整的施工操作依据和质量验收记录。

1. 主控项目

1）钢筋进场时，应按国家现行标准《钢筋混凝土用钢 第 1 部分：热轧光圆钢筋》（GB/T 1499.1—2017）、《钢筋混凝土用钢 第 2 部分：热轧带肋钢筋》（GB/T 1499.2—2018）、《钢筋混凝土用余热处理钢筋》（GB 13014—2013）、《钢筋混凝土用钢 第 3 部分：钢筋焊接网》（GB/T 1499.3—2010）的规定抽取试件做屈服强度、抗拉强度、伸长率、弯曲性能和重量偏差检验，检验结果应符合相关标准的规定。

检验数量：按进场批次和产品的抽样检验方案确定。

检验方法：检查质量证明文件和抽样检验报告。

2）成型钢筋进场时，应抽取试件做屈服强度、抗拉强度、伸长率和重量偏差检验，检验结果应符合国家现行相关标准的规定。

对由热轧钢筋制成的成型钢筋，当有施工单位或监理单位的代表驻厂监督生产过程，并提供原材钢筋力学性能第三方检验报告时，可仅进行质量偏差检验。

3）对按一、二、三级抗震等级设计的框架和斜撑构件（含梯段）中的纵向受力普通钢筋应采用 HRB400E、HRB500E、HRBF400E 或 HRBF500E 级钢筋，其强度和最大力下总伸长率的实测值应符合下列规定：① 抗拉强度实测值与屈服强度实测值的比值不应小于 1.25；② 屈服强度实测值与屈服强度标准值的比值不应大于 1.30；③ 最大力下总伸长率不应小于 9%。

检查数量：按进场的批次和产品的抽样检验方案确定。

检验方法：检查抽样检验报告。

4）钢筋弯折的弯弧内直径应符合下列规定：① 光圆钢筋，不应小于钢筋直径的 2.5 倍；② 400 MPa 级带肋钢筋，不应小于钢筋直径的 4 倍；③ 500 MPa 级带肋钢筋，当直径为 28 mm 以下时不应小于钢筋直径的 6 倍，当直径为 28 mm 及以上时不应小于钢筋直径的 7 倍；④ 箍筋弯折处尚不应小于纵向受力钢筋的直径。

检查数量：按每工作班同一类型钢筋、同一加工设备抽查不应少于 3 件。

检验方法：尺量。

5）纵向受力钢筋的弯折后平直段长度应符合设计要求。光圆钢筋末端做 180° 弯钩时，弯钩的平直段长度不应小于钢筋直径的 3 倍。

检查数量：按每工作班同一类型钢筋、同一加工设备抽查不应少于 3 件。

检验方法：尺量。

6）箍筋、拉筋的末端应按设计要求做弯钩，并应符合下列规定：① 对一般结构构件，箍筋弯钩的弯折角度不应小于 90°，弯折后平直段长度不应小于箍筋直径的 5 倍；对有抗震设防要求或设计有专门要求的结构构件，箍筋弯钩的弯折角度不应小于 135°，弯折后平直段长度不应小于箍筋直径的 10 倍；② 圆形箍筋的搭接长度不应小于其受拉锚固长度，且两末端弯钩的弯折角度不应小于 135°，弯折后平直段长度对一般结构构件不应小于箍筋直径的 5 倍，对有抗震设防要求的结构构件不应小于箍筋直径的 10 倍；③ 梁、柱复合箍筋中的单肢箍筋两端弯钩的弯折角度均不应小于 135°,弯折后平直段长度应符合本条第①款对箍筋的有关规定。

检查数量:按每工作班同一类型钢筋、同一加工设备抽查不应少于 3 件。

检验方法:尺量。

7) 螺纹接头应检验拧紧扭矩值,挤压接头应量测压痕直径,检验结果应符合现行行业标准《钢筋机械连接技术规程》(JGJ 107—2016)的相关规定。

检查数量:按现行行业标准《钢筋机械连接技术规程》(JGJ 107—2016)的规定确定。

检验方法:采用专用扭力扳手或专用量规检查。

8) 钢筋接头的位置应符合设计和施工方案要求。有抗震设防要求结构中,梁端、柱端箍筋加密区范围内不应进行钢筋搭接。接头末端至钢筋弯起点距离不应小于钢筋直径的10 倍。

检查数量:全数检查。

检验方法:观察,尺量。

9) 钢筋机械连接接头、焊接接头的外观质量应符合现行行业标准《钢筋机械连接技术规程》(JGJ 107—2016)和《钢筋焊接及验收规程》JGJ18 的规定。

检查数量:按现行行业标准《钢筋机械连接技术规程》(JGJ 107—2016)和《钢筋焊接及验收规程》(JGJ 18—2012)的规定确定。

检验方法:观察,尺量。

10) 当纵向受力钢筋采用机械连接接头或焊接接头时,同一连接区段内纵向受力钢筋的接头面积百分率应符合设计要求;当设计无具体要求时,应符合下列规定:① 受拉接头,不宜大于 50%;受压接头,可不受限制;② 直接承受动力荷载的结构构件中,不宜采用焊接;当采用机械连接时,不应超过 50%。

检查数量:在同一检验批内,对梁、柱和独立基础,应抽查构件数量的 10%,且不应少于 3件;对墙和板,应按有代表性的自然间抽查 10%,且不应少于 3 间;对大空间结构,墙可按相邻轴线间高度 5 m 左右划分检查面,板可按纵横轴线划分检查面,抽查 10%,且均不应少于3 面。

检验方法:观察,尺量。

注: ① 接头连接区段是指长度为 35d 且不小于 500 mm 的区段,d 为相互连接两根钢筋的直径较小值。

② 同一连接区段内纵向受力钢筋接头面积百分率为接头中点位于该连接区段内的纵向受力钢筋截面面积与全部纵向受力钢筋截面面积的比值。

11) 当纵向受力钢筋采用绑扎搭接接头时,接头的设置应符合下列规定:① 接头的横向净间距不应小于钢筋直径,且不应小于 25 mm;② 同一连接区段内,纵向受拉钢筋的接头面积百分率应符合设计要求;当设计无具体要求时,应符合下列规定:梁类、板类及墙类构件,不宜超过 25%;基础筏板,不宜超过 50%;柱类构件,不宜超过 50%;当工程中确有必要增大接头面积百分率时,对梁类构件,不应大于 50%。

检查数量:在同一检验批内,对梁、柱和独立基础,应抽查构件数量的 10%,且不应少于 3件;对墙和板,应按有代表性的自然间抽查 10%,且不应少于 3 间;对大空间结构,墙可按相邻轴线间高度 5 m 左右划分检查面,板可按纵横轴线划分检查面,抽查 10%,且均不应少于

3 面。

检验方法:观察,尺量。

注:① 接头连接区段是指长度为 1.3 倍搭接长度的区段。搭接长度取相互连接两根钢筋中较小直径计算。

② 同一连接区段内纵向受力钢筋接头面积百分率为接头中点位于该连接区段长度内的纵向受力钢筋截面面积与全部纵向受力钢筋截面面积的比值。

12) 梁、柱类构件的纵向受力钢筋搭接长度范围内箍筋的设置应符合设计要求;当设计无具体要求时,应符合下列规定:① 箍筋直径不应小于搭接钢筋较大直径的 1/4;② 受拉搭接区段的箍筋间距不应大于搭接钢筋较小直径的 5 倍,且不应大于 100 mm;③ 受压搭接区段的箍筋间距不应大于搭接钢筋较小直径的 10 倍,且不应大于 200 mm;④ 当柱中纵向受力钢筋直径大于 25 mm 时,应在搭接接头两个端面外 100 mm 范围内各设置两个箍筋,其间距宜为 50 mm。

检查数量:在同一检验批内,应抽查构件数量的 10%,且不应少于 3 件。

检验方法:观察,尺量。

13) 钢筋安装时,受力钢筋的牌号、规格和数量必须符合设计要求。

检查数量:全数检查。

检验方法:观察,尺量。

14) 受力钢筋的安装位置、锚固方式应符合设计要求。

检查数量:全数检查。

检验方法:观察,尺量。

2. 一般项目

1) 钢筋加工的形状、尺寸应符合设计要求,其允许偏差应符合表 0.6 的规定。

检查数量:按每工作班同一类型钢筋、同一加工设备抽查不应少于 3 件。

检验方法:尺量。

表 0.6 钢筋加工的允许偏差

项目	允许偏差/mm
受力钢筋沿长度方向的净尺寸	±10
弯起钢筋的弯折位置	±20
箍筋外廓尺寸	±5

2) 钢筋的连接方式应符合设计要求。

检查数量:全数检查。

检验方法:观察。

3) 钢筋采用机械连接或焊接连接时,钢筋机械连接接头、焊接接头的力学性能、弯曲性能应符合国家现行相关标准的规定。接头试件应从工程实体中截取。

检查数量:按现行行业标准《钢筋机械连接技术规程》(JGJ 107—2017)和《钢筋焊接及验收规程》(JGJ 18—2012)的规定确定。

检验方法:检查质量证明文件和抽样检验报告。

4）钢筋应平直、无损伤，表面不得有裂纹、油污、颗粒状或片状老锈。

检查数量：全数检查。

检验方法：观察。

5）成型钢筋的外观质量和尺寸允许偏差应符合国家现行相关标准的规定。

检查数量：同一厂家、同一类型的成型钢筋，不超过 30t 为一批，每批随机抽取 3 个成型钢筋试件。

检查方法：观察，尺量。

6）钢筋机械连接套筒、钢筋锚固板以及预埋件等的外观质量应符合国家现行相关标准的规定。

检查数量：按国家现行相关标准的规定确定。

检验方法：检查产品质量证明文件；观察，尺量。

7）钢筋安装偏差及检验方法应符合表 0.7 的规定。

表 0.7　钢筋安装允许偏差和检验方法

项目		允许偏差/mm	检验方法
绑扎钢筋网	长、宽	±10	尺量
	网眼尺寸	±20	尺量连续三档，取最大偏差值
绑扎钢筋骨架	长	±10	尺量
	宽、高	±5	尺量
纵向受力钢筋	锚固长度	−20	尺量
	间距	±10	尺量两端、中间各一点，取最大偏差值
	排距	±5	
纵向受力钢筋、箍筋的混凝土保护层厚度	基础	±10	尺量
	柱、梁	±5	尺量
	板、墙、壳	±3	尺量
绑扎箍筋、横向钢筋间距		±20	尺量连续三档，取最大偏差值
钢筋弯起点位置		20	尺量，沿纵、横两个方向量测，并取其中偏差的较大值
预埋件	中心线位置	5	尺量
	水平高差	+3,0′	塞尺量测

0.1.7　钢筋工程常见质量事故

1. 钢筋工程质量事故类别

（1）钢筋材质达不到材料标准或设计要求

常见的有钢筋屈服点和极限强度低、钢筋裂缝、钢筋脆断、焊接性能不良等。钢筋材质不符合要求主要是因为钢筋流通领域复杂，大量钢筋经过多次转手，出厂证明与货源不一致的情况较普遍，造成进场的钢筋质量问题较多；其次是进场后的钢筋管理混乱，不同品种钢筋混杂;还有使用前未按施工规范规定进行验收与抽查等。

（2）漏筋或少筋

常见的有漏放或错放钢筋,造成钢筋设计截面承载力不足等。主要原因有看错图,钢筋配料错误,钢筋代用不当等。

（3）钢筋错位偏差

常见的有基础预留插筋错误,梁板上面钢筋下移,柱与柱或柱与梁连接钢筋错位等。主要原因除看错图外,还有施工工艺不当,钢筋固定不牢固,施工操作中踩踏或碰撞钢筋等。

（4）钢筋脆断

这里所指的钢筋脆断不包括材质不合格钢筋的脆断。常见的有低合金钢筋或进口钢筋运输装卸中脆断、电焊脆断等。主要原因有钢筋加工成型工艺错误;运输装卸方法不当,使钢筋承受过大的冲击应力;对进口钢筋的性能不了解;焊接工艺不良;以及不适当地使用点焊固定钢筋位置等。

（5）钢筋锈蚀

常见的有钢筋严重锈蚀、掉皮、有效截面减小;构件内钢筋严重锈蚀,导致混凝土裂缝等。主要原因有钢筋储存保管不当,构件混凝土密实度差,保护层小,不适当掺用氯盐等。

2. 钢筋工程质量事故处理方法

（1）补加遗漏的钢筋

例如预埋钢筋遗漏或错位严重,可在混凝土中钻孔补埋规定的钢筋;又如凿除混凝土保护层,补加所需的钢筋,再用喷射混凝土等方法修复保护层等。

（2）增密箍筋加固

例如纵向钢筋弯折严重将降低承载能力,并造成抗裂性能恶化等后果。此时可在钢筋弯折处及附近用间距较小的(如30 mm左右)钢箍加固。某些单位的试验结果表明,这种密箍处理方法对混凝土有一定的约束作用,能提高混凝土的极限强度,推迟混凝土中斜裂缝的出现时间,并保证弯折受压钢筋强度得以充分发挥。

（3）结构或构件补强加固

常用的方法有外包钢筋混凝土、外包钢、粘贴钢板、增设预应力卸荷体系等。

（4）降级使用

锈蚀严重的钢筋或性能不良但仍可使用的钢筋,可采用降级使用;因钢筋事故导致构件承载能力等性能降低的预制构件,也可采用降低等级使用的方法处理。

（5）试验分析排除疑点

常用的方法有对可疑的钢筋进行全面试验分析;对有钢筋事故的结构构件进行理论分析和载荷试验等。如试验结果证明不必采用专门处理措施也可确保结构安全,则可不必处理,但须征得设计单位同意。

（6）焊接热处理

例如电弧点焊可能造成脆断,可用高温或中温回火或正火处理方法,改善焊点及附近区域的钢材性能等。

（7）更换钢筋

在混凝土浇筑前,发现钢筋材质有问题,通常采用此法。

3. 选择处理方法的注意事项

除了遵守其他事故处理方法选择时的一般要求外,还应注意以下事项:

(1) 确认事故钢筋的性质与作用

即区分出事故部分的钢筋属受力筋还是构造钢筋,或仅是施工阶段所需的钢筋。实践证明,并非所有的钢筋工程事故都只能选择加固补强的方法处理。

(2) 注意区分同性质事故的不同原因

例如钢筋脆断并非都是材质问题,不一定都需要调换钢筋。

(3) 以试验分析结果为前提

钢筋工程事故处理前,往往需要对钢材做必要的试验,有的还要做荷载试验。只有根据试验结果进行分析,才能正确选择处理方法。

0.2 模板工程

微课
模板的一般规定

模板是使混凝土结构和构件按所要求的几何尺寸成型的模型板。模板系统包括模板和支架系统两大部分,此外尚需适量的紧固连接件。在现浇钢筋混凝土结构施工中,对模板的要求是保证工程结构各部分形状尺寸和相互位置的正确性,具有足够的承载能力、刚度和稳定性,构造简单,装拆方便,接缝不得漏浆。由于模板工程量大,材料和劳动力消耗多,故正确选择模板形式、材料及合理组织施工对加速现浇钢筋混凝土结构施工和降低工程造价具有重要作用。

微课
模板的分类

0.2.1 模板的分类

模板分类有多种方式,通常按以下方式分类。

按所用材料不同可分为木模板、钢模板、塑料模板、玻璃钢模板、竹胶板模板、装饰混凝土模板、预应力混凝土薄板等。

按模板的形式及施工工艺不同可分为组合式模板(如木模板、组合钢模板)、工具模板(如大模板、滑模、爬模等)和永久性模板。

按模板规格形式不同可分为定型模板(即定型组合模板,如小钢模)和非定型模板(散装模板)。

模板的选用要因地制宜,就地取材,要求形状、尺寸准确,接缝严密,有足够的强度、刚度和稳定性,并且要求装拆方便、灵活,能多次周转使用。

1. 组合钢模板

组合钢模板由钢模板和配件两大部分组成,它可以拼成不同尺寸、不同形状的模板,以适应基础、柱、梁、板、墙施工的需要。组合钢模尺寸适中,轻便灵活,装拆方便,既适用于人工装拆,也可预拼成大模板、台模等,然后用起重机吊运安装。

(1) 钢模板

钢模板有通用模板和专用模板两类。通用模板包括平面模板、阴角模板、阳角模板和连接角模;专用模板包括倒棱模板、梁腋模板、柔性模板、搭接模板、可调模板及嵌补模板。常用的通用模板中的平面模板(图 0.12)由面板、边框、纵横肋构成,边框与面板常用 2.5 ~ 3.0 mm 厚钢板冷轧冲压整体成型,纵横肋用 3 mm 厚扁钢与面板及边框焊成。为便于连接,边框上有连接孔,边框的长向及短向其孔距一致,以便横竖都能拼接。平模的长度有

1 800 mm、1 500 mm、1 200 mm、900 mm、750 mm、600 mm、450 mm 7 种规格,宽度有 100~600 mm(以50 mm进级)11 种规格,因而可组成不同尺寸的模板。在构件接头处(如柱与梁接头)及一些特殊部位,可用专用模板嵌补。不足模数的空缺也可用少量木模补缺,用钉子或螺栓将方木与平模边框孔洞连接。角模又分阴角模、阳角模及联接角模,阴、阳角模用以成型混凝土结构的阴、阳角,联接角模用作两块平模拼成90°角的连接件。

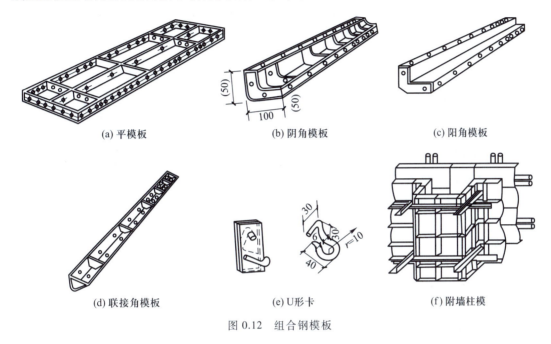

(a) 平模板　　　　　　(b) 阴角模板　　　　　　(c) 阳角模板

(d) 联接角模板　　　　　(e) U形卡　　　　　　(f) 附墙柱模

图 0.12　组合钢模板

（2）钢模配板

采用组合钢模时,同一构件的模板展开可用不同规格的钢模作多种方式的组合排列,因而形成不同的配板方案。配板方案对支模效率、工程质量和经济效益都有一定影响。合理的配板方案应满足:钢模块数少,木模嵌补量少,并能使支承件布置简单,受力合理。配板原则如下。

1）优先采用通用规格及大规格的模板,这样模板的整体性好,又可以减少装拆工作。

2）合理排列模板,宜以其长边沿梁、板、墙的长度方向或柱的方向排列,以利使用长度规格大的钢模,并扩大钢模的支承跨度。如结构的宽度恰好是钢模长度的整倍数量,也可将钢模的长边沿结构的短边排列。模板端头接缝宜错开布置,以提高模板的整体性,并使模板在长度方向易保持平直。

3）合理使用角模,对无特殊要求的阳角,可不用阳角模,而用联接角模代替。阴角模宜用于长度大的阴角,柱头、梁口及其他短边转角(阴角)处,可用方木嵌补。

4）便于模板支承件(钢楞或桁架)的布置,对面积较方整的预拼装大模板及钢模端头接缝集中在一条线上时,直接支承钢模的钢楞,其间距布置要考虑接缝位置,应使每块钢模都有两道钢楞支承。对端头错缝连接的模板,其直接支承钢模的钢楞或桁架的间距可不受接缝位置的限制。

2. 木胶合板

（1）木胶合板的使用特点

木胶合板是一组单板(薄木片)按相邻层木纹方向相互垂直组坯相互胶合成的板材。其表板和内层板对称配置在中心层或板芯的两层。混凝土模板用的木胶合板属具有高耐气候性、耐水性的Ⅰ类胶合板,胶合剂为酚醛树脂胶。

胶合板用作混凝土模板具有以下特点:

1)板幅大,板面平整。既可减少安装工作量,节省现场人工费用,又可减少混凝土外露表面的装饰及磨去接缝的费用。

2)承载能力大,特别是经表面处理后耐磨性好,能多次重复使用。

3)材质轻,厚18 mm的木胶板,单位面积质量为50 kg,模板的运输、堆放、使用和管理等都较为方便。

4)保温性能好,能防止温度变化过快,冬季施工有助于混凝土的保温。

5)锯截方便,易加工成各种形状的模板。

6)便于按工程的需要弯曲成型,用作曲面模板。

（2）构造与尺寸

模板用的木胶合板通常由5、7、9、11层等奇数层单板经热压固化而胶合成形。相邻层的纹理方向相互垂直,通常最外层表板的纹理方向和胶合板板面的长向平行(图0.13),因此,整张胶合板的长向为强方向,短向为弱方向,使用时必须加以注意。

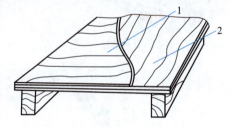

图 0.13　木胶合板纹理方向与使用
1—表板;2—芯板

模板用木胶合板的幅面尺寸,一般宽度为1 200 mm左右,长度为2 400 mm左右,厚度为12~18 mm。表0.8列出了我国模板常用木胶合板规格尺寸。

表 0.8　常用模板木胶合板规格尺寸　　　　　　　　　　　　　　mm

厚度	层数	宽度	长度
12.0	至少5层	915	1 830
15.0	至少7层	1 220	1 830
18.0		915	2 135
		1 220	2 440

0.2.2　模板工程设计

一、模板工程设计计算

1. 模板荷载的计算

计算模板及其支架的荷载,分为荷载标准值和荷载设计值,后者应以荷载标准值乘以相应的荷载分项系数。

（1）荷载标准值

计算正常使用极限状态的变形时,应采用荷载标准值。

1）模板及支架自重标准值:应根据设计图纸确定。肋形楼板及无梁楼板模板的自重标准值见表0.9。

2）新浇混凝土自重标准值:对普通混凝土,可采用24 kN/m³;对其他混凝土,可根据实际重力密度确定。

表 0.9　模板及支架自重标准值　　　　　　　　　　　　kN/m²

模板构件的名称	木模板	组合钢模板	钢框胶合板模板
平板的模板及小楞	0.30	0.50	0.40
楼板模板(其中包括梁的模板)	0.5	0.75	0.6
楼板模板及其支架(楼层高度为 4 m 以内)	0.75	1.10	0.95

3) 钢筋自重标准值:按设计图纸计算确定。一般可按每立方米混凝土含量计算:框架梁为 1.5 kN/m³;楼板为 1.1 kN/m³。

4) 施工人员及设备荷载标准值:① 计算模板及直接支承模板的小楞时,对均布荷载取 2.5 kN/m²,另应以集中荷载 2.5 kN 再行验算,比较两者所得的弯矩值,按其中较大者采用;② 计算直接支承小楞结构构件时,均布活荷载取 1.5 kN/m²;③ 计算支架立柱及其他支承结构构件时,均布活荷载取 1.0 kN/m²。

取值时,对大型浇筑设备如上料平台、混凝土输送泵等,按实际情况计算;混凝土堆集料高度超过 100 mm 以上者,按实际高度计算;模板单块宽度小于 150 mm 时,集中荷载可分布在相邻的两块板上。

5) 振捣混凝土时产生的荷载标准值:对水平面模板可采用 2.0 kN/m²;对竖直面模板可采用 4.0 kN/m²(作用范围在新浇筑混凝土侧压力的有效压头高度以内)。

6) 新浇筑混凝土对模板侧面的压力标准值(采用内部振捣器时),可按以下两式计算,并取其较小值:

$$F = 0.22\gamma_c t_0 \beta_1 \beta_2 V^{1/2} \tag{0.6}$$

$$F = \gamma_c H \tag{0.7}$$

式中:F——新浇筑混凝土对模板的最大侧压力(kN/m²);

　　　γ_c——混凝土的重力密度(kN/m³);

　　　t_0——新浇筑混凝土的初凝时间(h),可按实测确定。当缺乏试验资料时,可采用 $t_0 = 200/(T+15)$ 计算[T 为混凝土的温度(℃)];

　　　V——混凝土的浇筑速度(m/h);

　　　H——混凝土侧压力计算位置处至新浇筑混凝土顶面的总高度(m);

　　　β_1——外加剂影响修正系数,不掺外加剂时取 1.0,掺具有缓凝作用的外加剂时取 1.2;

　　　β_2——混凝土坍落度影响修正系数,当坍落度小于 30 mm 时取 0.85,当坍落度为 50～90 mm 时取 1.0,当坍落度为 110～150 mm 时取 1.15。

7) 倾倒混凝土时产生的荷载标准值:倾倒混凝土时对竖直面模板产生的水平荷载标准值,可按表 0.10 采用。

表 0.10　倾倒混凝土时产生的水平荷载标准值　　　　　　　kN/m²

向模板内供料方法	水平荷载	向模板内供料方法	水平荷载
溜槽、串筒或导管	2	容积为 0.2～0.8 m³ 的运输器具	4
容积小于 0.2 m³ 的运输器具	2	容积为大于 0.8 m³ 的运输器具	6

除上述 7 项荷载外,当水平模板支撑结构的上部继续浇筑混凝土时,还应考虑由上部传递下来的荷载。

8)风荷载标准值

风荷载的标准值应按现行国家标准《建筑结构荷载规范》(GB 50009—2012)中的规定采用,其基本风压值应按该规范附表 D.4 中 $n = 10$ 年采用。

(2)荷载设计值

1)计算模板及其支架结构或构件的强度、稳定性和连接强度时,应采用荷载设计值。

2)钢模板及其支架的荷载设计值可乘以系数 0.95 折减。

2. 模板结构的挠度要求

模板结构除必须保证足够的承载能力外,还应保证有足够的刚度。当梁板跨度≥4 m 时,模板应按设计要求起拱;如无设计要求,起拱高度宜为全长跨度的 1/1 000～3/1 000,钢模板取小值(1/1 000～2/1 000)。

1)当验算模板及其支架的挠度时,其最大变形值不得超过下列允许值:

① 对结构表面外露(不做装修)的模板,为模板构件计算跨度的 1/400;

② 对结构表面隐蔽(做装修)的模板,为模板构件计算跨度的 1/250;

③ 支架的压缩变形值或弹性挠度,为相应的结构计算跨度的 1/1 000;

④ 根据《组合钢模板技术规范》(GB/T 50214—2013)规定,组合钢模板及其构配件的允许挠度按表 0.11 执行。

表 0.11　模板结构允许挠度

名称	允许挠度/mm	名称	允许挠度/mm
钢模板的面板	1.5	柱箍	$B/500$
单块钢模板	1.5	桁架	$L/1 000$
钢楞	$L/500$	支承系统累计	4.0

注:L 为计算跨度,B 为柱宽。

2)当验算模板及支架在自重和风荷载作用下的抗倾覆稳定性时,其抗倾倒系数不小于 1.15。

3)根据《钢框胶合板模板技术规程》(JGJ 96—2011)规定:

① 钢框胶合板模板面板各跨的挠度计算值不宜大于面板相应跨度的 1/300,且不宜大于 1 mm。

② 钢框胶合板钢楞各跨的挠度计算值,不宜大于钢楞相应跨度的 1/1 000,且不宜大于 1 mm。

二、估算模板用量

现浇钢筋混凝土结构施工中的模板施工方案,是编制施工组织设计的重要组成部分之一。必须根据拟建工程的工程量、结构形式、工期要求和施工方法,择优选用模板施工方案,并按照分层分段流水施工的原则,确定模板的周转顺序和模板的投入量。

模板工程量,通常是指模板与混凝土相接触的面积,因此,应该按照工程施工图的构件尺寸详细进行计算,但一般在编制施工组织设计时,往往只能按照扩大初步设计或技术设计的内容估算模板工程量。

模板投入量是指施工单位应配置的模板实际工程量,它与模板工程量的关系可用下式表示:

$$模板投入量=模板工程量/周转次数$$

所以,在保证工程质量和工期要求的前提下,应尽量加大模板的周转次数,以减少模板投入量,这对降低工程成本是非常重要的。

1. 模板估算参考资料

1) 按建筑类型和面积估算模板工程量,见表0.12。

表 0.12　组合钢模板估算表

项目结构类型	模板面积/m²		各部位模板面积/%				
	按每立方米混凝土计	按每平方米建筑面积计	柱	梁	墙	板	其他
工业框架结构	8.4	2.5	14	38	—	29	19
框架式基础	4.0	3.7	45	10	—	36	9
轻工业框架	9.8	2.0	12	44	—	40	4
轻工业框架（预制楼板在外）	9.3	1.2	20	73	—	—	7
公用建筑框架	9.7	2.2	17	40	—	33	10
公用建筑框架（预制楼板在外）	6.1	1.7	28	52	—	—	20
无梁楼板结构	6.8	1.5	14	柱帽	25	43	3
多层民用框架	9.0	2.5	18	25	13	38	5
多层民用框架（预制楼板在外）	7.8	1.5	30	43	21	—	6
多层剪力墙住宅	14.6	3.0	—	—	95	—	5
多层剪力墙住宅（带楼板）	12.1	4.7	—	—	72	20	8

注:① 本表数值为±0.00以上现浇钢筋混凝土结构模板面积表。

② 本表不含预制构件模板面积。

2) 按工程概、预算提供的各类构件混凝土工程量估算模板工程量,见表0.13。

2. 模板面积计算公式

为了正确估算模板工程量,必须先计算每立方米混凝土结构的展开面积,然后乘以各种构件的工程量(m^3),即可求得模板工程量。每立方米混混凝土的模板面积计算式如下:

$$U=A/V \tag{0.8}$$

式中:A——模板的展开面积(m^2);

V——混凝土的体积(m^3)。

钢筋混凝土结构各主要类型构件每立方米混凝土的模板面积U值计算方法如下:

表 0.13 各类构件每立方米混凝土所需模板面积表

构件名称	规格尺寸	模板面积/m²	构件名称	规格尺寸	模板面积/m²
带形基础		2.16	梁	宽 0.35 m 以内	8.89
独立基础		1.76		宽 0.45 m 以内	6.67
满堂基础	无梁	0.26	墙	厚 10 cm 以内	25.60
	有梁	1.52		厚 20 cm 以内	13.60
设备基础	5 m³ 以内	2.91		厚 20 cm 以上	8.20
	20 m³ 以内	2.23	电梯井壁		14.80
	100 m³ 以内	1.50	挡土墙		6.80
	100 m³ 以上	0.80	有梁板	厚 10 cm 以内	10.70
柱	周长 1.2 m 以内	14.70		厚 10 cm 以上	8.07
	周长 1.8 m 以内	9.30	无梁板		4.20
	周长 3 m 以内	6.80	平板	厚 10 cm 以内	12.00
梁	宽 0.25 m 以内	12.00		厚 10 cm 以上	8.00

（1）柱模板面积计算

1）边长为 $a \times a$ 的正方形截面柱

$$U = 4/a \tag{0.9}$$

2）直径为 d 的圆形截面柱

$$U = 4/d \tag{0.10}$$

3）边长为 $a \times b$ 的矩形截面柱

$$U = 2(a+b)/bh \tag{0.11}$$

（2）矩形梁模板面积计算

钢筋混凝土矩形梁每立方米混凝土的计算式为：

$$U = (2h+b)/bh \tag{0.12}$$

式中：b——梁宽（mm）；

H——梁高（mm）。

（3）楼板模板面积计算

楼板的模板用量计算式为：

$$U = 1/d \tag{0.13}$$

式中：d——楼板厚度（mm）。

（4）墙模板面积计算

混凝土或钢筋混凝土墙的模板用量计算式为：

$$U = 2/d \tag{0.14}$$

式中：d——墙厚（mm）。

0.2.3 模板的施工工艺

1. 模板安装的规定

模板的支设安装应遵守下列规定：

1）按配板设计顺序拼装，以保证模板系统的整体稳定。

2）配件必须装插牢固。支柱和斜撑下的支撑面应平整垫实，要有足够的受压面积。支撑件应着力于外钢楞。

3）预埋件与预留孔洞必须位置准确，安设牢固。

4）基础模板必须支撑牢固，防止变形，侧模斜撑的底部应加设垫木。

5）墙和柱子模板的底面应找平，下端应与事先做好的定位基准靠紧并垫平，在墙、柱上继续安装模板时，模板应有可靠的支撑点，其平直度应进行校正。

6）楼板模板支模时，应先完成一个格构的水平支撑及斜撑安装，再逐渐向外扩展，以保持支撑系统的稳定性。

7）墙柱与梁板同时施工时，应先支设墙柱模板，调整固定后再在其上架设梁板模板。

8）支柱所设的水平撑与剪力撑，应按构造和整体稳定性布置。

9）预组装墙模板吊装就位后，下端应垫平，紧靠定位基准；两侧模板均应利用斜撑调整和固定其垂直度。

10）支柱在高度方向所设的水平撑与剪力撑，应按构造与整体稳定性布置。

11）多层及高层建筑中，上下层对应的模板支柱应设置在同一竖向中心线上。

12）对现浇混凝土梁、板，当跨度不小于 4 m 时，模板应按设计要求起拱；当设计无具体要求时，起拱高度宜为跨度的 1/1 000～3/1 000。

13）曲面结构可用双曲可调模板；采用平面模板组装时，应使模板面与设计曲面的最大差值不得超过设计的允许值。

2. 模板拆除的规定

现浇混凝土结构模板的拆除日期，取决于结构的性质、模板的用途和混凝土硬化速度。及时拆模可提高模板的周转，为后续工作创造条件。如过早拆模，因混凝土未达到一定强度，过早承受荷载会产生变形甚至会造成重大的质量事故。

1）非承重模板（如侧模），应在混凝土强度能保证其表面及棱角不因拆除模板而受损坏时，方可拆除。

2）承重模板应在与结构同条件养护的试块达到表 0.14 规定的强度时，方可拆除。

表 0.14　结构拆模时所需的混凝土强度

项次	结构类型	结构跨度/m	按设计混凝土强度的标准值百分率/%
1	板	≤2	50
		>2, ≤8	75
		8>	100
2	梁、拱、壳	≤8	75
		>8	100
3	悬臂构件	—	100

3）在拆除模板过程中,如发现混凝土有影响结构安全的质量问题时,应暂停拆除。经过处理后,方可继续拆除。

4）已拆除模板及其支架的结构,应在混凝土强度达到设计强度后才允许承受全部计算荷载。当承受施工荷载大于计算荷载时,必须经过核算,加设临时支撑。

拆除模板应注意下列几点:

1）拆模时不要用力过猛,拆下来的模板要及时运走、整理、堆放整齐,以便再用。

2）模板及其支架拆除的顺序及安全措施应按施工技术方案执行。拆模程序一般应是后支的先拆,先拆除非承重部分,后拆除承重部分。一般是谁安谁拆。重大复杂模板的拆除,事先应制定拆模方案。

3）拆除框架结构模板的顺序:柱模板→楼板底板→梁侧模板→梁底模板。拆除跨度较大的梁下支柱时,应先从跨中开始,分别拆向两端。

4）楼层板支柱的拆除,应按下列要求进行:上层楼板正在浇筑混凝土时,下一层楼板的模板支柱不得拆除,再下一层楼板模板的支柱仅可拆除一部分;跨度 4 m 及 4 m 以上的梁下均应保留支柱,其间距不大于 3 m。

5）拆模时,应尽量避免混凝土表面或模板受到损坏,注意整块板落下伤人。

0.2.4　模板工程施工质量检查验收

在浇筑混凝土之前,应对模板工程进行验收。模板及其支架应具有足够的承载能力、刚度和稳定性,能可靠地承受浇筑混凝土的重量、侧压力以及施工荷载。模板安装和浇筑混凝土时,应对模板及其支架进行观察和维护。发生异常情况时,应按施工技术方案及时进行处理。

模板工程的施工质量检验应按主控项目、一般项目所规定的检验方法进行检验。检验批合格质量应符合下列规定:主控项目的质量经抽样检验合格,一般项目的质量经抽样检验合格;当采用计数检验时,除有专门要求外,一般项目的合格点率应达到80%及以上,且不得有严重缺陷;具有完整的施工操作依据和质量验收记录。

1. 主控项目

1）安装现浇结构的上层模板及其支架时,下层楼板应具有承受上层荷载的承载能力,或加设支架;上、下层支架的立柱应对准,并铺设垫板。

检查数量:全数检查。

检验方法:对照模板设计文件和施工技术方案观察。

2）在涂刷模板隔离剂时,不得沾污钢筋和混凝土接槎处。

检查数量:全数检查。

检验方法:观察。

3）底模及其支架拆除时的混凝土强度应符合规范要求。

检查数量:全数检查。

检验方法:检查同条件养护试件强度试验报告。

4）后浇带模板的拆除和支顶应按施工技术方案执行。

检查数量:全数检查。

检验方法:观察。

2. 一般项目

1）模板安装应满足下列要求：① 模板的接缝不应漏浆；在浇筑混凝土前，木模板应浇水湿润，但模板内不应有积水；② 模板与混凝土的接触面应清理干净并涂刷隔离剂，但不得采用影响结构性能或妨碍装饰工程施工的隔离剂；③ 浇筑混凝土前，模板内的杂物应清理干净；④ 对清水混凝土工程及装饰混凝土工程，应使用能达到设计效果的模板。

检查数量：全数检查。

检验方法：观察。

2）用作模板的地坪、胎模等应平整光洁，不得产生影响构件质量的下沉、裂缝、起砂或起鼓。

检查数量：全数检查。

检验方法：观察。

3）对跨度不小于 4 m 的现浇钢筋混凝土梁、板，其模板应按设计要求起拱；当设计无具体要求时，起拱高度宜为跨度的 1/1 000～3/1 000。

检查数量：在同一检验批内，对梁，应抽查构件数量的 10%，且不少于 3 件；对板，应按有代表性的自然间抽查 10%，且不少于 3 间；对大空间结构，板可按纵、横轴线划分检查面，抽查 10%，且不少于 3 面。

检验方法：水准仪或拉线、钢尺检查。

4）固定在模板上的预埋件、预留孔和预留洞均不得遗漏，且应安装牢固，其偏差应符合表 0.15 的规定。现浇结构模板安装的允许偏差及检查方法应符合表 0.16 的规定。

表 0.15 预埋件和预留孔洞的允许偏差

项目		允许偏差/mm
预埋钢中心线位置		3
预埋管、预留孔中心线位置		3
插筋	中心线位置	5
	外露长度	+10,0
预埋螺栓	中心线位置	2
	外露长度	+10,0
预留孔	中心线位置	10
	尺寸	+10,0

注：检查中心线位置时，应沿纵、横两个方向量测，并取其中的较大值。

表 0.16 现浇结构模板安装的允许偏差及检验方法

项目		允许偏差/mm	检验方法
轴线位置		5	钢尺检查
底模上表面标高		±5	水准仪或拉线、钢尺检查
模板内部尺寸	基础	±10	钢尺检查
	柱、墙、梁	±5	钢尺检查

续表

项目		允许偏差/mm	检验方法
柱、墙垂直度	层高≤6 m	8	经纬仪或吊线,钢尺检查
	层高>6 m	10	
相邻两板表面高低差		2	钢尺检查
表面平整度		5	2 m靠尺和塞尺检查

注:检查轴线位置时,应沿纵、横两个方向量测,并取其中的较大值。

检查数量:在同一检验批内,对梁、柱和独立基础,应抽查构件数量的10%,且不少于3件;对墙和板,应按有代表性的自然间抽查10%,且不少于3间;对大空间结构,墙可按相邻轴线间高度5 m左右划分检查面,抽查10%,且均不少于3面。

检验方法:钢尺检查。

5)预制构件模板安装的允许偏差应符合表0.17的规定。

表 0.17 预制构件模板安装的允许偏差及检验方法

项目		允许偏差/mm	检验方法
长度	板、梁	±5	钢尺量两角边,取其中较大值
	薄腹梁、桁架	±10	
	柱	0,−10	
	墙板	0,−5	
宽度	板、墙板	0,−5	钢尺量一端及中部,取其中较大值
	梁、薄腹梁、桁架、柱	+2,−5	
高(厚)度	板	+2,−3	钢尺量一端及中部,取其中较大值
	墙板	0,−5	
	梁、薄腹梁、桁架、柱	+2,−5	
侧向弯曲	梁、板、柱	$l/1\ 000$ 且 ≤15	拉线、钢尺量最大弯曲处
	墙板、薄腹梁、桁架	$l/1\ 500$ 且 ≤15	
板的表面平整度		3	2 m靠尺和塞尺检查
相邻两板表面高低差		1	钢尺检查
对角线差	板	7	钢尺量两个对角线
	墙板	5	
翘曲	板、墙板	$l/1\ 500$	调平尺在两端量测
设计起拱	梁、薄腹梁、桁架、柱	±3	拉线、钢尺量跨中

注:l 为构件长度(mm)。

检查数量:首次使用及大修后的模板应全数检查;使用中的模板应定期检查,并根据使用情况不定期抽查。

6）侧模拆除时的混凝土强度应能保证其表面及棱角不受损伤。模板拆除时,不应对楼层形成冲击荷载。拆除的模板和支架宜分散堆放并及时清运。

检查数量:全数检查。

检验方法:观察。

0.2.5 模板工程常见质量事故

模板的制作与安装质量,对于保证混凝土、钢筋混凝土结构与构件的外观平整和几何尺寸的准确,以及结构的强度、刚度等起着重要作用。由于模板尺寸错误、支模方法不妥引起的工程质量事故时有发生,应引起高度重视。

1. 支模不妥引起的工程质量事故

（1）"工"字形薄腹大梁扭曲事故

某工程预制 12 m"工"字形薄腹大梁,共 200 余根,在春节过后即将解冻时浇筑混凝土。浇筑时对地基冻溶后的软化情况估计不足,没采取预防措施,致使大梁在浇筑后发生模板局部下陷,致使 10 根大梁发生扭曲,不能使用。

（2）现浇混凝土楼盖板裂缝事故

某教学楼为现浇钢筋混凝土楼盖,在支梁模板时,板的底模不是压在梁的侧模上。在浇筑混凝土的过程中,由于施工人员浇筑混凝土时小车来回行走,引起板与梁相接部分的模板受振变形,以致混凝土凝固后在这个部位的板面上产生很长的裂缝而影响使用。说明板底模下的支撑不牢造成梁、板模板的错位而引起混凝土的开裂。

（3）模板膨胀、板面裂缝事故

某工程为现浇钢筋混凝土楼板,由于用了过分干燥的木料做板面模板,在浇筑混凝土以后的养护期间,模板受潮膨胀,发生上拱现象,使混凝土板面产生上宽下窄的裂缝。这种裂缝在初期不很明显,随着混凝土的收缩和气温变化而逐步扩展。有时这种裂缝并不贯通楼板,而是顶面有裂缝,底面无裂缝,但也会影响楼板的寿命。

（4）支撑方法不当,结构质量受损事故

某工程为三层混合结构,现浇钢筋混凝土梁、板,房间跨度为 6 m。为了浇筑混凝土楼盖时不影响地面的施工,决定在支撑楼盖模板时不用顶柱,改用斜支撑。在距地 1 m 高的砖墙上挑出 12 cm 的砖牛腿,五皮砖高,作为支撑斜支撑的支座,在浇筑大梁混凝土的过程中发现土砖牛腿被压坏,模板局部塌陷事故,严重影响结构的质量,后来不得不临时改用立柱。

（5）支撑垫木不当,梁裂事故

某厂同时建造三个仓库,结构形式相同,外墙为承重砖墙,中部为现浇钢筋混凝土梁和柱,屋面板为预制板。第一个仓库施工时,当梁柱拆模后,发现部分梁上有裂缝,位置在跨度的 1/3 处。起初认为这种裂缝是由于模板立柱下陷引起的,所以在第二个仓库施工时,将立柱下面进行适当加固,但在拆模后,仍发现与前一仓库相同的裂缝。后来经详细检查才发现在施工过程中,当运砖的小车经过模板立柱下面的横向垫木时,经常发生振动,这种振动通过立柱传给了大梁模板,使刚凝固的混凝土大梁受振开裂。在第三个仓库施工时,针对此因素采取相应措施,将垫木断开,使小车压不上,裂缝也就不再出现了。

2. 模板的支架系统失稳

（1）事故特征

因支承系统失稳，造成倒塌或结构变形等事故。

（2）原因分析

1）模板上的荷载大小不同，支架的高低不同、用料不同、间距不同，则承受的应力不同。当荷载大于支架的极限应力时，支架就会发生变形、失稳而倒塌。

2）施工管理不善，没有按《混凝土结构工程施工及验收规范》（GB 50204—2015）中有关规定施工。模板支架在施工前应该先进行设计和结构计算；盲目施工是支架系统失稳的主要原因。

3）施工班组、操作技工没有经过培训，不熟悉新材料、新工艺，盲目蛮干，造成事故。

3. 模板的强度不足而炸模

（1）事故特征

因模板施工前没有经过核算，模板的刚度和强度不足，在浇筑混凝土的承压力和侧压力的作用下变形、炸模。

（2）原因分析

立墙板、立柱、梁的模板，没有根据构件的厚度和高度要求进行设计，有的支架、夹具和对销拉接件的间距过大，则模板的强度不足，尤其是用泵送混凝土的浇筑速度快，侧压力大，更容易产生炸模。

微课
混凝土的
制备

0.3 混凝土工程

0.3.1 混凝土的施工工艺

一、混凝土的制备

混凝土制备应采用符合质量要求的原材料，按规定的配合比配料，混合料应拌和均匀，以保证设计强度和特殊要求（如抗冻、抗渗等）、施工和易性要求，并应节约水泥，减轻劳动强度。

（1）混凝土配制强度计算

$$f_{cu,0} \geq f_{cu,k} + 1.645\sigma \qquad (0.15)$$

式中：$f_{cu,0}$——混凝土配制强度（N/mm²）；

　　　$f_{cu,k}$——混凝土立方体抗压强度标准值（N/mm²）；

　　　　σ——混凝土强度标准差（N/mm²），可用统计资料计算，或按强度等级取值：当混凝土设计强度≤C20时，取4 N/mm²；当混凝土设计强度为C25~C40时，取5 N/mm²；当混凝土设计强度≥C45时，取6 N/mm²。

（2）混凝土施工配合比及施工配料

实验室配合比所用的砂石都是不含水分的，而施工现场的砂石都含有一定的水分，其含水率是变化的。所以施工时的配合比应进行调整，称为施工配合比。

设实验室配合比为：水泥∶砂∶石 =1∶X∶Y，水灰比 W/C，现场砂石含水率分别为 W_x、W_y，则施工配合比为：水泥∶砂∶石 =1∶X(1+W_x)∶Y(1+W_y)，水灰比不变，但用水量应减少。

【案例应用】

【例0.2】 某工程混凝土实验室配合比为 1∶2.56∶5.55，$W/C = 0.65$，每立方米混凝土水泥用量为 275 kg，现场测得砂石含水率分别为 3%、1%，求施工配合比及调整后每立方米混凝土材料用量。

解： ① 施工配合比为：

水泥∶砂∶石 = 1∶2.56×(1+3%)∶4.27×(1+1%) = 1∶2.64∶5.60

② 调整后每立方米混凝土材料用量为：

水泥：275 kg

砂：275×2.64 = 726(kg)

石：275×5.60 = 1 540(kg)

水：275×0.65−275×2.56×3%−275×5.55×1% = 142.4(kg)

二、混凝土的搅拌

混凝土的搅拌就是根据混凝土的配合比，把水、水泥和粗细骨料进行均匀拌和的过程。同时，通过搅拌还要使材料达到强化、塑化的作用。

1. 混凝土搅拌机

混凝土搅拌机按其工作原理分为自落式搅拌机和强制式搅拌机两大类。

（1）自落式搅拌机

自落式搅拌机搅拌筒内壁装有叶片，搅拌筒旋转，叶片将物料提升一定的高度后自由下落，各物料颗粒分散拌和，拌和成均匀的混合物。这种搅拌机体现的是重力拌和原理。自落式混凝土搅拌机按其搅拌筒的形状不同分为鼓筒式、锥形反转出料式和双锥形倾翻出料式三种类型。

鼓筒式搅拌机是一种最早使用的传统形式的自落式搅拌机，如图0.14所示。这种搅拌机

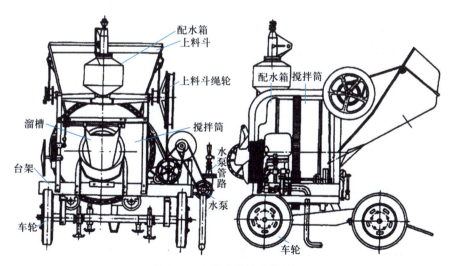

图0.14 自落式鼓筒式搅拌机

具有结构紧凑、运转平稳、机动性好、使用方便、耐用可靠等优点,在相当长一段时间内广泛使用于施工现场,它适于搅拌塑性混凝土,但由于该机种存在着拌和出料困难、卸料时间长、搅拌筒利用率低、水泥耗量大等缺点,现属淘汰机型。常见型号有 JG150、JG250 等。

锥形反转式出料搅拌机搅拌筒呈双锥形,如图 0.15 所示。筒内装有搅拌叶片和出料叶片,正转搅拌,反转出料。因此,它具有搅拌质量好,生产效率高,运转平稳,操作简单,出料干净迅速和不易发生粘筒等优点,正逐步取代鼓筒形搅拌机。

锥形反转出料搅拌机适于施工现场搅拌塑性、半干硬性混凝土,常用型号有 JZ150、JZ250、JZ350 等。

（2）强制式搅拌机

强制式搅拌机的轴上装有叶片,通过叶片强制搅拌装在搅拌筒中的物料,使物料沿环向、径向和竖向运动,拌和成均匀的混合物。这种搅拌机体现的是剪切拌和原理。强制式搅拌机和自落式搅拌机相比,搅拌

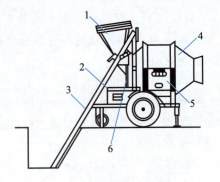

图 0.15　自落式锥形搅拌机
1—上料斗;2—电动机;3—上料轨道;
4—搅拌筒;5—开关箱;6—水管

作用强烈、均匀,搅拌时间短,生产效率高,质量好而且出料干净。它适用于搅拌低流动性混凝土、干硬性混凝土和轻骨料混凝土。

强制式搅拌机按其构造特征分为立轴式（图 0.16）和卧轴式（图 0.17）两类。常用机型有 JD250、JW250、JW500、JD500。

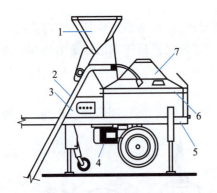

图 0.16　立轴强制式搅拌机
1—上料斗;2—上料轨道;3—开关箱;4—电动机;
5—出浆口;6—进水管;7—搅拌筒

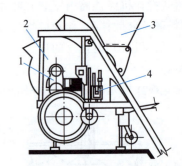

图 0.17　卧轴强制式搅拌机
1—变速装置;2—搅拌筒;3—上料斗;4—水泵

2. 混凝土搅拌

（1）搅拌时间

1）混凝土的搅拌时间:从全部材料投入搅拌筒起到开始卸料为止所经历的时间称为搅拌时间。混凝土搅拌的最短时间可按表 0.18 采用。

2）搅拌时间与混凝土的搅拌质量密切相关,随搅拌机类型和混凝土的和易性不同而变化。在一定范围内,随搅拌时间的延长,强度有所提高,但过长时间的搅拌既不经济,而且混凝土的和易性又将降低,影响混凝土的质量。

3）加气混凝土还会因搅拌时间过长而使含气量下降。

表 0.18 混凝土搅拌的最短时间 s

混凝土坍落度/mm	搅拌机类型	搅拌机容量		
		<250 L	250~500 L	>500 L
≤30	自落式	90	120	150
	强制式	60	90	120
>30	自落式	90	90	120
	强制式	60	60	90

注:① 掺有外加剂时,搅拌时间应适当延长。
② 全轻混凝土宜采用强制式搅拌机搅拌,砂轻混凝土可用自落式搅拌机搅拌,搅拌时间均应延长 60~90 s。
③ 轻骨料宜在搅拌前预湿。采用强制式搅拌机搅拌的加料顺序是:先加粗细骨料和水泥搅拌 60 s,再加水继续搅拌。采用自落式搅拌机的加料顺序是:先加 1/2 的用水量,然后加粗细骨料和水泥,均匀搅拌 60 s,再加剩余用水量继续搅拌。
④ 当采用其他形式搅拌设备时,搅拌的最短时间应按设备说明书的规定经试验确定。

（2）投料顺序

投料顺序应从提高搅拌质量,减少叶片、衬板的磨损,减少拌和物与搅拌筒的黏结,减少水泥飞扬,改善工作环境,提高混凝土强度及节约水泥等方面综合考虑确定。常用一次投料法和二次投料法。

1）一次投料法:是在上料斗中先装石子,再加水泥和砂,然后一次投入搅拌筒中进行搅拌。对于自落式搅拌机要在搅拌筒内先加部分水,投料时砂压住水泥,然后陆续加水,这样水泥不致飞扬,并且水泥和砂先进入搅拌筒形成水泥砂浆,可缩短水泥包裹石子的时间。对于强制式搅拌机,因出料口在下部,不能先加水,应在投放干料的同时,缓慢均匀分散地加水。

2）二次投料法:是先向搅拌机内投入水和水泥,待其搅拌 1 min 后再投入石子和砂,继续搅拌到规定时间。这种投料方法能改善混凝土性能,提高混凝土的强度,在保证规定的混凝土强度的前提下节约了水泥。目前常用的方法有两种:预拌水泥砂浆法和预拌水泥净浆法。

进料容量约为出料容量的 1.4~1.8 倍(通常取 1.5 倍),如任意超载(超载 10%),就会使材料在搅拌筒内无充分的空间进行拌和,影响混凝土的和易性。反之,装料过少,又不能充分发挥搅拌机的效能。

（3）搅拌要求

1）严格执行混凝土施工配合比,及时进行混凝土施工配合比的调整。

2）严格进行各原材料的计量。

3）搅拌前应充分润湿搅拌筒,搅拌第一盘混凝土时应按配合比对粗骨料减量。

4）控制好混凝土搅拌时间。

5）按要求检查混凝土坍落度并反馈信息,严禁随意加减用水量。

6）搅拌好的混凝土要卸净,不得边出料边进料。

7）搅拌完毕或间歇时间较长,应清洗搅拌筒,搅拌筒内不应有积水。

8）保持搅拌机清洁完好,做好其维修保养。

（4）混凝土的搅拌站

混凝土在搅拌站集中拌制,可以做到自动上料、自动称量、自动出料,自动化程度大大提

高,劳动强度降低,混凝土质量改善,效益提高。施工现场可根据情况选用移动式搅拌站等。

目前很多城市已有商品混凝土,供应半径达 15~20 km,用自卸汽车直接运到工地,浇筑入模,有很多优点。

三、混凝土的运输

微课
混凝土的运输

混凝土由拌制地点运至浇筑地点的运输分为水平运输(地面水平运输和楼面水平运输)和垂直运输。常用的水平运输设备有手推车、机动翻斗车、混凝土搅拌运输车、自卸汽车等。常用的垂直运输设备有龙门架、井架、塔式起重机、混凝土泵等。混凝土运输设备的选择应根据建筑物的结构特点、运输距离、运输量、地形及道路条件、现有设备情况等因素综合考虑确定。

(1)混凝土的运输要求

1)混凝土在运输过程中不产生分层、离析现象。如有离析现象,必须在浇筑前进行二次搅拌。

2)混凝土运至浇筑地点开始浇筑时,应满足设计配合比所规定的坍落度,见表 0.19。

表 0.19　混凝土浇筑时的坍落度

项次	结构类型	坍落度/mm
1	基础或地面等垫层,无配筋的厚大结构(挡土墙、基础或厚大的块体等)或配筋稀疏的结构	10~30
2	板、梁和大型及中型截面的结构	30~50
3	配筋密列的结构(薄壁、斗仓、筒仓、细柱等)	50~70
4	配筋特密的结构	70~90

注:① 本表系指采用机械振捣的混凝土坍落度,采用人工振捣时可适当增大混凝土坍落度。

② 需要配置大坍落度混凝土时应加入混凝土外加剂。

③ 曲面、斜面结构的混凝土,其坍落度应根据需要另行选用。

3)混凝土从搅拌机中卸出运至浇筑地点必须在混凝土初凝之前浇捣完毕,其允许延续时间不得超过表 0.20 的规定。

表 0.20　混凝土从搅拌机中卸出后到浇筑完毕的延续时间　　　　　　　　　min

混凝土强度等级	气温	
	<25 ℃	≥25 ℃
≤C30	120	90
>C30	90	60

注:① 对掺加外加剂或快硬水泥拌制的混凝土,其延续时间应按试验确定。

② 运输、浇筑延续时间应适当缩短。

4)运输工作应保证混凝土的浇筑工作连续进行。

(2)混凝土运输工具的选择

1)混凝土运输分地面水平运输、垂直运输和楼面水平运输三种。

2)地面运输时,短距离多用双轮手推车、机动翻斗车;长距离宜用自卸汽车、混凝土搅拌运输车。

3）垂直运输可采用各种井架、龙门架和塔式起重机作为垂直运输工具。对于浇筑量大、浇筑速度比较稳定的大型设备基础和高层建筑,宜采用混凝土泵,也可采用自升式塔式起重机或爬升式塔式起重机运输。

4）泵送混凝土:即混凝土用混凝土泵运输。常用的混凝土泵有液压活塞泵(图 0.18)和挤压泵两种。液压活塞泵是利用活塞的往复运动将混凝土吸入和排出。混凝土输送管有直管、弯管、锥形管和浇筑软管等,一般由合金钢、橡胶、塑料等材料制成,常用混凝土输送管的管径为 100~150 mm。

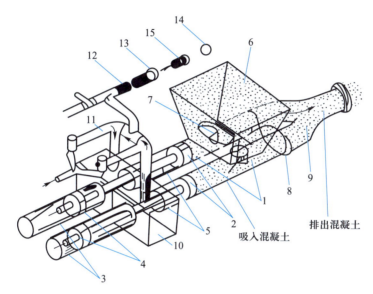

图 0.18　液压活塞式混凝土泵工作原理图

1—混凝土缸;2—混凝土活塞;3—液压缸;4—液压活塞;5—活塞杆;
6—受料斗;7—吸入端水平片阀;8—排出端竖直片阀;9—V 形输送管;10—水箱;
11—水洗装置换向阀;12—水洗用高压软管;13—水洗用法兰;14—海绵球;15—清洗活塞

泵送混凝土对原材料的要求:① 粗骨料:碎石最大粒径与输送管内径之比不宜大于 1:3;卵石不宜大于 1:2.5。② 砂:以天然砂为宜,砂率宜控制在 40%~50%,通过 0.315 mm 筛孔的砂不少于 15%。③水泥:最少水泥用量为 300 kg/m³,坍落度宜为 80~180 mm,混凝土内宜适量掺入外加剂。泵送轻骨料混凝土的原材料选用及配合比,应通过试验确定。

泵送混凝土施工中应注意的问题:① 输送管的布置宜短直,尽量减少弯管数,转弯宜缓,管段接头要严密,少用锥形管。② 混凝土的供料应保证混凝土泵能连续工作,不间断;正确选择骨料级配,严格控制配合比。③ 泵送前,为减少泵送阻力,应先用适量与混凝土内成分相同的水泥浆或水泥砂浆润滑输送管内壁。④ 泵送过程中,泵的受料斗内应充满混凝土,防止吸入空气形成阻塞。⑤ 防止停歇时间过长,若停歇时间超过 45 min,应立即用压力或其他方法冲洗管内残留的混凝土。⑥ 泵送结束后,要及时清洗泵体和管道。⑦ 用混凝土泵浇筑的建筑物,要加强养护,防止龟裂。

四、混凝土的浇筑

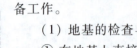

1. 浇筑前的准备工作

为了保证混凝土工程质量和混凝土工程施工的顺利进行,在浇筑前一定要充分做好准备工作。

(1)地基的检查与清理

① 在地基上直接浇筑混凝土时(如基础、地面),应对其轴线位置及标高和各部分尺寸进行复核和检查,如有不符,应立即修正。

② 清除地基底面上的杂物和淤泥浮土。地基面上凹凸不平处,应加以修理整平。

③ 对于干燥的非黏土地基,应洒水润湿;对于岩石地基或混凝土基础垫层,应用清水清洗,但不得留有积水。

④ 对于有地下水涌出或地表水流入地基时,应考虑排水,并应考虑混凝土浇筑后及硬化过程中的排入措施,以防冲刷新浇筑的混凝土。

⑤ 检查基槽和基坑的支护及边坡的安全措施,以避免运输车辆行驶而造成坍方事故。

(2)模板的检查

① 检查模板的轴线位置、标高、截面尺寸以及预留孔洞和预埋件的位置,并应与设计相一致。

② 检查模板的支撑是否牢固,对于妨碍浇筑的支撑应加以调整,以免在浇筑过程中产生变形、位移和影响浇筑。

③ 模板安装时应认真涂刷隔离剂,以利于脱模。模板内的泥土、木屑等杂物应清除。

④ 木模应浇水充分润湿,尚未胀密的缝隙应用纸筋灰或水泥袋纸嵌塞;对于缝隙较大处应用木片等填塞,以防漏浆。金属模板的缝隙和孔洞也应堵塞。

(3)钢筋检查

① 钢筋及预埋件的规格、数量、安装位置应与设计相一致,绑扎与安装应牢固。

② 清除钢筋上的油污、砂浆等,并按规定加垫好钢筋的混凝土保护层。

③ 协同有关人员做好隐蔽工程记录。

(4)供水、供电及原材料的保证

① 浇筑期间应保证水、电及照明不中断,应考虑临时停水断电措施。

② 浇筑地点应贮备一定数量的水泥、砂、石等原材料,并满足配合比要求,以保证浇筑的连续性。

(5)机具的检查及准备

① 搅拌机、运输车辆、振捣器及串筒、溜槽、料斗应按需准备充足,并保证完好。

② 准备急需的备品、配件,以备修理用。

(6)道路及脚手架的检查

① 运输道路应平整、通畅,无障碍物,应考虑空载和重载车辆的分流,以免发生碰撞。

② 脚手架的搭设应安全牢固,脚手板的铺设应合理适用,并能满足浇筑的要求。

(7)安全与技术交底

① 对各项安全设施要认真检查,并进行安全技术的交底工作,以消除事故隐患。

② 对班组的计划工作量、劳动力的组合与分工、施工顺序及方法、施工缝的留置位置及处理、操作要点及要求等进行技术交底。

（8）其他

做好浇筑期间的防雨、防冻、防曝晒的设施准备工作，以及浇筑完毕后的养护准备工作。

2. 混凝土的浇筑

为确保混凝土工程质量，混凝土浇筑工作必须遵守下列规定：

（1）混凝土的自由下落高度

浇筑混凝土时为避免发生离析现象，混凝土自高处倾落的自由高度（称自由下落高度）不应超过 2 m。自由下落高度较大时，应使用溜槽或串筒，以防混凝土产生离析。溜槽一般用木板制作，表面包铁皮，如图 0.19 所示，使用时其水平倾角不宜超过 30°。串筒用薄钢板制成，每节筒长 700 mm 左右，用钩环连接，筒内设有缓冲挡板，如图 0.20 所示。

图 0.19　溜槽　　　　　图 0.20　串筒

（2）混凝土分层浇筑

为了使混凝土能够振捣密实，浇筑时应分层浇灌、振捣，并在下层混凝土初凝之前，将上层混凝土浇灌并振捣完毕。如果在下层混凝土已经初凝以后，再浇筑上面一层混凝土，在振捣上层混凝土时，下层混凝土由于受振动，已凝结的混凝土结构就会遭到破坏。混凝土分层浇筑时每层的厚度应符合表 0.21 的规定。

表 0.21　混凝土浇筑层厚度

捣实混凝土的方法		浇筑层厚度/mm
插入式振捣		振捣器作用部分长度的 1.25 倍
表面振捣		200
人工振捣	在基础、无筋混凝土或配筋稀疏的结构中	250
	在梁、墙板、柱结构中	200
	在配筋密列的结构中	150
轻骨料混凝土	插入式振捣	300
	表面振动（振动时需加荷）	200

（3）竖向结构混凝土浇筑

竖向结构（墙、柱等）浇筑混凝土前，底部应先填 50～100 mm 厚与混凝土内砂浆成分相同的水泥砂浆。浇筑时不得发生离析现象。当浇筑高度超过 3 m 时，应采用串筒、溜槽或振动串筒下落，如图 0.21 所示。

（4）梁和板混凝土的浇筑

在一般情况下，梁和板的混凝土应同时浇筑。较大尺寸的梁（梁的高度大于 1 m）、拱和类似的结构,可单独浇筑。

在浇筑与柱和墙连成整体的梁和板时,应在柱和墙浇筑完毕后停歇1~1.5 h,使其获得初步沉实后,再继续浇筑梁和板。

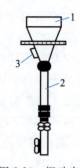

图 0.21　振动串筒
1—漏斗;2—节管;
3—振动器(每隔2~3根节管安一台)

3. 施工缝

施工缝是一种特殊的工艺缝。浇筑时由于施工技术(安装上部钢筋、重新安装模板和脚手架、限制支撑结构上的荷载等)或施工组织(工人换班、设备损坏、待料等)上的原因,不能连续将结构整体浇筑完成,且停歇时间可能超过混凝土的凝结时间时,则应预先确定在适当的部位留置施工缝。由于施工缝处"新""老"混凝土连接的强度比整体混凝土强度低,所以施工缝一般应留在结构受剪力较小且便于施工的部位。这里所说的施工缝,实际并没有缝,而是新浇混凝土与原混凝土之间的结合面,混凝土浇筑后,缝已不存在,与房屋的伸缩缝、沉降缝和抗震缝不同。

(1)施工缝的留设位置

1)柱子的施工缝宜留在基础与柱子的交接处的水平面上,或梁的下面,或吊车梁牛腿的下面,或吊车梁的上面,或无梁楼盖柱帽的下面,如图0.22所示,框架结构中,如果梁的负筋向下弯入柱内,施工缝也可设置在这些钢筋的下端,以便于绑扎,柱的施工缝应留成水平缝。

2)与板连成整体的大断面梁(高度大于1 m的混凝土梁)单独浇筑时,施工缝应留置在板底面以下20~30 mm处。板有梁托时,应留在梁托下部。

3)有主次梁的楼板,宜顺着次梁方向浇筑,施工缝应留置在次梁跨度中间1/3的范围内,如图0.22所示。

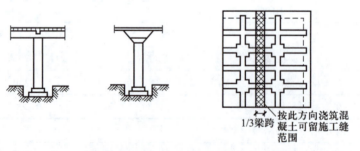

1/3梁跨　按此方向浇筑混凝土可留施工缝范围

图 0.22　施工缝的留置

4)单向板的施工缝可留置在平行于板的短边的任何位置处。

5)楼梯的施工缝也应留在跨中1/3范围内。

6)墙留置在门洞口过梁跨中1/3范围内,也可留在纵横墙的交接处。

7)双向受力楼板、大体积混凝土结构、拱、穹拱、薄壳、蓄水池、斗包、多层框架及其他结构复杂工程,施工缝位置应按设计要求留置。

应该注意的是,留置施工缝是不得已为之,并不是每个工程都必须一定留设施工缝,有的结构不允许留施工缝。

（2）施工缝的形式

工程中常采用企口缝和高低缝,如图 0.23 所示。

（3）施工缝的处理

1）在施工缝处继续浇筑混凝土时,已浇筑混凝土的抗压强度应不小于 1.2 N/mm²。

2）继续浇筑前,应清除已硬化混凝土表面上的水泥薄膜、松动石子以及软弱混凝土层,并加以充分湿润和冲洗干净,且不得积水。

图 0.23　企口缝和高低缝

3）在浇筑混凝土前,先铺一层水泥浆或与混凝土内成分相同的水泥砂浆,然后再浇筑混凝土。

4）混凝土应细致捣实,使新旧混凝土紧密结合。

4. 混凝土的浇筑方法

（1）多层钢筋混凝土框架结构的浇筑

1）浇筑框架结构首先要划分施工层和施工段,施工层一般按结构层划分,而每一施工层的施工段划分,则要考虑工序数量、技术要求、结构特点等。

2）混凝土的浇筑顺序:先浇捣柱子,在柱子浇捣完毕后停歇 1~1.5 h,使混凝土达到一定强度后,再浇捣梁和板。

（2）大体积钢筋混凝土结构的浇筑

大体积钢筋混凝土结构多为工业建筑中的设备基础及高层建筑中厚大的桩基承台或基础底板等。特点是混凝土浇筑面和浇筑量大,整体性要求高,不能留施工缝,以及浇筑后水泥的水化热量大且聚集在构件内部,形成较大的内外温差,易造成混凝土表面产生收缩裂缝等。为保证混凝土浇筑工作连续进行,不留施工缝,应在下一层混凝土初凝之前将上一层混凝土浇筑完毕。要求混凝土按不小于下述的浇筑量进行浇筑:

$$Q = \frac{FH}{T} \tag{0.16}$$

式中:Q——混凝土最小浇筑量（m³/h）;

F——混凝土浇筑区的面积（m²）;

H——浇筑层厚度（m）;

T——下层混凝土从开始浇筑到初凝所允许的时间间隔（h）。

大体积钢筋混凝土结构的浇筑方案,一般分为全面分层、分段分层和斜面分层 3 种,如图 0.24 所示。

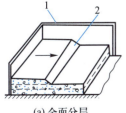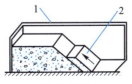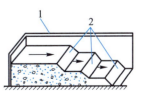

| (a) 全面分层 | (b) 分段分层 | (c) 斜面分层 |

图 0.24　大体积混凝土浇筑方案

1—模板;2—新浇筑的混凝土

1）全面分层：即在第一层浇筑完毕后，再回头浇筑第二层，如此逐层浇筑，直至完工为止。

2）分段分层：混凝土从底层开始浇筑，进行 2~3 m 后再回头浇第二层，同样依次浇筑各层。

3）斜面分层：要求斜坡坡度不大于 1/3，适用于结构长度大大超过厚度 3 倍的情况。

（3）大体积钢筋混凝土早期温度裂缝的预防

厚大钢筋混凝土结构由于体积大，水泥水化热聚积在内部不易散发，内部温度显著升高，外表散热快，易形成较大内外温差，内部产生压应力，外表产生拉应力，如内外温差过大（25℃以上），则混凝土表面将产生裂缝。当混凝土内部逐渐散热冷却，产生收缩，由于受到基底中已硬混凝土的约束，不能自由收缩，而产生拉应力。温差越大，约束程度越高，结构长度越大，则拉应力越大。当拉应力超过混凝土的抗拉强度时即产生裂缝，裂缝从基底向上发展，甚至贯穿整个基础，这种裂缝比表面裂缝危害更大。要防止混凝土早期产生温度裂缝，就要降低混凝土的温度应力，控制混凝土的内外温差，使之不超过 25 ℃，以防止表面开裂；控制混凝土冷却过程中的总温差和降温速度，以防止基底开裂。早期温度裂缝的预防方法主要有优先采用水化热低的水泥（如矿渣硅酸盐水泥）；减少水泥用量；掺入适量的粉煤灰或在浇筑时投入适量毛石；放慢浇筑速度和减少浇筑厚度，采用人工降温措施（拌制时，用低温水，养护时用循环水冷却）；浇筑后应及时覆盖，以控制内外温差，减缓降温速度，尤其应注意寒潮的不利影响；必要时，取得设计单位同意后，可分块浇筑，块和块间留 1 m 宽后浇带，待各分块混凝土干缩后再浇后浇带。分块长度可根据有关手册计算，当结构厚度在 1 m 以内时，分块长度一般为 20~30 m。

后浇带是在现浇混凝土结构施工过程中，克服由于温度、收缩而可能产生有害裂缝所设置的临时施工缝。该缝需根据设计要求保留一段时间后再浇筑混凝土，将整个结构连成整体。后浇带的留置位置应按设计要求和施工技术方案确定。后浇带的设置距离，应考虑有效降低温度和收缩应力的条件下，通过计算来获得。在正常的施工条件下，规范对此的规定是：如混凝土置于室内和土中，后浇带的设置距离为 30 m，露天为 20 m。后浇带的保留时间应根据设计确定，若设计无要求时，一般至少保留 28 天以上。后浇带的宽度应考虑施工简便，避免应力集中，一般其宽度为 700~1 000 mm。后浇带内的钢筋应完好保存。

后浇带混凝土浇筑应严格按照施工技术方案进行。在浇筑混凝土前，必须将整个混凝土表面按照施工缝的要求进行处理。填充后浇带混凝土可采用微膨胀或无收缩水泥，也可采用普通水泥加入相应的外加剂拌制，但必须要求填筑混凝土的强度等级比原来结构强度提高一级，并保持至少 15d 的湿润养护。

（4）大体积钢筋混凝土的泌水处理

大体积混凝土另一特点是上、下浇筑层施工间隔时间较长，各分层之间易产生泌水层，它将引起混凝土强度降低、酥软、脱皮起砂等不良后果。采用自流方式和抽吸方法排除泌水，会带走一部分水泥浆，影响混凝土的质量。在同一结构中使用两种坍落度的混凝土，或在混凝土拌和物中掺减水剂，都可以减少泌水现象。

五、混凝土振捣

振捣方式分为人工振捣和机械振捣两种。人工振捣是利用捣锤或插钎等工具的冲击力来使混凝土密实成型，其效率低、效果差；机械振捣是将振动器的振动力传给混凝土，使之发生强迫振动而密实成型,其效率高、质量好。

混凝土振动机械按其工作方式分为内部振动器、表面振动器、外部振动器和振动台等,如图 0.25 所示。这些振动机械的构造原理,主要是利用偏心轴或偏心块的高速旋转,使振动器因离心力的作用而振动。

微课
混凝土的振捣

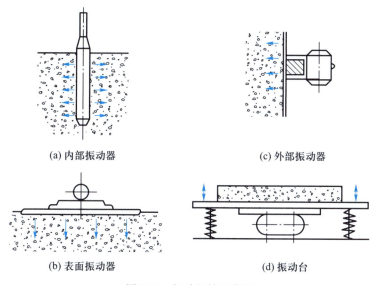

| (a) 内部振动器 | (c) 外部振动器 |
| (b) 表面振动器 | (d) 振动台 |

图 0.25 振动机械示意图

(1)内部振动器

内部振动器又称插入式振动器,其构造如图 0.26 所示。适用于振捣梁、柱、墙等构件和大体积混凝土。插入式振动器操作要点:

1)插入式振动器的振捣方法有两种:一是垂直振捣,即振动棒与混凝土表面垂直;二是斜向振捣,即振动棒与混凝土表面成 40°~45°角。

2)振捣器的操作要做到快插慢拔,插点要均匀,逐点移动,顺序进行,不得遗漏,达到均匀振实。振动棒的移动,可采用行列式或交错式,如图 0.27 所示。

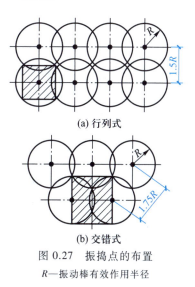

(a) 行列式

(b) 交错式

图 0.27 振捣点的布置

R—振动棒有效作用半径

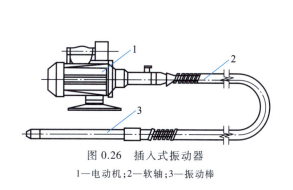

图 0.26 插入式振动器

1—电动机;2—软轴;3—振动棒

3）混凝土分层浇筑时,应将振动棒上下来回抽动 50～100 mm;同时,还应将振动棒深入下层混凝土中 50 mm 左右,如图 0.28 所示。

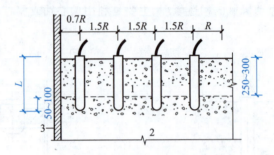

图 0.28　插入式振动器的插入深度

1—新浇筑的混凝土;2—下层已振捣但尚未初凝的混凝土;3—模板

R—有效作用半径;L—振动棒长度

4）每一振捣点的振捣时间一般为 20～30 s。

5）使用振动器时,不允许将其支承在结构钢筋上或碰撞钢筋,不宜紧靠模板振捣。

（2）表面振动器

表面振动器又称平板振动器,是将电动机轴上装有左右两个偏心块的振动器固定在一块平板上而成。其振动作用可直接传递于混凝土面层上。这种振动器适用于振捣楼板、空心板、地面和薄壳等薄壁结构。

（3）外部振动器

外部振动器又称附着式振动器,它是直接安装在模板上进行振捣,利用偏心块旋转时产生的振动力通过模板传给混凝土,达到振实的目的。这种振动器适用于振捣断面较小或钢筋较密的柱子、梁、板等构件。

（4）振动台

振动台一般在预制厂用于振实干硬性混凝土和轻骨料混凝土。宜采用加压振动的方法,加压力为 1～3 kN/m²。

六、混凝土的养护

混凝土浇筑后逐渐凝结硬化,强度也不断增长,这个过程主要由水泥的水化作用来实现。而水泥的水化作用又必须在适当的温、湿度条件下才能完成,如果混凝土浇筑后即处在炎热、干燥、风吹、日晒的气候环境中,就会使混凝土中的水分很快蒸发,影响混凝土中水泥的正常水化作用。轻则使混凝土表面脱皮、起砂和出现干缩裂缝;严重的会因混凝土内部疏松降低混凝土的强度和遭到破坏。因此,混凝土养护绝不是一件可有可无的工作,而是混凝土施工过程中的一个重要环节。

混凝土浇筑后,必须根据水泥品种、气候条件和工期要求加强养护措施。混凝土养护的方法很多,通常按其养护工艺分为自然养护和蒸汽养护两大类。自然养护又分为浇水养护及喷膜养护,施工现场则以浇水养护为主要养护方法。

（1）浇水养护

浇水养护是指混凝土终凝后,日平均气温高于 5 ℃ 的自然气候条件下,用草帘、草袋将混凝土表面覆盖并经常浇水,以保持覆盖物充分湿润。对于楼地面混凝土工程也可采用蓄水养护的办法加以解决。浇水养护时必须注意以下事项：

1）对于一般塑性混凝土，应在浇筑后 12 h 内立即加以覆盖和浇水润湿，炎热的夏天养护时间可缩短至 2~3 h。而对于干硬性混凝土，应在浇筑后 1~2 h 内即可养护，使混凝土保持湿润状态。

2）在已浇筑的混凝土强度达到 1.2 N/mm² 以后，方可在其上允许操作人员行走和安装模板及支架等。

3）混凝土浇水养护日期视水泥品种而定，硅酸盐水泥和普通硅酸盐水泥、矿渣硅酸盐水泥拌制的混凝土，不得少于 7 d；掺用缓凝型外加剂或有抗渗要求的混凝土，不得少于 14 d；采用其他品种水泥时，混凝土的养护时间应根据水泥技术性能确定。

4）养护用水应与拌制用水相同，浇水的次数应以能保持混凝土具有足够的润湿状态为准。

5）在养护过程中，如发现因遮盖不好、浇水不足，致使混凝土表面泛白或出现干缩细小裂缝时，应立即仔细加以避盖，充分浇水，加强养护，并延长浇水养护日期加以补救。

6）平均气温低于 5 ℃ 时，不得浇水养护。

（2）喷膜养护

喷膜养护是将一定配比的塑料溶液，用喷洒工具喷洒在混凝土表面，待溶液挥发后，塑料在混凝土表面结成一层薄膜，使混凝土表面与空气隔绝，封闭混凝土中水分的蒸发而完成水泥的水化作用，达到养护的目的。喷膜养护适用于不易浇水养护的高耸构筑物和大面积混凝土的养护，也可用于表面积大的混凝土施工和缺水地区。喷膜养护剂的喷洒时间，一般待混凝土收水后，混凝土表面以手指轻按无指印时即可进行，施工温度应在 100 ℃ 以上。

七、混凝土的拆模

模板拆除日期取决于混凝土的强度、模板的用途、结构的性质及混凝土硬化时的气温。

不承重的模板，在混凝土强度能保证其表面棱角不因拆除模板而受损坏时，即可拆除。承重模板，如梁、板等底模，应待混凝土达到规定强度后，方可拆除。

0.3.2 混凝土的质量检查

一、混凝土在拌制和浇筑过程中的质量检查

1）混凝土组成材料的质量和用量，每一工作班至少检查两次，按重量比投料量偏差在允许范围之内。即水泥、外掺混合材料±2%，水、外加剂±2%，粗、细骨料±3%。

2）在一个工作班内，如混凝土配合比由于外界影响而有变动时（如砂、石含水率的变化）应及时检查。

3）混凝土的搅拌时间应随时检查。

4）检查混凝土在拌制地点及浇筑地点的坍落度，每一工作班至少两次。

二、混凝土强度检查

为了检查混凝土是否达到设计强度等级，或混凝土是否已达到拆模、起吊强度及预应力构件混凝土是否达到张拉、放松预应力筋时所规定的强度，应制作试块，做抗压强度试验。

1）检查混凝土是否达到设计强度等级：混凝土立方体抗压强度是检查结构或构件混凝土是否达到设计强度等级的依据，其检查方法是，制作边长为 150 mm 的立方体试块，在温度为 (20±3) ℃ 和相对湿度为 90% 以上的潮湿环境或水中的标准条件下，经 28 天养护后做试验

确定。试验结果作为核算结构或构件的混凝土强度是否达到设计要求的依据。

混凝土试块应用钢模制作,试块尺寸、数量应符合下列规定:① 每拌制 100 盘且不超过 100 m³ 的同配合比的混凝土,其取样不得少于一次;② 每工作班拌制的同配合比的混凝土不足 100 盘时,其取样不得少于一次;③ 现浇楼层,每层取样不得少于一次;④ 预拌混凝土应在预拌混凝土厂内按上述规定留置试块。

每项取样应至少留置一组标准试件,同条件养护试件的留置组数可根据实际需要确定。

2) 为了检查结构或构件的拆模、出厂、吊装、张拉、放张及施工期间临时负荷的需要,尚应留置与结构或构件同条件养护的试块。试块的组数可按实际需要确定。

三、混凝土强度验收评定标准

混凝土强度应分批进行验收。同批混凝土应由强度等级相同、龄期相同以及生产工艺和配合比基本相同的混凝土组成。每批混凝土的强度应以同批内全部标准试件的强度代表值来评定。

(1) 每组(三块)试块强度代表值

每组(三块)试块应在同盘混凝土中取样制作,其强度代表值按下述规定确定:

1) 取 3 个试块试验结果的平均值,作为该组试块的强度代表值。

2) 当 3 个试块中的最大或最小的强度值与中间值相比超过 15% 时,取中间值代表该组的混凝土试块的强度;

3) 当 3 个试块中的最大和最小的强度值均超过中间值的 15% 时,其试验结果不应作为评定的依据。

(2) 混凝土强度检验评定

根据混凝土生产情况,在混凝土强度检验评定时,按以下 3 种情况进行:

1) 当混凝土的生产条件在较长时间内能保持一致,且同一品种混凝土的强度变异性能保持稳定时,由连续的三组试块代表一个验收批,其强度同时满足下列要求:

$$m_{\text{fcu}} \geq f_{\text{cu,k}} + 0.7\sigma_0 \tag{0.17}$$

$$f_{\text{cu,min}} \geq f_{\text{cu,k}} - 0.7\sigma_0 \tag{0.18}$$

当混凝土强度等级不高于 C20 时,强度的最小值尚应满足下式要求:

$$f_{\text{cu,min}} \geq 0.85 f_{\text{cu,k}} \tag{0.19}$$

当混凝土强度等级高于 C20 时,强度的最小值尚应满足下式要求:

$$f_{\text{cu,min}} \geq 0.90 f_{\text{cu,k}} \tag{0.20}$$

式中:m_{fcu}——同一验收批混凝土立方体抗压强度平均值,MPa;

$f_{\text{cu,k}}$——混凝土立方体抗压强度标准值,MPa;

$f_{\text{cu,min}}$——同一验收批混凝土立方体抗压强度最小值,MPa;

σ_0——验收批混凝土立方体抗压强度标准差(MPa),应根据前一个检验期内(检验期不应超过三个月,强度数据总批数不得小于 15)同一品种混凝土试块的强度数据,按下式确定:

$$\sigma_0 = \frac{0.59}{m} \sum_{i=1}^{m} \Delta f_{\text{cu},i} \tag{0.21}$$

式中:$\Delta f_{cu,i}$——第 i 批试件立方体抗压强度中最大值与最小值之差,MPa;

m——用以确定该验收批混凝土立方体抗压强度标准值数据的总批数。

2)当混凝土的生产条件不能满足上述规定或在前一个检验期内的同一品种混凝土没有足够的数据用以确定验收混凝土立方体抗压强度标准差时,应由不少于 10 组的试块代表一个验收批,其强度同时满足下列要求:

$$m_{fcu} - \lambda_1 S_{fcu} \geq 0.9 f_{cu,k} \qquad (0.22)$$

$$f_{cu,min} \geq \lambda_2 f_{cu,k} \qquad (0.23)$$

式中:m_{fcu}——同一验收批混凝土立方体抗压强度平均值,MPa;

S_{fcu}——同一验收批混凝土立方体抗压强度的标准差,MPa。当 S_{fcu} 的计算值小于 $0.06 f_{cu,k}$ 时,取 $S_{fcu} = 0.06 f_{cu,k}$。

混凝土立方体抗压强度的标准差 S_{fcu} 可按下式计算:

$$S_{fcu} = \sqrt{\frac{\sum_{i=1}^{m} f_{cu,i}^2 - n m_{fcu}^2}{n - 1}} \qquad (0.24)$$

式中:$f_{cu,i}$——第 i 组混凝土抗压强度值,MPa;

n——一个验收批混凝土试块的组数,$n \geq 10$;

$f_{cu,k}$——混凝土立方体抗压强度标准值,MPa;

$f_{cu,min}$——同一验收批混凝土立方体抗压强度最小值,MPa;

λ_1、λ_2——合格判定系数,按表 0.22 选用。

表 0.22　混凝土的合格判定系数

试块组数	10~14	15~24	≥25
λ_1	1.70	1.65	1.60
λ_2	0.90	0.85	

3)对零星生产的预制构件的混凝土或现场搅拌的批量不大的混凝土,可采用非统计法评定,此时,验收批混凝土的强度必须同时满足下列要求:

$$m_{fcu} \geq 1.15 f_{cu,k} \qquad (0.25)$$

$$f_{cu,min} \geq 0.95 f_{cu,k} \qquad (0.26)$$

当检验结果能满足第(1)或第(2)或第(3)条的规定时,则该批混凝土强度判为合格,当不能满足上述规定时,则该批混凝土强度判为不合格。

由于抽样检验存在一定的局限性,混凝土的质量评定可能出现误判。因此,如混凝土试件强度不符合上述要求时,允许从结构上钻取芯样进行试压检查,亦可用回弹仪或超声波仪直接在构件上进行非破损检验。

【案例应用】

【例 0.3】　有六组混凝土试块强度,设计强度为 C20,其每组的平均值为(单位 MPa):23.1,22.2,24.1,20.7,19.1,21.2。试评定其强度是否合格。

解：求 m_{fcu}：

$$m_{fcu} = (23.1+22.2+24.1+20.7+19.1+21.2)/6 = 21.73(MPa) \leqslant 1.15 \times 20 = 23(MPa) \quad 不符合要求$$
$$f_{cu,min} = 19.1MPa > 0.95 f_{cu,k} = 0.95 \times 20 = 19(MPa) \quad 符合要求$$

结论：该组试块评定为不合格。

【例 0.4】 假设某框架结构主体混凝土设计强度 C20，共有 11 组试块，其数据如下：24.2,23.5,22.8,25.1,24.3,21.2,20.7,22.6,23.7,24.5,25.2。试评定其强度是否合格。

解：① 求 m_{fcu}：

$$m_{fcu} = (24.2+23.5+22.8+25.1+24.3+21.2+20.7+22.6+23.7+24.5+25.2)/11 = 23.44(MPa)$$

将题目数据代入公式 0.24，得 $S_{fcu} = 1.483$

② 查表 0.22，得 $\lambda_1 = 1.70$ $\lambda_2 = 0.9$ 代入公式 0.22、0.23 得

$$23.44 - 1.7 \times 1.483 > 0.90 f_{cu,k} = 0.90 \times 20 = 18(MPa)$$
$$20.7MPa > 0.90 f_{cu,k} = 0.90 \times 20 = 18(MPa)$$

结论：该组试块评定为合格。

四、混凝土工程施工质量验收标准

混凝土工程的施工质量检验应按主控项目、一般项目所规定的检验方法进行检验。检验批合格质量应符合下列规定：主控项目的质量经抽样检验合格；一般项目的质量经抽样检验合格；当采用计数检验时，除有专门要求外，一般项目的合格点率应达到 80% 以上，且不得有严重缺陷；具有完整的施工操作依据和质量验收记录。

1. 原材料

（1）主控项目

1）水泥进场时应对其品种、级别、包装或散装仓号、出厂日期等进行检查，并应对其强度、安定性及其他必要的性能指标进行复验，其质量必须符合现行国家标准《通用硅酸盐水泥》（GB 175—2007）等的规定。

当在使用中对水泥质量有怀疑或水泥出厂超过三个月（快硬硅酸盐水泥超过一个月）时，应进行复验，并按复验结果使用。

钢筋混凝土结构、预应力混凝土结构中，严禁使用含氯化物的水泥。

检查数量：按同一生产厂家、同一等级、同一品种、同一批号且连续进场的水泥，袋装不超过 200 t 为一批，散装不超过 500 t 为一批，每批抽样不少于一次。

检验方法：检查产品合格证、出厂检验报告和进场复验报告。

2）混凝土中掺用外加剂的质量及应用技术应符合现行国家标准《混凝土外加剂》（GB 8076—2008）、《混凝土外加剂应用技术规范》（GB 50119—2013）等和有关环境保护的规定。

预应力混凝土结构中，严禁使用含氯化物的外加剂。钢筋混凝土结构中，当使用含氯化物的外加剂时，混凝土中氯化物的总含量应符合现行国家标准《混凝土质量控制标准》（GB 50164—2011）的规定。

检查数量：按进场的批次和产品的抽样检验方案确定。

检验方法：检查产品合格证、出厂检验报告和进场复验报告。

3）混凝土中氯化物和碱的总含量应符合现行国家标准《混凝土结构设计规范（2015 年版）》（GB 50010—2010）和设计的要求。

检验方法：检查原材料试验报告和氯化物、碱的总含量计算书。

（2）一般项目

1）混凝土中掺用矿物掺合料的质量应符合现行国家标准《用于水泥和混凝土中的粉煤灰》（GB 1596—2017）等的规定。矿物掺合料的掺量应通过试验确定。

检查数量：按进场的批次和产品的抽样检验方案确定。

检验方法：检查出厂合格证和进场复验报告。

2）普通混凝土所用的粗、细骨料的质量应符合国家现行标准《普通混凝土用碎石或卵石质量标准及检验方法》JGJ53、《普通混凝土用砂、石质量及检验方法标准》（JCJ 52—2006）的规定。

检查数量：按进场的批次和产品的抽样检验方案确定。

检验方法：检查进场复验报告。

注：① 混凝土用的粗骨料，其最大颗粒粒径不得超过构件截面最小尺寸的 1/4，且不得超过钢筋最小净间距的 3/4。

② 对混凝土实心板，骨料的最大粒径不宜超过板厚的 1/3，且不得超过 40 mm。

3）拌制混凝土宜采用饮用水；当采用其他水源时，水质应符合国家现行标准《混凝土用水标准》（JGJ 63—2006）的规定。

检查数量：同一水源检查不应少于一次。

检验方法：检查水质试验报告。

2. 配合比设计

（1）主控项目

混凝土应按国家现行标准《普通混凝土配合比设计规程》（JGJ 55—2011）的有关规定，根据混凝土强度等级、耐久性和工作性等要求进行配合比设计。

对有特殊要求的混凝土，其配合比设计尚应符合国家现行有关标准的专门规定。

检验方法：检查配合比设计资料。

（2）一般项目

1）首次使用的混凝土配合比应进行开盘鉴定，其工作性应满足设计配合比的要求。开始生产时应至少留置一组标准养护试件，作为验证配合比的依据。

检验方法：检查开盘鉴定资料和试件强度试验报告。

2）混凝土拌制前，应测定砂、石含水率并根据测试结果调整材料用量，提出施工配合比。

检查数量：每工作班检查一次。

检验方法：检查含水率测试结果和施工配合比通知单。

3. 混凝土施工

（1）主控项目

1）结构混凝土的强度等级必须符合设计要求。用于检查结构构件混凝土强度的试件，应在混凝土的浇筑地点随机抽取。取样与试件留置应符合下列规定：① 每拌制 100 盘且不超过 100 m³ 的同配合比的混凝土，取样不得少于一次；② 每工作班拌制的同一配合比的混

凝土不足 100 盘时,取样不得少于一次;③ 当一次连续浇筑超过 1 000 m³时,同一配合比的混凝土每 200 m³取样不得少于一次;④ 每一楼层、同一配合比的混凝土,取样不得少于一次;⑤ 每次取样应至少留置一组标准养护试件,同条件养护试件的留置组数应根据实际需要确定。

检验方法:检查施工记录及试件强度试验报告。

2) 对有抗渗要求的混凝土结构,其混凝土试件应在浇筑地点随机取样。同一工程、同一配合比的混凝土,取样不应少于一次,留置组数可根据实际需要确定。

检验方法:检查试件抗渗试验报告。

混凝土原材料每盘称量的偏差应符合表 0.23 的规定。

表 0.23　原材料每盘称量的允许偏差

材料名称	允许偏差
水泥、掺合料	±2%
粗、细骨料	±3%
水、外加剂	±2%

注:① 各种衡器应定期校验,每次使用前应进行零点校核,保持计量准确。

② 当遇雨天或含水率有显著变化时,应增加含水率检测次数,并及时调整水和骨料的用量。

检查数量:每工作班抽查不应少于一次。

检验方法:复称。

3) 混凝土运输、浇筑及间歇的全部时间不应超过混凝土的初凝时间。同一施工段的混凝土应连续浇筑,并应在底层混凝土初凝之前将上一层混凝土浇筑完毕。当底层混凝土初凝后浇筑上一层混凝土时,应按施工技术方案中对施工缝的要求进于处理。

检查数量:全数检查。

检验方法:观察,检查施工记录。

(2) 一般项目

1) 施工缝的位置应在混凝土浇筑前按设计要求和施工技术方案确定。施工缝处更应按施工技术方案执行。

检查数量:全数检查。

检验方法:观察,检查施工记录。

2) 后浇带的留置位置应按设计要求和施工技术方案确定。后浇带混凝土浇筑应按施工技术方案进行。

检查数量:全数检查。

检验方法:观察,检查施工记录。

3) 混凝土浇筑完毕后,应按施工技术方案及时采取有效的养护措施,并应符合下列规定:① 应在浇筑完毕后的 12 h 以内对混凝土加以覆盖并保湿养护;② 混凝土浇水养护的时间:对采用硅酸盐水泥、普通硅酸盐水泥或矿渣硅酸盐水泥拌制的混凝土,不得少于 7 d;对掺用缓凝型外加剂或有抗渗要求的混凝土,不得少于 14 d;③ 浇水次数应能保持混凝土处于湿润状态;混凝土养护用水应与拌制用水相同;④ 采用塑料布覆盖养护的混凝土,其敞露的全部表面应覆盖严密,并应保持塑料布内有凝结水;⑤ 混凝土强度达到 1.2 N/mm² 前,不得在其上踩踏或安装模板及支架。

注：① 当日平均气温低于 5 ℃时，不得浇水；② 当采用其他品种水泥时，混凝土的养护时间应根据所采用水泥的技术性能确定；③ 混凝土表面不便浇水或使用塑料布时，宜涂刷养护剂；④ 对大体积混凝土的养护，应根据气候条件按施工技术方案采取控温措施。

检查数量：全数检查。

检验方法：观察，检查施工记录。

五、混凝土结构工程检查验收应具备的技术资料

1）水泥产品合格证、出厂检验报告、进场复验报告。

2）外加剂产品合格证、出厂检验报告、进场复验报告。

3）混凝土中氯化物、碱的总含量计算书。

4）掺合料出厂合格证、进场复试报告。

5）粗、细骨料进场复验报告。

6）水质试验报告。

7）混凝土配合比设计资料。

8）砂、石含水率测试结果记录。

9）混凝土配合比通知单。

10）混凝土试件强度试验报告。

11）混凝土试件抗渗试验报告。

12）施工记录。

13）检验批质量验收记录。

14）混凝土分项工程质量验收记录。

0.3.3 混凝土的质量事故分析

一、现浇混凝土结构质量缺陷及产生原因

1. 现浇结构的外观质量缺陷的确定

现浇结构的外观质量缺陷，应由监理（建设）单位、施工单位等各方根据其对结构性能和使用功能影响的严重程度，按表 0.24 确定。

表 0.24　现浇结构的外观质量缺陷

名称	现象	严重缺陷	一般缺陷
露筋	构件内钢筋未被混凝土包裹而外露	纵向受力钢筋有露筋	其他钢筋有少量露筋
蜂窝	混凝土表面缺少水泥砂浆而形成石子外露	构件主要受力部位有蜂窝	其他部位有少量蜂窝
孔洞	混凝土中孔穴深度和长度均超过保护层厚度	构件主要受力部位有孔洞	其他部位有少量孔洞
夹渣	混凝土中夹有杂物且深度超过保护层厚度	构件主要受力部位有夹渣	其他部位有少量夹渣

续表

名称	现象	严重缺陷	一般缺陷
疏松	混凝土中局部不密实	构件主要受力部位有疏松	其他部位有少量疏松
裂缝	缝隙从混凝土表面延伸至混凝土内部	构件主要受力部位有,影响结构性能	其他部位有少量,不影响结构性能
连接部位缺陷	构件连接处混凝土缺陷及连接钢筋、连接件松动	连接部位有影响结构传力性能的缺陷	基本不影响结构传力性能的缺陷
外形缺陷	缺棱掉角、棱角不直、翘曲不平、飞边凸肋等	清水混凝土构件有影响使用功能	有不影响使用功能的外形缺陷
外表缺陷	构件表面麻面、掉皮、起砂、沾污等	具有重要装饰效果的清水混凝土构件有外表缺陷	其他有不影响使用功能的外表缺陷

2. 混凝土质量缺陷产生的原因

混凝土质量缺陷产生的原因主要如下:

(1)蜂窝

由于混凝土配合比不准确,砂浆少而石子多,或搅拌不均造成砂浆与石子分离,或浇筑方法不当,或振捣不足,以及模板严重漏浆。

(2)麻面

模板表面粗糙不光滑,模板湿润不够,接缝不严密,振捣时发生漏浆。

(3)露筋

浇筑时垫块位移,甚至漏放,钢筋紧贴模板,或因混凝土保护层处漏振或振捣不密实而造成露筋。

(4)孔洞

混凝土结构内存在空隙,砂浆严重分离,石子成堆,砂与水泥分离。另外,有泥块等杂物掺入也会形成孔洞。

(5)缝隙和薄夹层

主要是混凝土内部处理不当的施工缝、温度缝和收缩缝,以及混凝土内有外来杂物而造成的夹层。

(6)裂缝

构件制作时受到剧烈振动,混凝土浇筑后模板变形或沉陷,混凝土表面水分蒸发过快,养护不及时等,以及构件堆放、运输、吊装时位置不当或受到碰撞。

3. 混凝土质量缺陷的防治与处理

(1)表面抹浆修补

对数量不多的小蜂窝、麻面、露筋、露石的混凝土表面,主要是保护钢筋和混凝土不受侵蚀,可用1:2~1:2.5水泥砂浆抹面修整。

(2)细石混凝土填补

当蜂窝比较严重或露筋较深时,应取掉不密实的混凝土,用清水洗净并充分湿润后,再用比原强度等级高一级的细石混凝土填补并仔细捣实。

（3）水泥灌浆与化学灌浆

对于宽度大于 0.5 mm 的裂缝,宜采用水泥灌浆;对于宽度小于 0.5 mm 的裂缝,宜采用化学灌浆。

二、常见质量事故

1. 混凝土试件强度偏低

（1）现象

混凝土试件强度达不到设计要求的强度。

（2）原因分析

1）混凝土原材料质量不符合要求。

2）混凝土拌制时间短或拌和物不均匀。

3）混凝土配合比每盘称量不准确。

4）混凝土试件没有做好,如模子变形、振捣不密实、养护不及时。

2. 混凝土施工出现冷缝

（1）现象

已浇筑完毕的混凝土表面有不规则的接缝痕迹。

（2）原因分析

1）泵送混凝土由于堵管或机械故障等原因,造成混凝土运输、浇筑及间歇时间过长。

2）施工缝未处理好,接缝清理不干净,无接浆,直接在底层混凝土上浇筑上一层混凝土。

3）混凝土浇筑顺序安排不妥当,造成底层混凝土初凝后才浇筑上一层混凝土。

3. 混凝土施工坍落度过大

（1）现象

混凝土坍落度大,和易性差。

（2）原因分析

1）随意往泵送混凝土内加水。

2）雨季施工,不做含水率测试,施工配合比不正确。

【案例应用】

【例 0.5】 框架柱因浇筑质量差而引起的事故

某影剧院观众厅看台为框架结构,有柱子 14 根。底层柱从基础顶起到一层大梁止,高 7.5 m,断面尺寸为 740 mm×400 mm。混凝土浇筑后,拆模时发现 13 根柱有严重的蜂窝、孔洞、漏筋现象,特别是在地面以上 1 m 处尤其集中与严重。具体情况是:柱全部侧面面积 142 m²,蜂窝面积有 7.41 m²,占 5.2%;其中最严重的是 K4,仅蜂窝中露筋面积就有 0.56 m²。露筋位置在地面以上 1 m 处,正是钢筋的搭接部位（图 0.29c）。

经调查分析,引起这一质量事故的原因有:

1）配合比控制不严。只有做试块时才认真按配合比称重配料,一般情况下配合比控制极为马虎,尤其是水灰比控制不严。

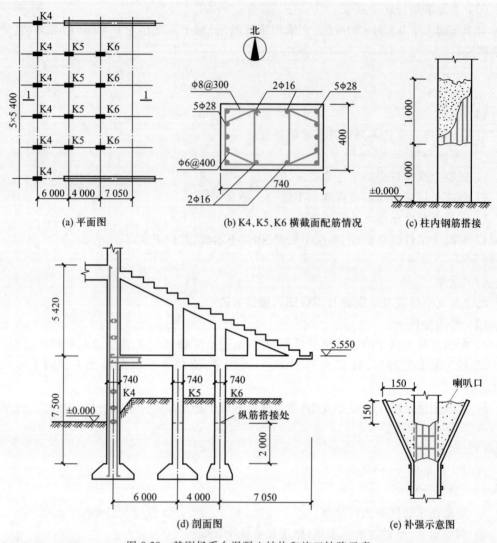

(a) 平面图　　　(b) K4、K5、K6 横截面配筋情况　　　(c) 柱内钢筋搭接

(d) 剖面图　　　(e) 补强示意图

图 0.29　某剧场看台混凝土结构和施工缺陷示意

2）浇筑高度超高。规范规定"混凝土自由倾落高度不宜超过 2 m"，该工程柱高 7.5 m，施工时柱子模板上未留浇筑的洞口，混凝土从 7.5 m 高处倒下，也未用串筒或溜槽等设备，一倾到底，这样势必造成混凝土的离析，从而易造成振捣不密实与漏筋。

3）柱子钢筋搭接处的设计净距太小，只有 31～37.5 mm，小于设计规范规定柱纵筋净距应≥50 mm 的要求。实际上有的露筋处净距为 0 或 10 mm。

综上分析，事故主要原因是施工人员责任心不强，违反操作规程，混凝土配合比控制不严，浇筑高度超高而又未采取特殊措施。对此事故采取如下补强加固措施：

1）剔除全部蜂窝四周的松散混凝土；用湿麻袋塞在凿剔面上，经 24 h 使混凝土湿透厚度至少为 40～50 mm；按照蜂窝尺寸支以有喇叭口的模板，如图 0.29（e）所示；灌注加有早强剂的 C30（旧混凝土为 C20）豆石混凝土；养护 14 昼夜；拆模后将喇叭口上的混凝土凿除。

2）将混凝土强度提高一级浇筑。

3) 养护要加强,保持湿润14昼夜,以防混凝土发生较大收缩,使新、旧混凝土产生裂缝。

此外,还应对柱进行超声波探伤,查明是否还有隐患。

【例0.6】 混凝土初期收缩事故案例

某办公楼为现浇钢筋混凝土框架结构。在达到预定混凝土强度拆除楼板模板时,发现板上有无数走向不规则的微细裂纹,如图0.30所示。裂缝宽为0.05~0.15 mm,有时上下贯通,但其总体特征是板上裂纹多于板下裂纹。

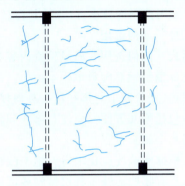

图0.30 混凝土板面塑性收缩裂缝

查得施工时的气象条件是:上午9时气温13 ℃,风速7 m/s,相对湿度40%;中午温度15 ℃,风速13 m/s(最大瞬时风速达18 m/s),相对湿度29%;下午5时温度11 ℃,风速11 m/s,相对湿度39%。灌注混凝土就是在这种非常干燥的条件下进行的。由于异常干燥加上强风影响,故使得混凝土在凝结后不久即出现裂纹。根据有关资料记载:当风速为16 m/s时,混凝土的蒸发速度为无风时的4倍;当相对湿度为10%时,混凝土的蒸发速度为相对湿度90%时的9倍以上。根据这些参数推算,本工程在上述气象条件下的蒸发速度可达通常条件的8~10倍。

因此,可以认为与大气接触的楼板上面受干燥空气和强风的影响成为产生较多失水收缩裂纹的主因,而曾受模板保护的楼板下面这种失水收缩裂纹会比较少一点。经过对灌注楼板时预留的试块和对楼板承载能力进行试验,均能达到设计要求。

这说明具有失水收缩的混凝土初期裂纹对楼板的承载力并无影响,但是为了建筑物的耐久性,还应使用树脂注入法进行补强。

🔖 小结

钢筋、模板、混凝土工程各分项工程的验收除了要按《混凝土结构工程施工质量验收规范》(GB 50204—2015)执行外,还要结合《混凝土结构工程施工规范》(GB 50666—2011)有关规定进行。检验批应由专业监理工程师组织施工单位项目专业质量检查员、专业工长等进行验收。分项工程应由专业监理工程师组织施工单位项目专业技术负责人等进行验收。

混凝土结构子分部工程应由总监理工程师组织施工单位项目负责任人和项目技术、质量负责人等进行验收,设计单位项目负责人应参加。

习题与思考

1. 钢筋冷拉控制方法有几种?各用于何种情况?采用控制应力方法冷拉时,冷拉应力怎样取值?冷拉率有何限制?采用控制冷拉率方法时,其控制冷拉率怎样确定?

2. 钢筋闪光对焊工艺有几种?如何选用?

3. 电弧焊接头有哪几种形式?如何选用?质量检查内容有哪些?

4. 如何计算钢筋下料长度及编制钢筋配料单?

5. 简述钢筋加工工序和绑扎、安装要求。绑扎接头有何规定?

6. 钢筋工程检查验收内容包括哪几方面?应注意哪些问题?

7. 混凝土工程施工包括哪几个施工过程?

8. 混凝土施工配合比怎样根据实验配合比求得?施工配料怎样计算?

9. 混凝土运输有哪些要求?有哪些运输工具机械?各适用于何种情况?

10. 混凝土泵有几类?采用泵送,对混凝土有哪些要求?

11. 混凝土浇筑前对模板钢筋应做哪些检查?

12. 混凝土浇筑基本要求有哪些?怎样防止离析?

13. 什么是施工缝?留设位置怎样?继续浇筑混凝土时,对施工缝有何要求?如何处理?

14. 什么是混凝土的自然养护?自然养护有哪些方法?具体做法怎样?混凝土拆模强度怎样?

15. 混凝土质量检查包括哪些内容?对试块制作有哪些规定?强度评定标准怎样?

16. 如何预防大体积混凝土产生早期温度裂缝?

实训项目

1. 某混凝土实验室配合比为 1∶2.55∶5.6,水灰比为 0.56,每 1 m³ 混凝土的水泥用量为 275 kg,测得砂子的含水量为 3%,石子含水量为 1%,若采取 JZ250 型搅拌机,出料容量为 0.25 m³。
问题:
(1)计算施工配合比。
(2)若采取散装水泥,试计算每搅拌一次的装料数量。

2. 某 C20 混凝土工程,其各组混凝土试块强度代表值为 20.7、21.4、25、23、22、19.6、21.5、22.6、22.9,单位为 MPa。试评定该批混凝土强度是否合格?

3. 某 C25 混凝土工程,其各组混凝土试块强度代表值为 25.7、25.4、28、26、28、27、25.5、26.6、24.7、28.5、27.3、25.8,单位为 MPa。已知 $\lambda_1 = 1.70$、$\lambda_2 = 0.90$,试评定该批混凝土强度是否合格?

1

钢筋混凝土独立基础施工

【学习目标】

掌握钢筋混凝土独立基础施工图的识读方法、钢筋的构造要求、钢筋的下料计算、模板的构造及安装要求,以及混凝土浇筑的基本要求。通过知识点的掌握,使学生具有简单的独立基础施工的能力和施工管理的能力;最后通过知识点与能力的拓展,具备爱岗敬业、团队协作、遵守行业规范和职业道德等基本职业素养。

【内容概述】

本项目内容主要包括钢筋混凝土独立基础施工图识读、钢筋安装、模板安装与验收和混凝土浇筑四部分,学习重点是基础施工图识读、钢筋安装和模板安装,学习难点是钢筋安装。

【知识准备】

钢筋混凝土独立基础施工是在《混凝土结构设计规范》(GB 50010—2010)、《混凝土结构工程施工规范》(GB 50666—2011)与图集16G101-3的基础上,完全按照最新的规范、图集标准的要求组织实施。因此,针对本部分内容的学习,可参考上述规范及图集中独立基础相关内容。

1.1 钢筋混凝土独立基础施工图识读

1.1.1 一般规定

钢筋混凝土独立基础施工图现在采用16G101-3规则表示,主要有平面注写与截面注写两种表达方式,识图者应当注意结合基础的定位尺寸看独立基础施工图。各种独立基础编号按表1.1的规定表示。

微课

独立基础
施工图识
读

表 1.1 独立基础编号

类型	基础底板截面形状	代号	序号
普通独立基础	阶形	DJ_J	××
	坡形	DJ_P	××
杯口独立基础	阶形	BJ_J	××
	坡形	BJ_P	××

在平面布置图上表示独立基础的尺寸与配筋,以平面注写方式为主,以截面注写方式为辅。结构平面的坐标方向:两向轴网正交布置时,图面从左至右为 X 向,从下到上为 Y 向;当轴网采用同心布置时,切向为 X 向,径向为 Y 向。

独立基础的平面注写方式分为集中标注与原位标注。集中标注系在基础平面布置图上集中引注:基础编号、截面竖向尺寸、配筋三项必注内容,以及当基础底面标高与基础底面基准标高不同时的相对标高高差和必要的文字注解两项选注内容。原位标注系在基础平面布置图上标注独立基础的平面尺寸。对相同编号的基础,可选择一个进行原位标注;当平面图形较小时,可将所选定进行原位标注的基础按双倍比例适当放大;其他相同编号者仅注编号。

独立基础平面布置图的内容与阅读方法:看图名;看基础定位轴线;看基础墙、柱以及基础底面形状、大小尺寸及其与轴线的关系;看独立基础内部所有钢筋的数量、规格、位置及相互间的层次关系;看施工说明。

按照识图顺序,施工人员或预算人员在看基础施工图时,首先要弄清楚基础中的插筋数量与位置。插筋锚固在基础中时,在锚固区内的横向钢筋应满足直径 $d \geqslant d_1/4$(d_1 为插筋最大直径),间距 $s \leqslant 10d_2$(d_2 为插筋最小直径)且 $\leqslant 100$ mm;当插筋部分混凝土保护层厚度不一致时(如部分位于板中部分位于梁内),保护层厚度小于 $5d$ 的部位应设置锚固区横向钢筋;插筋下端设弯钩放在基础底板钢筋网上,当弯钩水平段不满足要求时应加长或采取其他措施。

1.1.2 平面注写方式

独立基础的平面注写方式,分为集中标注和原位标注两部分内容。

一、集中标注

普通独立基础和杯口独立基础的集中标注是在基础平面图上集中标注:基础编号、截面竖向尺寸、内部配筋三项必注内容,以及基础底面标高(仅基础底面基准标高不同时)和必要的文字注解两项选注内容。

独立基础集中标注的具体内容,规定如下:

1. 注写独立基础编号(必注内容)

1)阶形截面编号加下标"J",如 DJ$_\mathrm{J}$××。

2)坡形截面编号加下标"P",如 DJ$_\mathrm{P}$××。

2. 注写独立基础截面竖向尺寸(必注内容)

1)当基础为阶形截面时,注写 $h_1/h_2/\cdots\cdots$,各阶尺寸自下向上"/"分隔顺写,如图 1.1 所示。当基础为单阶时,其竖向尺寸仅为一个,且为基础总厚度,如图 1.2 所示。

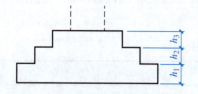
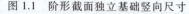
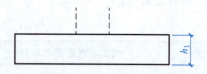

图 1.1 阶形截面独立基础竖向尺寸   图 1.2 单阶截面普通独立基础截面竖向尺寸

【示例】 当阶形截面普通独立基础 DJ$_\mathrm{J}$01 的竖向尺寸注写为 300/300/400 时,表示 $h_1 = 300$、$h_2 = 300$、$h_3 = 400$,基础底板总厚度为 1 000。

2）当基础为坡形截面时，注写为 h_1/h_2，如图 1.3 所示。

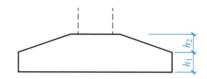

图 1.3　坡形截面普通独立基础截面竖向尺寸

【示例】　当坡形截面普通独立基础 $DJ_P\times\times$ 的竖向尺寸注写为 350/300 时，表示 $h_1 =$ 350、$h_2 = 300$，基础底板总厚为 650。

3）当基础为阶形截面杯口独立基础时，其竖向尺寸分为两组，一组表达杯口内，另一组表达杯口外，两组尺寸以",",分隔,注写为：$a_0/a_1, h_1/h_2/\cdots\cdots$，其含义如图 1.4 与图 1.5 所示。其中杯口深度 a_0 为柱插入杯口的尺寸加 50 mm。

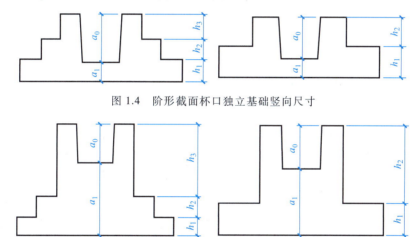

图 1.4　阶形截面杯口独立基础竖向尺寸

图 1.5　阶形截面高杯口独立基础竖向尺寸

4）当基础为坡形截面杯口独立基础时，其竖向尺寸注写为：$a_0/a_1, h_1/h_2/h_3\cdots\cdots$，其含义如图 1.6 所示。

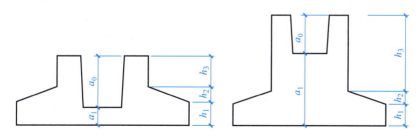

图 1.6　阶形截面高杯口独立基础竖向尺寸

3. 注写独立基础配筋（必注内容）

（1）注写独立基础底板配筋

普通独立基础与杯口独立基础的底部双向配筋注写规定如下：① 以 B 代表各种独立基础底板的底部配筋。② X 向配筋以 X 打头、Y 向配筋以 Y 打头注写；当两向配筋相同时，则以 X&Y 打头注写。

【示例】 当独立基础底板配筋标注为 B:X Φ 16@ 150,Y Φ 16@ 200;表示基础底板底部配置 HRB400 级钢筋,X 向钢筋直径为 16,分布间距为 150 mm;Y 向钢筋直径为 16,分布间距为 200,如图 1.7 所示。

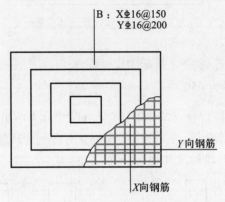

图 1.7 独立基础底板底部双向配筋示意

独立基础底板配筋构造适用于普通独立基础与杯口独立基础,底板双向交叉钢筋长向在下,短向在上。独立基础底板配筋构造如图 1.8 所示。

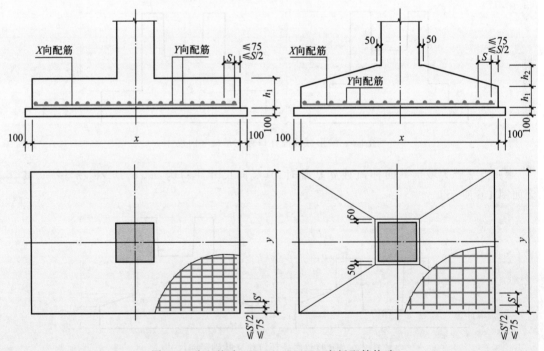

图 1.8 独立基础 DJ_J、DJ_P、BJ_J、BJ_P 底板配筋构造

双柱独立基础底部短向受力钢筋设置在基础梁纵筋之下,与基础梁箍筋的下水平段位于同一层面;双柱独立基础所设置的基础梁宽度,宜比柱截面宽度 $\geqslant 100$ mm(每边 $\geqslant 50$ mm),当具体设计的基础梁宽度小于柱截面宽度时,施工时需增设梁包柱侧腋。

当独立基础底板的 X 向或 Y 向宽度≥2.5 m 时,除基础边缘的第一根钢筋外,X 向或 Y 向的钢筋长度可减短 10%,即按长度的 90% 交错绑扎设置,但对偏心基础的某边自柱中心至基础边缘尺寸<1.25 m 时,沿该方向的钢筋长度不应减短。独立基础底板配筋长度缩短 10% 构造如图 1.9 所示。独立基础底板配筋构造适用于普通独立基础与杯口独立基础,底板双向交叉钢筋长向在下,短向在下。

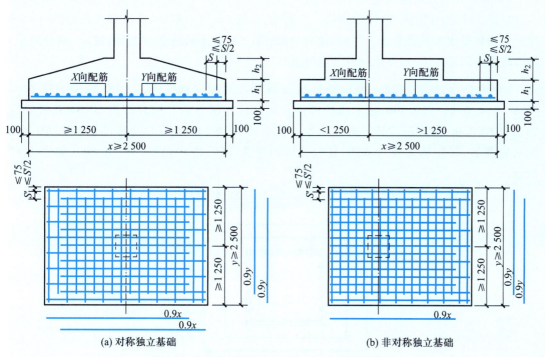

图 1.9 独立基础 DJ$_J$、DJ$_P$、BJ$_J$、BJ$_P$ 底板配筋构造

（2）注写杯口独立基础顶部焊接钢筋网
以 Sn 打头引注杯口顶部焊接钢筋网的各边钢筋。

【示例】 当杯口独立基础顶部钢筋网标注为:Sn 2Φ14,表示杯口顶部每边配置 2 根 HRB400 级直径为 14 的焊接钢筋网,如图 1.10 所示。当双杯口独立基础顶部钢筋网标注为:Sn 2Φ16,表示杯边和双杯口中间杯壁的顶部均配置 2 根 HRB400 级直径为 16 的焊接钢筋网,如图 1.11 所示。

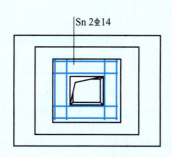
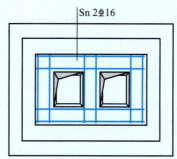

图 1.10 单杯口独立基础顶部焊接钢筋网示意　图 1.11 双杯口独立基础顶部焊接钢筋网示意

施工人员注意,当双杯口独立基础中间杯壁厚度小于 400 mm 时,在中间杯壁中设构造配筋施工。当杯口独立基础为坡形截面且坡度较大时,应在坡面上安装顶部模板,以确保混凝土浇筑成型、振捣密实。

　　(3) 注写高杯口独立基础的短柱配筋

　　1) 以 O 代表短柱配筋。

　　2) 先注写短柱纵筋,再注写箍筋。注写为:角筋/长边中部筋/短边中部筋,箍筋(两种间距);当杯壁水平截面为正方形时,注写为:角筋/x 边中部筋/y 边中部筋,箍筋(两种间距,杯口范围内箍筋间距/短柱范围内箍筋间距)。

　　【示例】　当高杯口独立基础的杯壁外侧和短柱配筋标注为:O:4 Φ 20/Φ 16@ 220/Φ 16@ 200,φ10@ 150/300;表示高杯口独立基础的杯壁外侧和短柱配置 HRB400 级竖向钢筋和 HPB300 级箍筋。其竖向钢筋为:4 Φ 20 角筋、Φ16@ 220 长边中部筋和 Φ16@ 200 短边中部筋;其箍筋直径为 φ10,杯口范围间距为 150,短柱范围间距为 300,如图 1.12 所示。

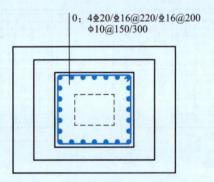

图 1.12　高杯口独立基础短柱配筋示意

　　3) 对于双高杯口独立基础的短柱配筋,注写形式与单高杯口相同,施工区别在于杯壁外侧配筋为同时环住两个杯口的外壁配筋。图 1.13 为双高杯口独立基础短柱配筋示意。

　　施工人员注意,当双高杯口独立基础中间杯壁厚度小于 400 mm 时,在中间杯壁设置构造配筋。

　　4) 注写普通独立深基础短柱竖向尺寸及钢筋。当独立基础埋深较大,设置短柱时,短柱配筋应注写在独立基础中。具体注写规定如下:用 DZ 代表普通独立深基础短柱;先注写短柱纵筋,再注写箍筋,最后注写短柱标高范围。注写为:角筋/长边中部筋/短边中部筋,箍筋,短柱标高范围;当短柱水平截面为正方形时,注写为:角筋/x 边中部筋/y 边中部筋,箍筋,短柱标高范围。

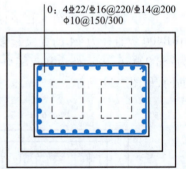

图 1.13　双高杯口独立基础
短柱配筋示意

　　【示例】　当短柱配筋标注为:DZ:4 Φ 20/5 Φ 18/5 Φ 18,φ 10@ 100,-2.500 ~ -0.050;表示独立基础的短柱设置在-2.500 ~ -0.050 高度范围内,配置 HRB400 级竖向钢筋和 HPB300

级箍筋。其竖向钢筋为:$4\Phi20$ 角筋、$5\Phi18x$ 边中部筋和 $5\Phi18y$ 边中部筋;其箍筋直径为 $\Phi10$,间距为 100,如图 1.14 所示。

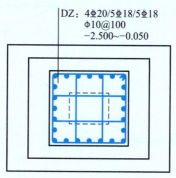

图 1.14 独立基础短柱配筋

(4)注写基础底面相对标高高差与必要的文字注解(选注内容)

对于识图人员来说,当独立基础的底面标高与基础底面基准标高不同时,独立基础底面相对标高高差读取"( )"内的数据即可。

当独立基础的设计有特殊要求时,图纸中相应会增加必要的文字注解。例如,基础底板配筋长度是否采用减短方式等,可在该项内注明。

二、原位标注

原位标注是在基础平面布置图上标注独立基础的平面尺寸。对相同编号的基础,在图纸中一般选择一个进行原位标注;当平面尺寸较小时,一般设计者将所选定的原位标注的基础按照比例放大;其他相同编号的基础图纸中仅标注编号。

原位标注的具体内容规定:

(1)普通独立基础

原位标注 x、y、x_c、y_c(或圆柱直径 d_c)、x_i、y_i,$i=1,2,$ $3\cdots\cdots$ 其中,x、y 为普通独立基础两向边长,x_c、y_c 为柱截面尺寸,x_i、y_i 为阶宽或坡形平面尺寸(当设置短柱时,图纸中亦标注短柱的截面尺寸)。对称阶形截面普通独立基础原位标注如图 1.15 所示;非对称阶形截面普通独立基础原位标注如图 1.16 所示;设置短柱独立基础原位标注如图 1.17 所示。

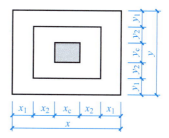

图 1.15 对称阶形截面普通独立基础原位标注

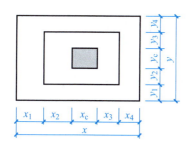

图 1.16 非对称阶形截面普通独立基础原位标注

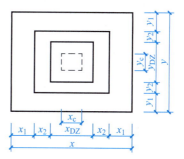

图 1.17 设置短柱独立基础原位标注

对称坡形截面普通独立基础的原位标注如图 1.18 所示；非对称坡形截面普通独立基础的原位标注如图 1.19 所示。

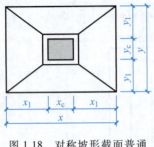

图 1.18　对称坡形截面普通
独立基础原位标注

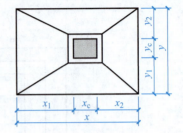

图 1.19　非对称坡形截面普通
独立基础原位标注

（2）杯口独立基础

原位标注 x、y、x_u、y_u、t_i、x_i、y_i，$i=1,2,3$……其中，x、y 为杯口独立基础两向边长，x_u、y_u 为杯口上口尺寸，t_i 为杯壁厚度，x_i、y_i 为阶宽或坡形截面尺寸。

杯口上口尺寸 x_u、y_u，按柱截面边长两侧双向各加 75 mm，杯口下口尺寸按标准构造详图（为插入杯口的相应柱截面边长尺寸，每边各加 50 mm）确定。

阶形截面杯口独立基础的原位标注如图 1.20 所示；高杯口独立基础原位标注与杯口独立基础完全相同。

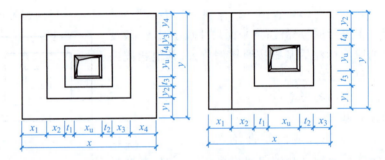

图 1.20　阶形截面杯口独立基础原位标注

坡形截面杯口独立基础的原位标注如图 1.21 所示；高杯口独立基础原位标注与杯口独立基础完全相同。

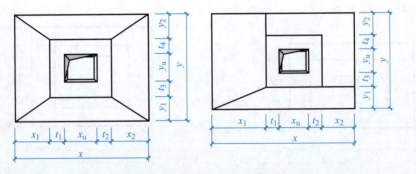

图 1.21　坡形截面杯口独立基础原位标注

普通独立基础采用平面注写方式的集中标注和原位标注综合设计表达示意,如图 1.22 所示。

设置短柱的独立基础采用平面注写方式的集中标注和原位标注综合设计表达示意,如图 1.23 所示。

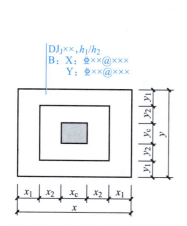

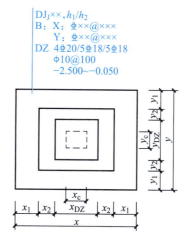

图 1.22　普通独立基础平面注写方式　　图 1.23　设置短柱的普通独立基础平面注写方式

杯口独立基础采用平面注写方式的集中标注和原位标注综合设计表达示意,如图 1.24 所示。

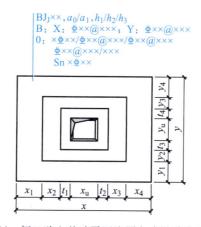

图 1.24　杯口独立基础平面注写方式设计表达示意

实际工程中独立基础通常为单柱独立基础,但是也可以是多柱独立基础(双柱或四柱等)。多柱独立基础识读方法与单柱完全相同。当为双柱独立基础而且柱距较小时,通常仅配置基础底部钢筋;当柱距较大时,除基础底部配筋外,尚需在两柱间配置基础顶部钢筋或设置基础梁。当为四柱独立基础时,通常可设置两道平行的基础梁,需要时可在两道基础梁之间配置顶部钢筋。多柱独立基础顶部配筋和基础梁的注写方法规定如下:

注写双柱独立基础底板顶部配筋。双柱独立基础的顶部配筋,通常对称分布在双柱中心线两侧,注写为:双柱间纵向受力钢筋/分布钢筋。当纵向受力钢筋在基础底板顶面非满布时,必注明其总根数。

【示例】　T:9Φ18@100/Φ10@200;表示独立基础顶部配置纵向受力钢筋 HRB400 级,直径为 18,设置 9 根,间距 100;分布筋 HPB300 级,直径为 10,分布间距 200,如图 1.25 所示。

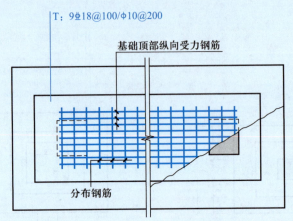

图 1.25　双柱独立基础顶部配筋示意

注写双柱独立基础的基础梁配筋。当双柱独立基础为基础底板与基础梁相结合时,注写基础梁的编号、几何尺寸和配筋。如 JL××(1)表示该基础梁为 1 跨,两端无外伸;JL××(1A)表示该基础梁为 1 跨,一端有外伸;JL××(1B)表示该基础梁为 1 跨,两端均有外伸。实际工程中,通常双柱独立基础采用端部有外伸的基础梁,基础底板则配置有受力明确、构造简单的单向受力配筋与分布筋。基础梁宽度宜比柱截面宽出不小于 100mm(每边不小于 50mm)。在图纸中基础梁的注写规定与条形基础的基础梁注写规定相同,读者可参阅条形基础的相关规定。注写示意图如图 1.26 所示。

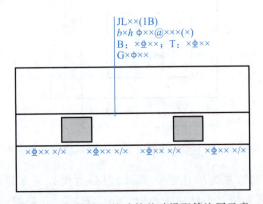

图 1.26　双柱独立基础的基础梁配筋注写示意

注写双柱独立基础的底板配筋。双柱独立基础底板配筋的注写,可以按照条形基础底板的注写规定,也可以按照独立基础底板的注写规定。

注写配置两道基础梁的四柱独立基础底板顶部配筋。当四柱独立基础已设置两道平行的基础梁时,根据内力需要可在双梁之间及梁的长度范围内配置基础顶部钢筋,注写为:梁间受力钢筋/分布钢筋。

【示例】 T：Φ16@120/Φ10@200；表示在四柱独立基础顶部两道基础梁之间配置受力钢筋 HRB400 级，直径为 16，间距 120；分布筋 HPB300 级，直径为 10，分布间距 200，如图 1.27 所示。

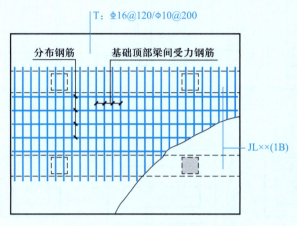

图 1.27 四柱独立基础底板顶部基础梁间配筋注写示意

识图人员也需要注意，平行设置两道基础梁的四柱独立基础底板配筋，有时也按照双梁条形基础底板配筋的规定注写。

独立基础采用平面注写方式表达的施工图如图 1.28 所示。

1.1.3 截面注写方式

独立基础施工图也可采用截面注写方式，截面注写方式又分为截面标注与列表注写（结合截面示意图）。采用截面注写方式的独立基础平面布置图必须标注所有基础的编号。对多个同类基础，可采用列表注写的方式进行集中表达。表中内容为基础截面的几何数据和配筋等，在截面示意图上应标注与表中栏目相对应的代号，列表的具体内容规定如下：

1. 普通独立基础

普通独立基础列表集中注写栏目为：

1）编号：列表截面编号为 DJ$_J$××，坡形截面编号为 DJ$_P$××。

2）几何尺寸：水平尺寸 x、y、x_c、y_c（或圆柱直径 d_c），x_i，y_i，$i = 1, 2, 3 \cdots\cdots$；竖向尺寸 $h_1/h_2/\cdots\cdots$。

3）配筋：B：X：Φ××@ ×××，Y：Φ××@ ×××。

普通独立基础列表格式见表 1.2。

表 1.2 普通独立基础几何尺寸和配筋表

基础编号 /截面号	截面几何尺寸				底部配筋（B）	
	x、y	x_c、y_c	x_i、y_i	h_1、h_2、…	X 向	Y 向

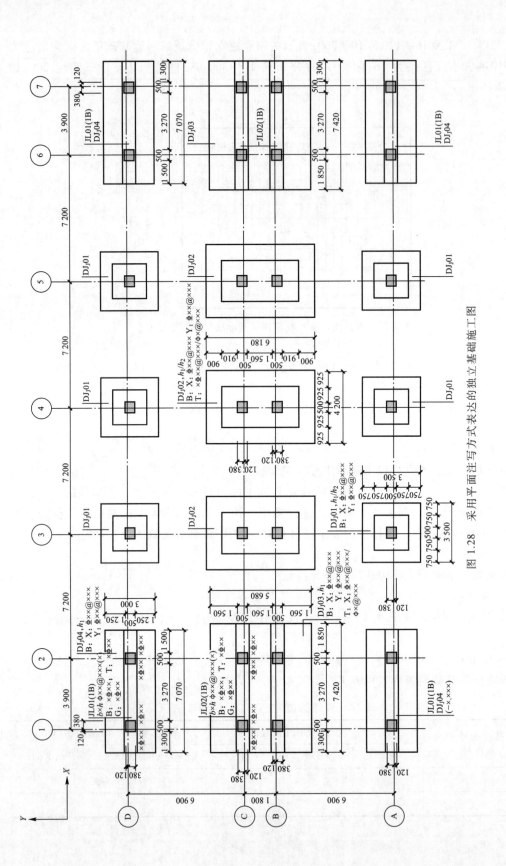

图 1.28 采用平面注写方式表达的独立基础施工图

2. 杯口独立基础

杯口独立基础列表集中注写栏目为：

1）编号：阶形截面编号为 $BJ_J××$，坡形截面编号为 $BJ_p××$。

2）几何尺寸：水平尺寸 x、y、x_u、y_u、t_i、x_i、y_i，$i=1,2,3……$；竖向尺寸 a_0、a_1，$h_1/h_2/……$。

3）配筋：$B：X：\phi××@×××，Y：\phi××@×××$，

                $O：x\phi××/\phi××@×××/\phi××@×××，\phi××@×××/×××$。

杯口独立基础列表格式见表 1.3。

表 1.3　杯口独立基础几何尺寸和配筋表

编号/截面号	截面几何尺寸						底部配筋（B）		杯口顶部钢筋网（Sn）	杯壁外侧配筋（O）	
x y	x_e y_e	x_i y_i	a_0、a_1，$h_1/h_2/……$	X 向	Y 向		X 向	Y 向		角筋/长边中部筋/短边中部筋	杯口箍筋/短柱箍筋

注：表中可根据实际情况增加栏目内容。

• 1.1.4　独立基础联系梁平法表示

1. 独立基础联系梁表示

独立基础联系梁的平法施工图表示均在基础平面布置图上直接引注。独立基础联系梁编号见表 1.4。

表 1.4　独立基础联系梁与编号

构造类型	代号	序号	说明
基础联系梁	JL_L	××	用于独立基础

注：基础联系梁序号：（××）为端部无外伸或无悬挑，（××A）为一端有外伸或有悬挑，（××B）为两端均有外伸或有悬挑。

2. 独立基础联系梁平法表示

基础联系梁指连接独立基础的梁。基础联系梁注写方式与内容除编号按表 1.4 表示外，其余均按照《混凝土结构施工图平面整体表示方法制图规则和构造详图（现浇混凝土框架、剪力墙、梁、板）》（16G101-1）中非框架梁的规则表示。

• 1.1.5　独立基础的钢筋配料

独立基础钢筋的计算分为两部分：一部分为底板钢筋的计算；另一部分是柱子插筋的计算。这是因为现浇基础施工时，柱子的插筋必须先放进去，混凝土浇筑后，才能成为一体，所以在进行基础钢筋计算时，还必须考虑到柱子的施工需要。

规范要求：独立基础的算法分为两种情况：① 独立基础底板 X 向、Y 向宽度<2 500 mm；② 独立基础底板 X 向、Y 向宽度≥2 500 mm。

独立基础底板 X 向、Y 向宽度<2 500 mm 时，所有钢筋的计算长度为基础底板宽度减两边的保护层厚度；靠基础边缘的第一根钢筋离底板边满足≤75 mm 且≤$S/2$（S 为受力钢筋的间距）。

独立基础底板 X 向、Y 向宽度 $\geq 2\,500$ mm 时，四周钢筋的计算长度为基础底板宽度减两边的保护层；其余所有钢筋长度减短 10%；靠基础边缘的第一根钢筋离底板边满足 ≤ 75 mm 且 $\leq S/2$（S 为受力钢筋的间距）。

独立基础受力钢筋长度：不减短钢筋长度 = 边长 $-2\times$保护层厚度

减短钢筋长度 $= 0.9\times$（边长 $-2\times$保护层厚度）

独立基础受力钢筋根数：不减短钢筋根数 $= [$边长 $-2\times\min(75, S/2)] \div$受力钢筋间距 $+1$

减短钢筋根数 $= [$边长 $-2\times\min(75, S/2)] \div$受力钢筋间距 -1

【案例应用】

【例 1.1】 如图 1.29 示，某基础混凝土为 C20，试计算基础的钢筋下料长度。

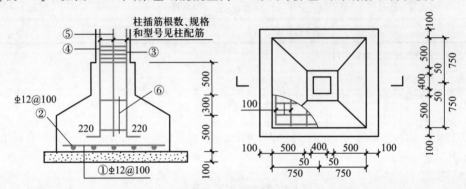

图 1.29 独立基础施工图

解：（1）基础底板钢筋计算

从图中可知，基础底板配筋是 Φ 12@ 100 双向，①、②号钢筋的下料长度按下式计算：

$l =$ 基础底板宽度 $-$ 钢筋保护层厚度 $\times 2 = 1\,500 - 40\times 2 = 1\,420$（mm）

根数为：$n = [(1\,500 - 40\times 2)/100 + 1]\times 2 = 30$（根）

（2）柱钢筋计算

基础柱插筋的接头，在顶层纵筋的接头确定后就已经确定，那么本例的③号钢筋（相当于柱的①号钢筋）的接头位置在高出基础顶面 500 mm 处，本例④号钢筋（即柱的②号钢筋）的接头与③号钢筋错开 560 mm，即在基础顶面 1\,160 mm 处，⑤号钢筋（即柱的③号钢筋）要与④号钢筋错开 500 mm，即其接头位置在高出基础顶面 560 mm 处。因此，基础柱钢筋的下料长度计算如下：

③ $= 220 + 1\,100 - 40 + 500 - 2.931\times 18 = 1\,727$（mm）

④ $= 220 + 1\,100 - 40 + 1\,160 - 2.931\times 16 = 2\,393$（mm）

⑤ $= 220 + 1\,100 - 40 + 560 - 2.931\times 16 = 1\,793$（mm）

（3）箍筋的计算

在基础内箍筋⑥号钢筋只配置两处，即 2 个大箍筋和 4 个小箍筋，箍筋的下料长度与上部的相同。

（4）编制钢筋下料单（略）

1.2 钢筋混凝土独立基础钢筋安装

微课
独立基础
钢筋安装

1.2.1 独立基础钢筋安装

1. 准备工作

1)钢筋:钢筋按设计并考虑现场绑扎的具体情况,在加工厂或施工现场加工制作。钢筋下料完成后,核对基础成品钢筋的钢号、直径、形状、尺寸和数量与料单、料牌是否相符,如有不符,必须立即纠正。

2)绑扎丝:采用 20~22 号铁丝,并断成适当长度。$\phi12$ 以下钢筋用 22 号铁丝,$\phi12$~$\phi25$ 用 20 号铁丝,大于 $\phi25$ 用 18 号铁丝。定额:22 号铁丝,每吨用量 7 kg;20 号铁丝,每吨用量 6 kg。

3)垫块:垫块平面尺寸为 50 mm×50 mm。厚度按保护层厚度要求,垂直方向的垫块应带预埋铁丝。

4)撑脚:上下双层钢筋设置钢筋支架,以保证相对位置的准确。撑脚应垫在下层钢筋网片上。撑脚一般用比被支撑钢筋小一号的钢筋制作,通常每 1 000 mm×1 000 mm 设置一个。当撑脚筋过小时,加密放置。

5)机具:电焊机、钢筋钩子、剪子、板子、小撬棍、木折尺、钢尺、粉笔、筥帚、钢筋运料车、木梯等。

2. 作业条件

1)钢筋进场必须见证抽样送检合格。如钢筋的品种、规格、级别需变更,应办理设计变更文件。

2)钢筋配料单与图纸一一核对。

3)已进行技术交底,完成了下料,并分类堆放。

4)钢筋清洁,模板内已清洁。

5)已备好了垫块、马凳、预埋件。

6)确定好了各工种交叉作业的方案,工作面已腾出。

7)垫层、模板已验收,并做好了抄平放线,弹出了基础钢筋位置。

3. 独立基础钢筋的绑扎

独立基础钢筋绑扎工艺流程:基础垫层清理→弹放底板钢筋位置线→按钢筋位置线布置钢筋→绑扎钢筋→布置垫块→绑扎柱预留插筋→验收。

(1)基础垫层清理

将垫层清扫干净,混凝土基层要等垫层硬化,没有垫层时要把基层清理平整,有水时要将水排净晾干。

(2)弹放底板钢筋位置线

垫层浇灌完成后,混凝土达到 1.2 MPa 后,在垫层表面弹钢筋线。按设计的钢筋间距,直接在垫层上用石笔或墨斗弹放钢筋位置线。

(3)按钢筋位置线布置钢筋

基础底板为双向受力钢筋网时,一般情况下,底面短边方向的钢筋放在最下面,底面长边方向的钢筋应放在短边方向的钢筋上面;而单向受力钢筋,短边方向受力钢筋放在下面,长边方向受力钢筋放在上面。

规范规定:当独立基础的边长 $B>3\ 000$ mm 时(基础支承在桩上除外),受力钢筋的长度可以减至 $0.9B$,交错布置。

(4)绑扎钢筋

四周两行各点都绑扎,中间位置可隔点一扎,双向受力钢筋全扎。绑扎常用一面顺扣的形式,对于单向主钢筋的钢筋网,沿基础四周的两行钢筋交叉点应每点绑扎牢固,中间部分每隔1根相互成梅花式扎牢,必须保证受力钢筋不发生位移;对于双向主钢筋的钢筋网,必须将所有交叉点全部扎牢。绑扎时应注意相邻绑扎点的扎扣要成八字形,以免网片歪斜变形。钢筋绑扎不允许漏扣,柱插筋弯钩部分必须与底板筋成45°绑扎,连接点处必须全部绑扎,距底板5cm处绑扎第一个箍筋,距基础顶5cm处绑扎最后一道箍筋,作为标高控制筋及定位筋,柱插筋最上部再绑扎一道定位筋,上下箍筋及定位箍筋绑扎完成后将柱插筋调整到位并用井字木架临时固定,然后绑扎剩余箍筋,保证柱插筋不变形走样,两道定位筋在基础混凝土浇完后,必须进行更换。

(5)布置垫块

1)基础底板采用单层钢筋网片时,基础钢筋网绑扎好以后,可以用小撬棍将钢筋网略向上抬,再放入准备好的混凝土垫块,将钢筋网垫起。钢筋绑扎好后侧面搁置保护层塑料垫块,厚度为设计保护层厚度,垫块间距不得大于100 mm(视设计钢筋直径确定),以防出现露筋的质量通病。

2)基础底板采用双层钢筋网片时,在上层钢筋网下面应设置钢筋撑脚或混凝土撑脚,以保证钢筋上下位置正确。上层钢筋弯钩应朝下,而下层钢筋弯钩应朝上,弯钩不能倒向一边。为了保证基础混凝土的保护层厚度,避免钢筋锈蚀,基础中纵向受力钢筋的混凝土保护层厚度不应小于40 mm,若基础无垫层时不应小于70 mm。

(6)绑扎柱预留插筋

现浇独立基础与柱的连接是在基础内预埋柱子的纵向钢筋。这里往往是柱子的最低部位,要保证柱子轴线位置准确,柱子插筋位置一定要准确,且要绑扎牢固,以保证浇筑混凝土时不偏移。因此,柱子插筋下端用90°弯钩与基础钢筋网绑扎连接,再用井字形架将插筋上部固定在基础的外模板上,如图1.30所示。其箍筋应比柱的箍筋小一个柱纵筋直径,以便与下道工序的连接,箍筋不少于3道,位置一定要正确并绑扎牢固,以免造成柱轴线偏移。

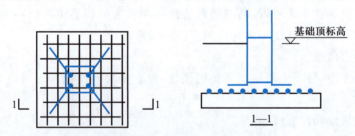

图1.30　独立基础钢筋绑扎示意图

注意对钢筋的成品保护,不得任意碰撞钢筋,造成钢筋移位。

1.2.2　独立基础钢筋工程验收

钢筋品种、规格、质量必须符合设计要求和规范规定。钢筋表面没有油污和颗粒状或片状老锈。焊接和绑扎的钢筋骨架和钢筋网应牢固,配筋数量应正确。同一截面受力钢筋接头数量和搭接长度应符合规范规定。

1. 主控项目

(1)原材料

钢筋进场时,应按现行国家标准《钢筋混凝土用钢 第 2 部分:热轧带肋钢筋》(GB/T 1499.2—2018)等的规定抽取试件做力学性能检验,其质量必须符合有关标准的规定。

检查数量:按进场的批次和产品的抽样检查方案确定。

检验方法:检查产品合格证、出厂检验报告和进场复验报告。

(2)钢筋加工

1)受力钢筋的弯钩和弯折应符合下列规定:① HPB300 级钢筋末端应做 180°弯钩,其弯弧内直径不应小于钢筋直径的 2.5 倍,弯钩的弯后平直部分长度不应小于钢筋直径的 3 倍;② 当设计要求钢筋末端需做 135°弯钩时,HRB335 级、HRB400 级钢筋的弯弧内直径不应小于钢筋直径的 4 倍,弯钩的弯后平直部分长度应符合设计要求;③ 钢筋做不大于 90°的弯折时,弯折处的弯弧内直径不应小于钢筋直径的 5 倍。

检查数量:按每工作班同一类型钢筋、同一加工设备抽查不应少于 3 件。

检验方法:钢尺检查。

2)除焊接封闭环式箍筋外,箍筋的末端应做弯钩,弯钩形式应符合设计要求;当设计无具体要求时,应符合下列规定:① 箍筋弯钩的弯弧内直径除应满足第 1)条中①的规定外,尚应不小于纵向受力钢筋直径;② 箍筋弯钩的弯折角度:对一般结构,不应小于 90°;对有抗震等要求的结构,应为 135°;③ 箍筋弯后平直部分长度:对一般结构,不宜小于箍筋直径的 5 倍;对有抗震等要求的结构,不应小于箍筋直径的 10 倍。

检查数量:按每工作班同一类型钢筋、同一加工设备抽查不应少于 3 件。

检验方法:钢尺检查。

(3)钢筋安装

钢筋安装时,受力钢筋的品种、级别、规格和数量必须符合设计要求。

检查数量:全数检查。

检验方法:观察,钢尺检查。

2. 一般项目

(1)原材料

钢筋应平直、无损伤,表面不得有裂纹、油污、颗粒状或片状老锈。

检查数量:进场时和使用前全数检查。

检验方法:观察。

(2)钢筋加工

钢筋调直宜采用机械方法,也可采用冷拉方法。当采用冷拉方法调直钢筋时,HPB300 级钢筋的冷拉率不宜大于 4%,HRB335 级、HRB400 级和 RRB400 级钢筋的冷拉率不宜大于 1%。

检查数量:按每工作班同一类型钢筋、同一加工设备抽查不应少于 3 件。

检验方法:观察,钢尺检查。

钢筋加工的形状、尺寸应符合设计要求,其允许偏差应符合表 1.5 的规定。

表 1.5 钢筋加工的允许偏差

项目	允许偏差/mm
受力钢筋沿长度方向全长的净尺寸	±10
弯起钢筋的弯折位置	±20
箍筋外廓尺寸	±5

检查数量：按每工作班同一类型钢筋、同一加工设备抽查不应少于3件。

检验方法：钢尺检查。

（3）钢筋安装

钢筋安装位置的允许偏差应符合表1.6的规定。

表 1.6 钢筋安装位置的允许偏差和检验方法

项目			允许偏差/mm	检验方法
受力钢筋顺长度方向全长的净尺寸			±10	钢尺检查
绑扎钢筋网	长、宽		±10	钢尺检查
	网眼尺寸		±20	钢尺量连续三档，取最大值
绑扎钢筋骨架	长		±10	钢尺检查
	宽、高		±5	钢尺检查
纵向受力钢筋	间距		±10	钢尺量两端、中间各一点，取最大值
	排距		±5	
	保护层厚度	板、墙、壳	±3	钢尺检查
绑扎箍筋、横向钢筋间距			±20	钢尺量连续三档，取最大值
钢筋弯起点位置			20	钢尺检查
预埋件	中心线位置		5	钢尺检查
	水平高差		+3,0	塞尺量测

检查数量：在同一检验批内，对独立基础，应抽查构件数量的10%，且不少于3件。

3. 特殊工艺、关键控制点控制措施（表1.7）

表 1.7 特殊工艺、关键控制点控制措施

序号	关键控制点	主要控制措施
1	原材料	所需材料必须为大型钢铁企业生产，进场必须带有产品质量证明书 应按规范要求进行复检，焊接必须进行焊件试验 钢筋的外观不得有裂缝、结疤及折叠，表面允许有凸块，但不得超过横肋的高度
2	钢筋代换	钢筋代换要进行换算，经设计同意下发书面资料方可执行
3	钢筋运输	钢筋运输一般用汽车或大板车、双轮杠杆车运到现场，按安装顺序、编号分类堆放整齐；先绑扎的放在上面，后绑扎的放在下面，由专人管理，有条不紊，确保施工正常进行

续表

序号	关键控制点	主要控制措施
4	钢筋安装	钢筋安装必须研究好安装程序、安装方法及与前后工序的交叉配合,特别是与安装模板、固定架及地脚螺栓、预埋管道等工序之间的配合关系,绘出平面及立面安装图,按程序进行施工,以免造成钢筋安装困难、各工种互相干扰,影响安装顺利进行
5	钢筋修整	钢筋绑扎完后,应对钢筋进行一次全面细致的总检查,发现错漏或间距不符、安装绑扎不牢时应及时修整 基坑内积水、污泥垃圾及沾在钢筋上的泥土,应清除干净。在混凝土浇筑全过程中,应由专人负责钢筋的修理

4. 质量记录

（1）钢筋合格证及复检报告

（2）焊接试验报告

（3）钢筋隐蔽工程记录

（4）分项工程检验记录

（5）钢筋加工检验批质量验收记录

（6）钢筋安装工程检验批质量验收记录

5. 应注意的质量问题

1）骨架变形:钢筋骨架绑扎时应注意绑扣方法,宜采用十字扣或套扣绑扎。

2）搭接长度不够:绑扎时应对每个接头进行尺量,检查搭接长度是否符合设计和规范要求。

3）绑扎接头与对焊接头未错开:经对焊加工的钢筋,在现场进行绑扎时,对焊接头要错开搭接位置。因此,加工下料时,凡距钢筋端头搭接长度范围以内不得有对焊接头。

4）钢筋成型尺寸不准:放出式样,并根据具体条件选择合适的操作参数（画线、扳距等）以作为示范。

6. 成品保护

1）成品钢筋要分类堆放整齐。

2）发料设专人负责,严禁私自乱拿。

3）严禁乱踏、车压及电弧损伤。

4）堆场周围设排水设施,防止钢筋浸泡锈蚀。

1.2.3 独立基础钢筋工程质量事故分析与处理

某工程框架柱独立基础的原设计截面及配筋,如图 1.31（a）所示。在绑扎柱基插筋时,错误地将两排 5 Φ25 变成 3 Φ25,如图 1.31（b）所示。此失误在柱基混凝土浇筑完毕后才发现。

处理措施:在柱的短边各补上 2 Φ25 插筋,如图 1.31（c）所示。为保证新加插筋的锚固,在两个短边上各用 3 Φ25 横筋与短边 3 Φ25 焊成一体,并将第二步台阶加高 500 mm。加高台阶时将原基础面凿毛、清洗、支模、浇筑提高一级的混凝土,并在新台阶面层铺设 φ6@200 钢筋网一层。原设计在柱底 500 mm 高度内加密箍筋,现增至 1 000 mm。

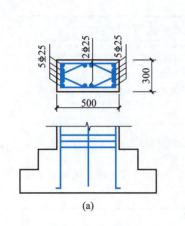

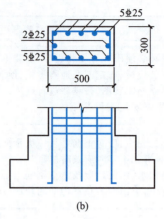

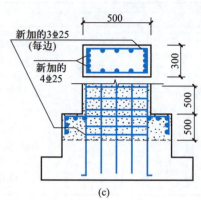

(a)　　　　　　　　(b)　　　　　　　　(c)

图 1.31　某独立基础钢筋安装施工图

1.3　钢筋混凝土独立基础模板制作与安装

 微课

独立基础
模板制作
安装

1.3.1　独立基础模板的测量定位

首先按照基础施工图上的尺寸与位置,引测建筑的基础轴线,并以该线为起点,引出每条轴线上基础的边线。模板放线时,根据独立基础钢筋的保护层厚度,用墨线弹出模板的内边线与中心线。用水准仪根据独立基础每个台阶的高度定出每个台阶模板的高度。

1.3.2　独立基础模板安装与拆除

独立基础为各自分开的基础,有的带地梁,有的不带地梁,多数为台阶式。其模板布置与单阶基础基本相同。但是,上阶模板应搁置在下阶模板上,各阶模板的相对位置要固定结实,以免浇筑混凝土时模板位移。

阶形基础可分次支模。当基础大放脚不厚时,可采用斜撑;当基础大放脚较厚时,应按计算设置对拉螺栓,上部模板可用工具式梁卡固定,亦可用钢管吊架固定,如图 1.32 所示。

钢筋绑扎及相关专业施工完成后立即进行模板安装,模板采用小钢模或木模,利用架子管或木方加固。锥形基础坡度<30°时,采用斜模板支护,利用螺栓与底板钢筋拉紧,防止上浮。模板上部设透气及振捣孔,坡度≤30°时,利用钢丝网(间距 30 cm)防止混凝土下坠,上口设井字木控制钢筋位置。不得用重物冲击模板,不准在吊帮的模板上搭设脚手架,保证模板的牢固和严密。

清除模板内的木屑、泥土等杂物,木模浇水湿润,堵严板缝及孔洞。

图 1.32　独立基础模板现场安装

侧面模板在混凝土强度能保证其棱角不因拆模板而受损坏时方可拆除,拆模前设专人检查混凝土强度,拆除时采用撬棍从一侧顺序拆除,不得采用大锤砸或撬棍乱撬,以免造成混凝土棱角破坏。

1.3.3 独立基础模板的验收要求

1. 基本规定

1）独立基础模板及其支撑应根据工程结构形式、荷载大小、地基土类别、施工设备和材料供应等条件进行设计。侧模板及其支撑应具有足够的承载能力、刚度和稳定性，能可靠地承受浇筑混凝土的侧压力以及施工荷载。

2）在浇筑混凝土之前，应对模板工程进行验收。模板安装和浇筑混凝土时，应对侧模与支撑进行观察和维护。发生异常情况时，应按施工技术方案及时进行处理。

3）侧模板及其支撑拆除的顺序及安全措施应按施工技术方案执行。

2. 模板安装

（1）主控项目

1）安装现浇结构的上层模板及其支架时，下层楼板应具有承受上层荷载的承载能力，或加设支架；上、下层支架的立柱应对准，并铺设垫板。

检查数量：全数检查。

检验方法：对照模板设计文件和施工技术方案观察。

2）在涂刷模板隔离剂时，不得沾污钢筋和混凝土接槎处。

检查数量：全数检查。

检验方法：观察。

（2）一般项目

1）模板安装应满足下列要求：模板的接缝不应漏浆；在浇筑混凝土前，木模板应浇水湿润，但模板内不应有积水；模板与混凝土的接触面应清理干净并涂刷隔离剂，但不得采用影响结构性能或妨碍装饰工程施工的隔离剂；浇筑混凝土前，模板内的杂物应清理干净；对清水混凝土工程及装饰混凝土工程，应使用能达到设计效果的模板。

检查数量：全数检查。

检验方法：观察。

2）用作模板的垫层应平整光洁，不得产生影响构件质量的下沉、裂缝、起砂或起鼓。

检查数量：全数检查。

检验方法：观察。

3）固定在模板上的预埋件、预留孔和预留洞均不得遗漏，且应安装牢固，其允许偏差应符合表 1.8 的规定。

检查数量：在同一检验批内，对独立基础，应抽查构件数量的 10%，且不少于 3 件。

检验方法：钢尺检查。

表 1.8 预埋件和预留孔洞的允许偏差

项目		允许偏差/mm
预埋板中心线位置		3
预埋管、预留孔中心线位置		3
插筋	中心线位置	5
	外露长度	+10,0

续表

项目		允许偏差/mm
预埋螺栓	中心线位置	2
	外露长度	+10,0
预留洞	中心线位置	10
	尺寸	+10,0

注:检查中心线位置时,应沿纵、横两个方向量测,并取其中的较大值。

4)现浇结构模板安装的允许偏差应符合表 1.9 的规定。

检查数量:在同一检验批内,对独立基础,应抽查构件数量的 10%,且不少于 3 件。

表 1.9　现浇结构模板安装的允许偏差及检验方法

项目		允许偏差/mm	检验方法
轴线位置		5	钢尺检查
底模上表面标高		±5	水准仪或拉线、尺量
截面内部尺寸	基础	±10	钢尺检查
每个台阶垂直度		6	经纬仪或吊线、钢尺检查
相邻两板表面高低差		2	钢尺检查
表面平整度		5	2 m 靠尺和塞尺检查

注:检查轴线位置时,应沿纵、横两个方向量测,并取其中的较大值。

3. 模板拆除

一般项目:侧模拆除时的混凝土强度应能保证其表面及棱角不受损伤。

检查数量:全数检查。

检验方法:观察。

1.3.4　独立基础模板的工程质量事故分析

某工程框架柱基础采用柱下独立基础,在拆模后发现个别基础发生轴线偏移。事后调查发现主要是模板尺寸出现偏差,即表现为浇筑好的结构或构件截面尺寸大于设计要求,或模板刚度不够、强度不足,浇捣混凝土时承受不了较大的侧压力作用而产生变形,混凝土结硬后影响结构或构件的形状尺寸,或构件轴线偏差过大。

1. 原因分析

主要的原因是技术管理人员的责任心不强,看错图纸或施工放线错误导致构件轴线偏移;其次,对细部关键部位管理不到位,不按规范允许偏差值检查支模情况,使用旧模板时不做仔细检查;再者,操作技工缺乏施工经验。如竹胶板模板,在我国的应用已有多年的历史,同其他材料的模板相比有着明显的优点,具有单块体积小、重量轻、价格较低、灵活通用、组装方便的优势,在安装使用时可手提肩扛、安装方便迅速具有较好的使用效果。通常使用多次的旧模板几何尺寸大于实际尺寸,表面不平整或扭曲,甚至局部出现凸凹变形,拼装时还按原模数进行,实际尺寸就会有所扩大,并且浇混凝土时有侧压力作用截面尺寸又有一定的扩大,所以常常会出现梁柱截面大于设计尺寸现象。

2. 处理方法

支模前应认真检查旧模板,有无超大超宽,有无未修补的孔洞,表面形状是否平直,是否有缺肋、开焊、锈蚀等破损现象,支模时应严格按照规范要求操作,将构件尺寸偏差值控制在允许的范围内,在模板的安装工程中应多检查,注意垂直度、中心线、标高等各部尺寸。

1.4　钢筋混凝土独立基础混凝土浇筑

1. 施工准备

（1）作业条件

1）办完地基验槽及隐检手续。

2）办完基槽验线验收手续。

3）有混凝土配合比通知单、准备好试验用工器具。

（2）材料要求

预拌混凝土:商品混凝土质量必须符合要求。

钢筋:钢筋的级别、规格必须符合设计要求,质量符合现行标准要求。钢筋表面应保持清洁,无锈蚀和油污。

脱模剂:水质隔离剂。

（3）施工机具

手推车或翻斗车、铁锹、振捣棒、刮杆、木抹子、胶皮手套、串桶或溜槽、钢筋加工机械、木制井字架等。

2. 混凝土浇筑

每次浇筑混凝土前 1.5 h 左右,由施工现场专业工长填写申报"混凝土浇灌申请书",由建设（监理）单位和技术负责人或质量检查人员批准,每一台班都应填写。

用于承重结构及抗渗防水工程使用的混凝土,采用预拌混凝土的,开盘鉴定是指第一次使用的配合比,在混凝土出厂前由混凝土供应单位自行组织有关人员进行开盘鉴定。

混凝土应分层连续进行,间歇时间不超过混凝土初凝时间,一般不超过 2 h,为保证钢筋位置正确,先浇一层 5~10 cm 厚混凝土固定钢筋。台阶型基础每一台阶高度整体浇捣,每浇完一台阶停顿 0.5 h 待其下沉,再浇上一层。分层下料,每层厚度为振动棒的有效振动长度。防止由于下料过厚、振捣不实或漏振、吊帮的根部砂浆涌出等原因造成蜂窝、麻面或孔洞。

采用插入式振捣器,插入的间距不大于振捣器作用部分长度的 1.25 倍。上层振捣棒插入下层 3~5 cm。尽量避免碰撞预埋件、预埋螺栓,防止预埋件移位。

混凝土浇筑后,表面比较大的混凝土,使用平板振捣器振一遍,然后用刮杆刮平,再用木抹子搓平。收面前必须校核混凝土表面标高,不符合要求处立即整改。

浇筑混凝土时,经常观察模板、支架、钢筋、螺栓、预留孔洞和管有无走动情况,一经发现有变形、走动或位移时,立即停止浇筑,并及时修整和加固模板,然后再继续浇筑。

已浇筑完的混凝土,应在 12 h 左右覆盖和浇水。一般常温养护不得少于 7 d,特种混凝土养护不得少于 14 d。养护设专人检查落实,防止由于养护不及时造成混凝土表面裂缝。

3. 质量标准及要求

（1）保证项目

要求商品混凝土厂家严格执行供货技术协议,混凝土中使用的水泥、水、骨料、粉煤灰和外加剂必须符合法规和施工规范规定。使用前检查出厂合格证和相应的试验报告。

严格控制混凝土配合比。外加剂的掺量要符合要求,施工中严禁对已搅拌好的混凝土加水。严格做好对商品混凝土的检验和记录。

混凝土到场后进行坍落度检测,坍落度要求为 16～18 cm,如与委托不符,则退回不能使用,并及时与搅拌站联系进行调整。

混凝土试块必须按规定取样、制作、养护和试验。其强度评定符合《混凝土强度检验评定标准》(GB/T 50107—2010)要求。按法规作好监理见证取样和工作。

(2)基本项目

混凝土振捣均匀密实,墙面及接槎处应平整光滑;墙面不得出现孔洞、露筋、缝隙、夹渣等缺陷。

(3)允许偏差项目

独立基础混凝土浇筑后构件允许偏差见表 1.10。

表 1.10　独立基础混凝土浇筑后构件允许偏差

序号	项目名称		允许偏差/mm	检验方法
1	轴线位移		5	尺量检查
2	标高	层高	±10	用水准仪检查
		全高	±30	
3	截面尺寸		+5 -2	尺量检查
4	墙面 垂直	每层	5	用经纬仪或 吊线和尺量
		全高	0.1%且≤30	
5	表面平整		4	用 2 米靠尺和楔形尺检查

(4)应注意的质量问题

基体烂根:支撑前在每边模板下口抹 10 cm 宽找平层,但找平层不得嵌入基体,并注意浇筑前坐浆。基体混凝土浇筑前应接浆。控制混凝土坍落度,防止混凝土离析。

洞口移位变形:模板穿墙螺栓坚固可靠,洞口两侧混凝土对称,均匀进行浇筑。

表面气泡过多:采用高频振捣器,每层混凝土应振捣至气泡排除为止。

混凝土与模板连接:及时清理模板,隔离剂涂刷均匀。

4. 成品保护

为保证钢筋、预埋螺栓、预留孔洞及暗管的位置正确,施工中不得碰撞,防止振捣时挤偏或埋件凹进混凝土内。

不用重物冲击模板,保证模板的牢固和严密。

5. 安全生产与文明施工

(1)施工中安全注意事项

施工前,工长必须对工人有全面的技术及安全交底。夜间施工,施工现场及运输道路上必须有足够的照明,现场必须配备专职电工 24 小时值班。做好基坑周边防护并经常检查,严禁向基坑内投掷物品。混凝土泵管出口前方严禁站人,以防混凝土喷出伤人。现场照明线路及电箱必须加空,严禁在钢筋上拖拉电线。混凝土振捣工必须穿胶鞋,戴绝缘手套。特殊工种及机械操作必须有专职人员。

(2)文明施工事项

混凝土罐车出地前,车身及溜槽必须冲洗干净。工地大门口应经常清理干净。现场灯光照明布设合理,减少扰民。夜晚施工时采用低噪音振捣棒,减少噪声污染。

6. 施工中注意事项

混凝土的供应必须保证混凝土泵能连续作业,尽可能避免或减少泵送时中途停歇。如混凝土供应不上,宁可减低速度,以保持泵送连续进行。若出现停料迫使泵停车,则混凝土泵必须每隔 4~5 min 进行约定行程的动作。混凝土泵送时,注意不要将混凝土泵车料内剩余混凝土降低到 20 cm,以免吸入空气。混凝土泵送时,应做到每 2 h 换一次水洗槽中的水。加强对泵车及输送管道的巡回检查,发现隐患,及时排除,缩短拆装管道的时间。控制坍落度,在搅拌站及现场设专人管理,每隔 2~3 h 测试一次。拆下的管道应及时清洗干净。现场设置专人看模。

7. 意外事故处理

为防止现场架设混凝土地泵发生难以修复的机械故障,与混凝土公司联系 1 辆泵车备用,故障发生后 30 min 内可到达现场。为防止混凝土公司搅拌机发生事故,与混凝土搅拌站取得联系,事故发生后 1 h 内能将所需混凝土送到现场。为防止发生安全事故,工地配备 1 名值班医生。混凝土浇筑时,如发生混凝土供应不上,应做好接浆准备。

8. 冬季施工的安全和防火

冬季施工时,要采取防滑措施。施工现场及临时工棚内严禁用明火取暖,应制订出具体防火安全注意事项,并将责任落实到人。电气设备、开关箱应有防护罩,通电导线要整理架空,电线包布应进行全面检查,务必保持良好的绝缘效果。脚手架、脚手板有冰雪积留时,施工前应清除干净,有坡度的跳板应钉防滑条或铺草包,并随时检查架体有无松动及下沉现象,以便及时处理。上下立体交叉作业的出入口楼梯、电梯口和井架周围应有防护棚或其他隔离措施。高层作业必须用安全带,进入工地必须戴好安全帽,楼面预留孔洞必须用盖板盖好。不准用芦苇、草包遮盖,以防失足跌落。冬季施工拆除外脚手架应有围护警戒措施,严禁高空向下抛掷。工地临时水管应埋入土中或用草包等保温材料包扎,外抹纸筋。水箱存水,下班前应放尽。草包、草帘等保温材料不得堆放在露天,以免受潮失去保温效果。现场的易燃易爆及有毒物品应有专人保管,妥善安置。明火作业应实行动火证审批制度,并配置必要的安全防火用品低温情况下。

9. 冬雨期施工措施

低温季节,混凝土强度发展缓慢,拟采取下述技术措施保证工程质量。

1) 会同建设单位、监理单位,对商品混凝土搅拌站加强督促,强化自身管理,力争加快混凝土浇筑速度,增加放线前混凝土的养护时间,提高混凝土初期强度,避免操作人员损伤结构表面。

2) 商品混凝土使用早强剂,调整混凝土坍落度,并在结构板面找平后加盖一层塑料薄膜和草袋,利用混凝土水化热升温,加速混凝土早期强度发展。

施工防雨重点在于混凝土露天浇筑。雨天浇筑混凝土,小雨情况一般不停止施工作业,仅要求在浇筑混凝土收面后及时以塑膜覆盖,防止雨水损伤混凝土表面,并要求商品混凝土测试砂、石含水率,减小混凝土搅拌用水量;连绵雨及中雨以上情况,应停止混凝土浇筑作业;混凝土初凝前遇雨,应覆盖彩条塑料布,防止雨水冲走泥浆,降低混凝土强度。

🤓 小结

当建筑物上部结构采用框架结构或单层排架结构承重时,基础常采用方形、圆柱形和多边形等形式的独立式基础,这类基础称为独立式基础,也称单独基础,是整个或局部结构物下的配筋基础。一般是指结构柱基、高烟囱、水塔基础等的形式。独立基础分为阶形基础、坡形基础、杯形基础 3 种。独立基础一般设在柱下,材料通常采用钢筋混凝土等。当柱为现浇时,独立基础与柱子是整浇在一起的;当柱为预制时,通常将基础做成杯口形,然后将柱子插入,并用细石混凝土嵌固,此时称为杯口基础。独立基础的特点一,一般只坐落在一个十字轴线交点上,有时也跟其他条形基础相连,但是截面尺寸和配筋不尽相同。独立基础如果坐落在几个轴线交点上承载几个独立柱,叫作共用独立基础。独立基础的特点二,基础之内的纵横两方向配筋都是受力钢筋,且长方向的一般布置在下面。长宽比在 3 倍以内且底面积在 20 m² 以内的为独立基础(独立桩承台)。

习题与思考

1. 简述独立基础的构造形式。
2. 独立基础的钢筋验收要求是什么?
3. 独立基础模板是如何定位的?
4. 简述独立基础模板的安装要求。
5. 阶形独立基础混凝土如何分阶浇筑?

实训项目

独立基础混凝土强度等级为 C30,基础保护层厚度为 40 mm,钢筋定尺长度为 9 m。独立基础施工图如图 1.33 所示。计算该独立基础内钢筋的下料长度并绘钢筋配料表。

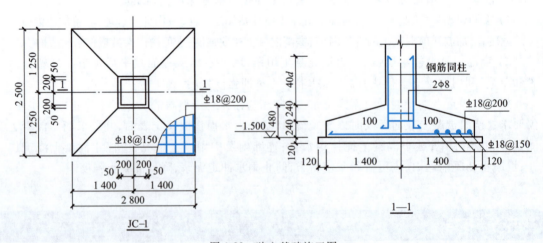

图 1.33 独立基础施工图

2

钢筋混凝土条形基础施工

【学习目标】

通过本项目的学习,要求学生掌握条形基础施工图的识读程序与条形基础钢筋配料计算;掌握条形基础钢筋安装工艺与验收,条形基础模板的制作与安装、拆除工艺,条形基础混凝土浇筑工艺;并会分析条形基础施工过程中一些常见的质量事故及产生的原因与处理方法。通过知识点的掌握,使学生具有简单的条形基础施工和施工管理的能力;最后通过知识点与能力的拓展,具备爱岗敬业、团队协作、遵守行业规范和职业道德等基本职业素养。

【内容概述】

本项目内容主要包括钢筋混凝土条形基础施工图识读、钢筋安装、模板安装与验收和混凝土浇筑四部分,学习重点是基础施工图识读、钢筋安装和模板安装,学习难点是钢筋安装。

【知识准备】

钢筋混凝土条形基础施工是参考《混凝土设计规范》(GB 50010—2010)、《混凝土结构工程施工规范》(GB 50666—2011)与图集 16G101-3,按照最新的规范、图集标准的要求组织实施。因此,针对本部分内容的学习,同学们可参考上述规范及图集中条形基础相关内容。

2.1　钢筋混凝土条形基础施工图识读

● 2.1.1　一般规定

条形基础平法施工图有平面注写与截面注写两种方式。条形基础可分为两类,即梁板式与板式条形基础。梁板式条形基础适用于钢筋混凝土框架结构、框剪结构、框支剪力墙结构和钢结构。梁板式条形基础平法施工图将条形基础分为条形基础梁和条形基础底板分别进行表达。基础梁的平面注写方式分集中标注和原位标注两部分内容。基础梁的集中标注内容为:基础梁编号、截面尺寸、配筋三项必注内容,以及当基础梁底面标高与基础底面基准标高不同时的相对标高高差和必要的文字注解两项选注内容。板式条形基础适用于钢筋混凝土剪力墙结构和砌体结构,平法施工图仅表达条形基础底板。

● 2.1.2　条形基础梁(JL)的识读

条形基础梁 JL 的平法施工图包括集中标注与原位标注两部分内容。

微课
条形基础
施工图识
读

1. 集中标注

（1）注写基础梁编号（必注内容）（表 2.1）。

表 2.1　条形基础梁及底板编号

类型		代号	序号	跨数及有无外伸
基础梁		JL	××	（××）端部无外伸
条形基础底板	坡形	TJB$_P$	××	（××A）一端有外伸
	阶形	TJB$_J$	××	（××B）两端均有外伸

（2）注写基础梁截面尺寸（必注内容）：

注写 $b×h$，表示梁截面宽度与高度。当为加腋梁时，用 $b×hYc_1×c_2$ 表示，其中 c_1 为腋长，c_2 为腋高。

（3）注写基础梁配筋（必注内容）

1）注写基础梁箍筋

当具体设计仅采用一种箍筋间距时，注写钢筋级别、直径、间距与肢数（箍筋肢数写在括号内）；当具体设计采用两种或多种箍筋间距时，用"/"分隔不同箍筋的间距及肢数，按照从基础梁两端向跨中的顺序注写。

【示例】 9ϕ16@100/ϕ16@200（6），表示配置两种 HRB400 级箍筋，直径 16，从梁两端起向跨内按间距 100 设置 9 道，梁其余部位的间距为 200，均为 6 肢箍。9ϕ16@100/9ϕ16@150/ϕ16@200（6），表示配置三种 HRB335 级箍筋，直径 16，从梁两端起向跨内按间距 100 mm 设置 9 道，再按间距 150 mm 设置 9 道，梁其余部位的间距为 200 mm，均为 6 肢箍。

施工时要注意：两向基础梁相交的柱下区域，应有一向截面较高的基础梁按照梁端箍筋贯通设置；当两向基础梁高度相同时，任选一向基础梁箍筋贯通设置。

2）注写基础梁底部、顶部及侧面纵向钢筋

以 B 打头，注写梁底部贯通纵筋（不应少于梁底部受力钢筋总截面面积的 1/3）。当跨中所注根数少于箍筋肢数时，需要在跨中增设梁底部架立筋以固定箍筋，采用"+"将贯通纵筋与架立筋相连，架立筋注写在加号后面的括号内。

以 T 打头，注写梁顶部贯通纵筋。梁底部与顶部贯通纵筋用";"分隔开，如有个别跨与其不同的按原位标注执行；当梁底部或顶部贯通纵筋多于一排时，用"/"将各排纵筋自上而下分开。

【示例】 B:4ϕ25;T:12ϕ25　7/5，表示梁底部配置贯通纵筋为 4ϕ25；梁顶部配置贯通纵筋上一排为 7ϕ25，下一排为 5ϕ25，共 12ϕ25。

施工人员要注意：基础梁的底部贯通纵筋，可在跨中 1/3 净跨长度范围内采用搭接、机械或焊接连接；顶部贯通纵筋，可在距柱根 1/4 净跨长度范围内采用搭接连接，或在柱根附近采用机械或焊接连接，且应严格控制接头面积百分率。

以 G 打头注写梁两侧面对称设置的纵向构造钢筋的总配筋值（当梁腹板净高 h_w 不小于 450 mm 时，根据需要配置）。

【示例】 G8ϕ14，表示梁每个侧面配置纵向构造钢筋 4ϕ14，共配置 8ϕ14。

基础梁纵向钢筋、箍筋、竖向加腋钢筋、端部与外伸部位钢筋、侧面构造纵筋和拉筋构造如图 2.1 所示。

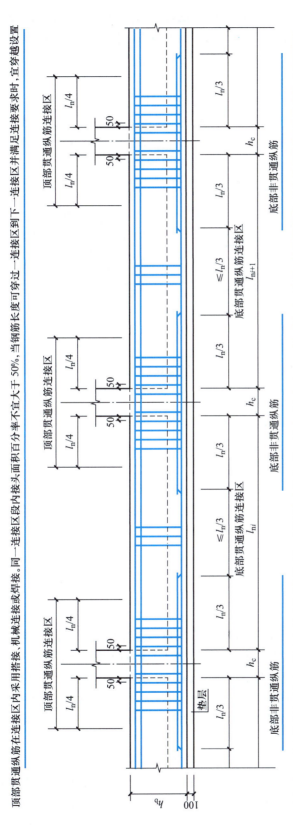

图 2.1 基础梁纵向钢筋与箍筋

施工图中跨度值 l_n 为左跨 l_{ni} 与右跨 l_{ni+1} 的较大值；节点区内箍筋按梁端箍筋设置。梁相互交叉宽度内的箍筋按截面高度较大的基础梁设置。同跨箍筋有两种时,各自设置范围由设计者在图纸中注明；当两相临跨的底部贯通纵筋配置不同时,应将配置较大一跨的底部贯通纵筋越过其标注的跨数终点或起点,伸至配置较小的毗邻跨的跨中连接区进行连接；当基础梁底部纵筋多于两排时,从第三排起非贯通纵筋向跨内的伸出长度值应由设计者在图纸中注明；基础梁相交处位于同一层面的交叉钢筋,纵筋的上下位置由设计者在图纸中注明。

主次梁相交部位附加箍筋最大布置范围 s,该范围是否要求布满没有特别规定。吊筋高度根据基础梁高度推算,吊筋顶部平直段与基础梁顶部纵筋净距要满足规范要求,当净距不足时置于下一排。基础主次梁交接部位附加钢筋构造如图 2.2 所示。

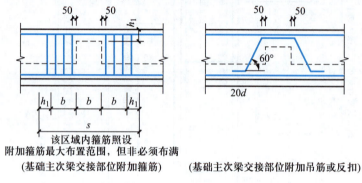

图 2.2 基础主次梁交接部位附加钢筋构造

基础梁配置两种箍筋,当设计未注明时,基础梁外伸部位和端部节点内按第一种箍筋设置,如图 2.3 所示。

（4）标注基础梁底面标高（选注内容）

当条形基础的底面标高与基础底面基准标高不同时,将条形基础底面标高注写在"（　）"内。识图人员还要注意,当基础梁的设计有特殊要求时,图纸中会有必要的文字注解（选注内容）。

2. 原位标注

1）原位标注基础梁端或梁在柱下区域的底部全部纵筋（包括底部非贯通纵筋和已集中注写的底部贯通纵筋）。当梁端或梁在柱下区域的底部纵筋多于一排时,用"/"将各排纵筋自上而下分开；当同排纵筋有两种直径时,用"+"将两种直径的纵筋相连；当梁中间支座或梁在柱下区域两边的底部纵筋配置不同时,需在支座两边分别标注；当梁中间支座两边的底部纵筋相同时,可仅在支座的一边标注；当梁端（柱下）区域的底部全部纵筋与集中注写过的底部贯通纵筋相同时,不再重复做原位标注。施工时要注意：当底部贯通纵筋经原位注写修正,出现两种不同配置的底部贯通纵筋时,应在两毗邻跨中配置较小一跨的跨中连接区域进行连接（即配置较大一跨的底部贯通纵筋须延伸至毗邻跨的跨中连接区域。具体位置施工人员可参考标准构造详图）。

2）当两向基础梁十字交叉,但十字交叉位置无柱时,根据抗力需要设置附加箍筋或吊筋（反扣）。基础梁的附加箍筋或吊筋（反扣）一般原位注写。将附加箍筋或吊筋（反扣）直接画在平面图十字交叉梁中刚度较大的条形基础主梁上,原位直接引注总配筋值（附加箍筋

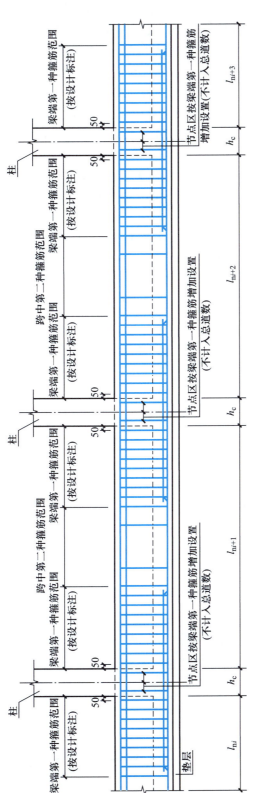

图 2.3 基础梁配置两种箍筋构造

的肢数注在括号内），当多数附加箍筋或吊筋（反扣）相同时，可在条形基础平法施工图上统一注明，少数与统一注明值不同时，原位将直接引注。施工时要注意：附加箍筋或吊筋（反扣）的几何尺寸应按照标准构造详图，结合其所在位置的主梁与次梁的截面尺寸确定。

3）原位注写基础梁外伸部位的变截面高度尺寸。当基础梁外伸部位采用变截面高度时，在该部位原位注写 $b×h, h_1/h_2$，其中 h_1 为根部截面高度，h_2 为尽端截面高度。

4）修正内容原位注写。当在基础梁上集中标注的某项内容（如截面尺寸、箍筋、底部与顶部贯通纵筋或架立筋、梁侧面纵向构造钢筋、梁底面相对标高高差等）不适用于某跨或某外伸部位时，将其修正内容原位标注在该跨或该外伸部位，施工时原位标注取值优先。

当在多跨基础梁的集中标注中已注明加腋，而该梁某跨根部不需要加腋时，则应在该跨原位标注无 $Yc_1×c_2$ 的 $b×h$，修正集中标注中的加腋要求。

3. 基础梁底部非贯通纵筋的长度规定

为方便施工，凡基础梁柱下区域底部非贯通纵筋的伸出长度 a_0 值，当配置不多于两排时，在标准构造详图中同一取值为自柱边向跨内伸出至 $l_n/3$ 位置；当非贯通纵筋配置多于两排时，从第三排起向跨内的伸出长度值由设计人员注明。l_n 的取值规定：边跨边支座的底部非贯通纵筋，l_n 取本边跨的净跨长度值；对于中间支座的底部非贯通纵筋，l_n 取支座两边较大一跨的净跨长度值。

基础梁外伸部位底部纵筋的伸出长度 a_0 值，统一取值为：第一排伸出到梁端头后，全部上弯 $12d$；其他排钢筋伸至梁端头后截断。

● 2.1.3　条形基础底板的识读

条形基础底板 TJB_P、TJB_J 的平面注写方式，分集中标注和原位标注两部分内容。

1. 集中标注

（1）注写条形基础底板编号（必注内容）

条形基础底板向两侧的截面形状通常有两种：

1）阶形截面，编号加下标"J"，如 $TJB_J××(××)$。

2）坡形截面，编号加下标"P"，如 $TJB_P××(××)$。

（2）注写条形基础底板截面竖向尺寸（必注内容）

注写 $h_1/h_2/……$，具体标注为：

1）当条形基础底板为坡形截面时，注写为 h_1/h_2，如图 2.4 所示。

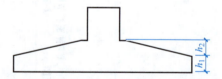

图 2.4　条形基础底板坡形截面竖向尺寸

【示例】　条形基础底板的坡形截面 $TJB_P××$，其截面竖向尺寸注写为 300/250 时，表示 $h_1=300$ mm、$h_2=250$ mm，基础底板根部总厚度为 550 mm。

2）当条形基础底板为阶形截面时，如图 2.5 所示。当底板为多阶时各阶尺寸自下而上以"/"分隔表示。

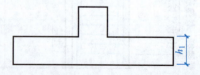

图 2.5　条形基础底板阶形截面竖向尺寸

【示例】 条形基础底板的阶形截面 TJB$_J$××,其截面竖向尺寸注写为 300 mm 时,表示 h_1 = 300 mm,且为基础底板总厚度。

(3)注写条形基础底板底部或顶部配筋(必注内容)

以 B 打头,注写条形基础底板底部的横向受力钢筋;以 T 打头,注写条形基础底板顶部的横向受力钢筋;注写时,用"/"分隔条形基础底板的横向受力钢筋与构造配筋。

【示例】 当条形基础底板配筋标注为:B:Φ14@150/ϕ8@250;表示条形基础底板底部配置 HRB400 级横向受力钢筋,直径为 14,分布间距为 150 mm;配置 HPB300 级构造钢筋,直径为 8,分布间距 250 mm,如图 2.6 所示。

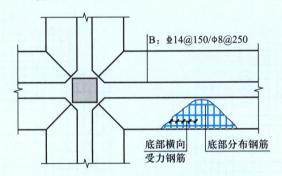

图 2.6 条形基础底板底部或顶部配筋示意

当为双梁(或双墙)条形基础底板时,除在底板底部配置钢筋外,一般尚需在两根梁或两道墙之间的底板底部配置钢筋,其中横向受力钢筋的锚固从梁的内边缘(或墙边缘)起算,如图 2.7 所示。

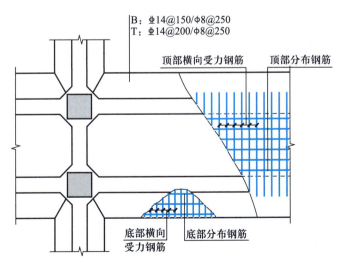

图 2.7 双梁(或双墙)条形基础底板顶部配筋示意

当条形基础设有基础梁时,基础底板的分布钢筋在梁宽范围内不设置。在双向受力钢筋交接处的网状部位,分布钢筋与同向受力钢筋的构造搭接长度为 150 mm。条形基础底板宽度若≥2 500 mm，除底板交接区的受力钢筋和无交接底板时端部第一根钢筋不应缩短外，其他钢筋均缩短 10%。条形基础底板钢筋构造如图 2.8 所示。

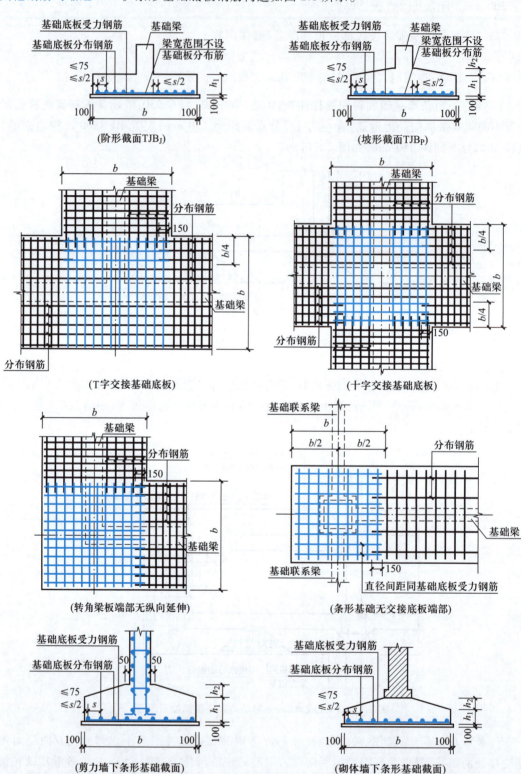

（阶形截面TJB_J）

（坡形截面TJB_P）

（T字交接基础底板）

（十字交接基础底板）

（转角梁板端部无纵向延伸）

（条形基础无交接底板端部）

（剪力墙下条形基础截面）

（砌体墙下条形基础截面）

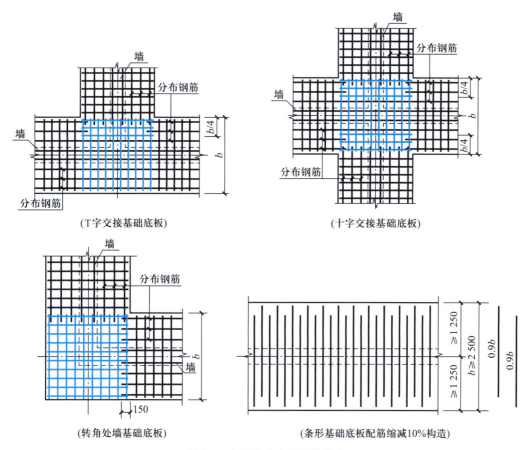

图 2.8 条形基础底板钢筋构造

（4）注写条形基础底板底面标高（选注内容）

当条形基础底板的底面标高与条形基础底面基准标高不同时，应将条形基础底板底面标高注写在"（ ）"内。施工人员还要注意，当条形基础底板有特殊要求时，图纸中应有必要的文字注解（选注内容）。

2. 原位标注

（1）原位注写条形基础底板的平面尺寸

原位标注 b、b_i，$i=1,2,\cdots\cdots$其中 b 为基础底板总宽度，b_i 为基础底板台阶的宽度。当基础底板采用对称于基础梁的坡形截面或单阶形截面时，b_i 可以不注，如图 2.9 所示。对于相同编号的条形基础底板，可仅选择一个进行标注。

梁板式条形基础存在双梁共用同一基础底板，墙下条形基础也存在双墙共用同一基础底板的情况，当为双梁或双墙且梁或墙荷载差别较大时，条形基础两侧可取不同的宽度，实际宽度以原位标注的基础底板两侧非对称的不同台阶宽度 b_i 为准。

（2）原位注写修正内容

当在条形基础底板上集中标注的某项内容，如底板截面竖向尺寸、底板配筋、底板底面相对标高高差等，不适用于条形基础底板的某跨或某外伸部分时，可将其修正内容原位标注在该跨板或该板外伸部位，施工时"原位标注取值优先"。

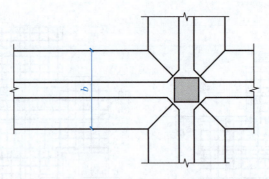

图 2.9　条形基础底板的平面尺寸原位标注示意

采用平面注写方式表达的条形基础设计施工图如图 2.10 所示。

3. 条形基础的截面注写方式

条形基础的截面注写分为截面标注和列表注写(结合截面示意图)两种表达方式。采用截面注写方式,设计者已在基础平面布置图上对所有条形基础一一编号。对多个条形基础可采用列表注写(结合截面示意图)的方式集中表达。表中内容为条形基础截面的几何数据和配筋,截面示意图上标注与表中栏目内容相对应的代号。列表的具体内容规定如下:

(1)基础梁

基础梁列表集中注写栏目为:

1)编号:注写 JL××(××)、JL××(××A)、JL××(××B)。

2)几何尺寸:梁截面宽度与高度 $b×h$。当为加腋梁时,注写 $b×hYc_1×c_2$。

3)配筋:注写基础梁底部贯通纵筋+非贯通纵筋,顶部贯通纵筋,箍筋。当设计为两种箍筋时,箍筋注写为第一种箍筋/第二种箍筋,第一种箍筋为梁端部箍筋,注写内容包括箍筋的箍数、钢筋级别、直径、间距与肢数,第二种为梁其他部位箍筋。基础梁列表格式见表 2.2。

表 2.2　基础梁几何尺寸和配筋表

基础梁编号/截面号	截面几何尺寸		配筋	
	$b×h$	加腋 $c_1×c_2$	底部贯通纵筋+非贯通纵筋,顶部贯通纵筋	第一种箍筋/第二种箍筋

(2)条形基础底板

条形基础底板列表集中注写栏目为:

1)编号:坡形截面编号为 $TJB_P××(××)$、$TJB_P××(××A)$ 或 $TJB_P××(××B)$,阶形截面编号为 $TJB_J××(××)$、$TJB_J××(××A)$ 或 $TJB_J××(××B)$。

2)几何尺寸:水平尺寸 $b、b_i,i=1,2,\cdots\cdots$;竖向尺寸 h_1/h_2。

3)配筋:B:$\Phi××@×××/\Phi××@×××$。条形基础底板列表格式见表 2.3。

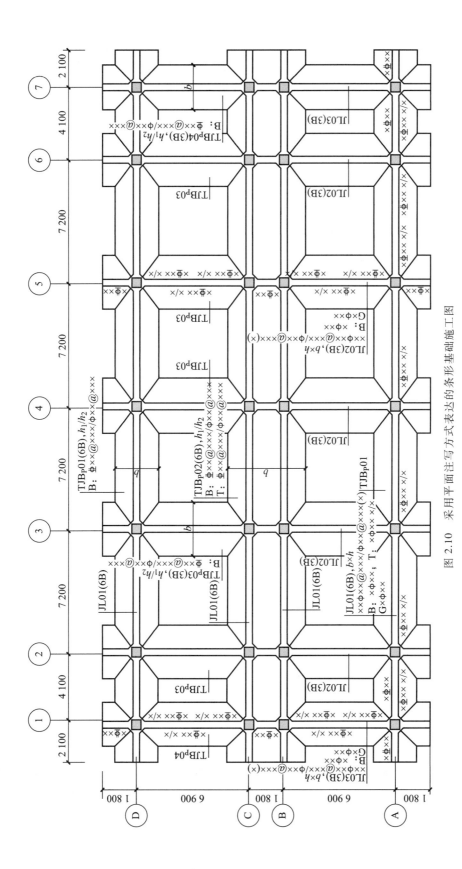

图 2.10 采用平面注写方式表达的条形基础施工图

表 2.3　条形基础底板几何尺寸和配筋表

基础底板编号/截面号	截面几何尺寸			底部配筋（B）	
	b	b_i	h_1/h_2	横向受力钢筋	纵向受力钢筋

2.1.4　条形基础联系梁与后浇带平法表示

1. 条形基础相关构造类型与表示

基础相关构造的平法施工图表示均在基础平面布置图上直接引注。条形基础相关构造类型与编号见表 2.4。

表 2.4　条形基础相关构造类型与编号

构造类型	代号	序号	说明
基础联系梁	JLL	××	用于条形基础
后浇带	HJD	××	用于条形基础

注：基础联系梁序号：(××)为端部无外伸或无悬挑，(××A)为一端有外伸或有悬挑，(××B)为两端均有外伸或有悬挑。

2. 条形基础相关构造平法表示

（1）基础联系梁平法表示

基础联系梁指连接条形基础的梁。基础联系梁注写方式与内容除编号按表 2.4 表示外，其余均按照 16G101-1《混凝土结构施工图平面整体表示方法制图规则和构造详图（现浇混凝土框架、剪力墙、梁、板）》中非框架梁的规则表示。

基础联系梁的第一道箍筋距柱边缘 50 mm 处开始设置；当上部结构底层地面以下设置有基础联系梁时，上部结构底层框架柱下端的箍筋加密高度从基础联系梁顶面开始计算，基础联系梁顶面至基础顶面短柱的箍筋见具体图纸设计；当未设置基础联系梁时，上部结构底层框架柱下端的箍筋加密高度从基础顶面开始计算。基础联系梁配筋构造如图 2.11 所示。

（2）后浇带（HJD）表示

后浇带的平面形状及定位由平面布置图表达，后浇带留筋方式等由引注内容表达，包括：

1）后浇带（HJD）留筋方式有两种：贯通留筋（代号 GT）和 100%搭接留筋（代号 100%）。贯通留筋的后浇带宽度通常取大于等于 800mm；100%搭接留筋的后浇带宽度通常取 800mm 与（l_l+60mm）的较大值。

2）后浇带混凝土的强度等级 C××。宜采用补偿收缩混凝土，施工图中已注明相关施工要求。

3）当后浇带区域留筋方式或后浇带混凝土强度等级不一致时，图中注明与图示不一致的部位与做法；注明后浇带下附加防水层做法；当设置抗水压垫层时，注明垫层的厚度、材料与配筋；当采用后浇带超前止水构造时，注明其厚度与配筋。后浇带引注如图 2.12 所示。

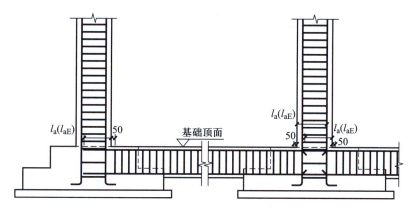

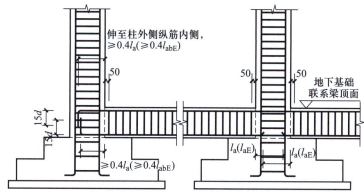

图 2.11　基础联系梁 JLL 配筋构造

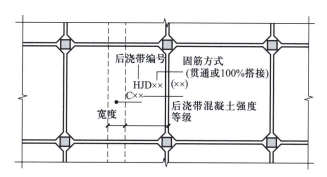

图 2.12　后浇带 HJD 引注图示

2.2　钢筋混凝土条形基础钢筋安装

2.2.1　条形基础钢筋下料、安装

1. 条形基础钢筋下料

（1）基础主梁贯通筋长度分析

基础主梁一般以框架柱为反向支座，当基础主梁以框架柱为端点时，其构造通常称为端部无外伸，如图 2.13 所示；当基础主梁末端外挑出边、角以外，其构造通常称为端部外伸，如图 2.14 所示。

微课
条形基础
钢筋安装

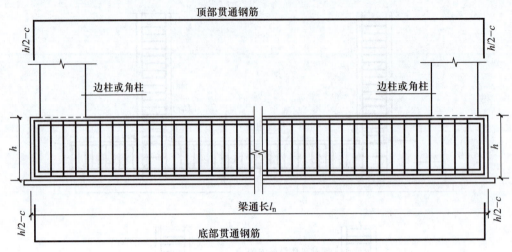

图 2.13   基础主梁端部无外伸构造

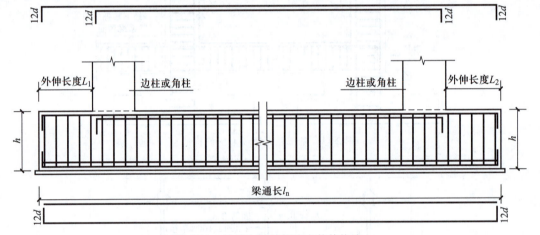

图 2.14   基础主梁端部均有外伸构造

基础主梁(JZL)端部无外伸时:上、下部贯通筋长度 = 梁通长 l_n -2×梁端保护层厚度 c + 2×弯折长度($h/2-c$)。

基础主梁(JZL)端部均有外伸时:顶部第一排贯通筋长度 = 梁通长 l_n -2×梁端保护层厚度 c +2×弯折长度(12d);顶部第二排贯通筋长度 = 梁通长 l_n -左端外伸长度 L_1 -右端外伸长度 L_2 +2×弯折长度(12d);底部第一排贯通筋长度 = 梁通长 l_n -2×梁端保护层厚度 c;底部第二排贯通筋长度 = 梁通长 l_n -2×梁端保护层厚度 c +2×弯折长度(12d)。

(2)基础主梁非贯通筋长度分析

基础主梁底部非贯通筋从柱中心算起的延伸长度 a_0 统一取值为:第一、二排延伸至 $l_0/3$ 处且 ≥ a,$a = 1.2l_a + h_b + 0.5h_c$。其中 l_0 为柱中心到柱中心距离,l_a 为非抗震锚固长度,h_b 为基础主梁高度,h_c 为沿基础主梁方向的柱宽。

无外伸底部非贯通筋长度 = ($h_c/2-c$)+max($l_0/3$,a)+弯折长度($h_b/2$,$-c$);

有外伸底部第二排非贯通筋长度 = 外伸长度 L_1 +($h_c/2-c$)+max($l_0/3$,a);

有外伸底部第一排非贯通筋长度 = 外伸长度 L_1 +($h_c/2-c$)+max($l_0/3$,a)+弯折长度(12d)。

（3）中间支座基础梁底部非贯通筋

基础主梁底部非贯通钢筋从柱中心算起的延伸长度 a_0 统一取值为：第一、二排延伸至 $l_0/3$ 处且 $\geq a$，$a = 1.2l_a + h_b + 0.5h_c$。其中 l_0 为柱中心到柱中心距离，l_a 为非抗震锚固长度，h_b 为基础主梁高度，h_c 为沿基础主梁方向的柱宽。中间支座非贯通筋长度 $= 2 \times \max\left[\max(l_{01}, l_{02})/3, a\right]$，其中 l_{01}、l_{02} 为中间支座两边中心距。

2. 条形基础钢筋安装

条形基础钢筋绑扎工艺流程：基础垫层清理→弹放底板钢筋位置线→绑扎底板钢筋→绑扎条形钢筋骨架→安装垫块。基础垫层清理、弹放底板钢筋位置线、绑扎底板钢筋的操作同独立柱基础。

垫层浇筑完成达到一定强度后，在其上弹线、支模、铺放钢筋网片。上下部垂直钢筋绑扎牢固，将钢筋弯钩朝上，按轴线位置校核后用方木架成井字形，将插筋固定在基础外模板上；底部钢筋网片应用与混凝土保护层同厚度的水泥砂浆或塑料垫块垫塞，以保证位置正确；表面弹线进行钢筋绑扎，钢筋绑扎不允许漏扣，柱插筋除满足冲切要求外，应满足锚固长度的要求。当基础高度在 900 mm 以内时，插筋伸至基础底部的钢筋网上，并在端部做成直弯钩；当基础高度较大时，位于柱子四角的插筋应伸到基础底部，其余的钢筋只需伸至锚固长度即可。插筋伸出基础部分长度应按柱的受力情况及钢筋规格确定。与底板筋连接的柱四角插筋必须与底板筋成 45°绑扎，连接点处必须全部绑扎，距底板 5 cm 处绑扎第一个箍筋，距基础顶 5 cm 处绑扎最后一道箍筋，作为标高控制筋及定位筋，柱插筋最上部再绑扎一道定位筋。条形基础钢筋绑扎示意如图 2.15 所示。上下箍筋及定位箍筋绑扎完成后将柱插筋调整到位并用井字木架临时固定，然后绑扎剩余箍筋，保证柱插筋不变形走样，两道定位筋在浇注混凝土前必须进行更换。钢筋混凝土条型基础，在 T 字形与十字形交接处的钢筋沿一个主要受力方向通长放置，如图 2.16 所示。

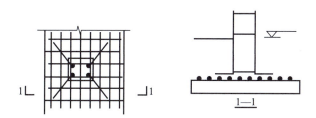

图 2.15　条形基础钢筋绑扎示意图

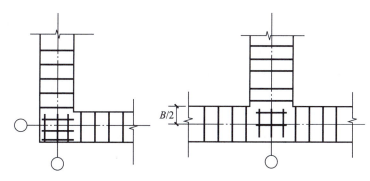

图 2.16　条形基础拐角处与交接处钢筋绑扎示意图

条形钢筋骨架的绑扎方法:先用架子架起上、下纵向钢筋和弯起钢筋,套入全部箍筋,按设计图样的箍筋间距要求,把箍筋的位置用粉笔标到纵向钢筋上,从架上放下下层钢筋,拉开箍筋并按画线标志正确就位。将上、下钢筋和弯起钢筋排列均匀后,绑扎牢固。绑扎成形后,抽出架子,把骨架放在钢筋网片上,与网片绑扎形成整体。

2.2.2 条形基础钢筋工程验收

同 1.2.2 独立基础钢筋工程验收。

2.2.3 条形基础钢筋工程质量事故分析与处理

条形基础钢筋工程质量问题与事故有很多,比如钢筋连接接头。现在粗钢筋机械连接有套筒挤压连接、锥螺纹与直螺纹套筒连接等形式。常见的质量事故为挤压套筒长度、外径尺寸不足,有可见裂纹;锥螺纹套丝不足或损坏。

1. 原因分析

套筒质量不合格;套筒的尺寸、材料与挤压工艺不配套,或挤压操作方法不当,压力过大或过小;被连接钢筋伸入套筒内的长度不足;钢筋套丝前端头有翘曲、不直;已加工好的丝扣没有保护好;施工、质检、操作等方面人员对新工艺不熟悉,检查不细或发现不了缺陷,使不合格产品流入施工现场。

2. 处理方法

发现挤压后套筒有肉眼可见的裂纹时,应切除重新挤压。对锥螺纹连接中丝扣不足或损坏的,应将其切除一部分,然后重新套丝,如果有一个锥螺纹套筒接头不合格,则该构件全部接头采用电弧贴角焊缝加以补强,焊缝高度不得小于 5 mm。

3. 预防措施

钢筋的机械连接方法具有接头性能可靠、质量稳定、不受气候及焊工技术水平的影响、连接速度快等优点,可连接各种规格的同径和异径钢筋。但这种连接宜在专业工厂加工,成本高于焊接连接。机械连接的质量要求应符合《钢筋机械连接技术规程》(JGJ 107—2016)的规定,工程中用套筒连接时,应由技术提供单位提交有效的型式检验报告与套筒出厂合格证,挤压接头的压痕道数应符合型式检验确定的道数;用钢尺检查套筒的伸长量,应符合如下规定:挤压后套筒长度应为 1.1~1.15 倍的原套筒长度,或压痕处套筒外径为原套筒外径的80%~90%;压模、套筒与钢筋应相互配套使用,不得混用;压模上应有相对应的连接钢筋规格的标记;钢筋与套筒应进行试套,如果钢筋端头有马蹄形、弯折或纵肋尺寸过大时,应预先矫正或用砂轮打磨;对不同直径钢筋的套筒不得相互串用。

锥螺纹连接的钢筋下料时应采用无齿锯切割,其端头界面应与钢筋轴线垂直,不得翘曲;对已加工的丝扣端要用牙形规及卡规逐个进行检查,合格后应立即将其一端拧上塑料保护帽,另一端拧上钢套筒与塑料封盖,并用扭矩扳手将套筒拧至规定的力矩,以便保护和运输;连接前应检查钢筋锥螺纹及连接钢套内的锥螺纹是否完好无损,并将丝扣上的水泥浆、污物等清理干净;连接时将已拧套筒的上层钢筋拧到被连接钢筋上,用力矩扳手按规定的力矩值把钢筋拧紧,直到扳手发出声响,并随手画上油漆标记,以防有的钢筋接头漏拧。

2.3　钢筋混凝土条形基础模板制作与安装

2.3.1　条形基础模板的测量定位

首先按照基础施工图上的尺寸与位置引测建筑的基础轴线,并以该线为起点,引出每条轴线上基础的边线。模板放线时,根据独立基础钢筋的保护层厚度用墨线弹出模板的内边线与中心线,用水准仪根据条形基础的高度定出模板的高度,如图 2.17 所示。

微课
条形基础
模板制作
安装

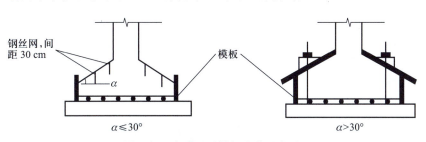

钢丝网,间距 30 cm　　模板

$\alpha \leqslant 30°$　　　　$\alpha > 30°$

图 2.17　条形基础模板安装示意图

2.3.2　条形基础模板安装与拆除

钢筋绑扎及相关专业施工完成后要立即进行模板安装,模板采用小钢模或木模,利用架子管或木方加固。锥形基础坡度 >30° 时,采用斜模板支护,利用螺栓与底板钢筋拉紧,防止上浮,模板上部设透气孔及振捣孔,坡度 ≤30° 时,利用钢丝网(间距 30 cm),防止混凝土下坠,上口设井字木控制钢筋位置。

条形基础的两边侧模,一般可横向配置,模板下端外侧用通长横楞连固,并与预先埋设的锚固件楔紧。竖楞为 $\phi48×3.5$ 钢管,用 U 形钩与模板固连,如图 2.18 所示。

不得用重物冲击模板,不准在吊帮的模板上搭设脚手架,保证模板的牢固和严密。

清除模板内的木屑、泥土等杂物,木模浇水湿润,堵严板缝及孔洞,清除积水。

侧面模板在混凝土强度能保证其棱角不因拆模板而受损坏时方可拆除,拆模前设专人检查混凝土强度,拆除时采用撬棍从一侧顺序拆除,不得采用大锤砸或撬棍乱撬,以免造成混凝土棱角破坏。

2.3.3　条形基础模板的验收要求

同 1.3.3 独立基础模板的验收要求。

2.3.4　条形基础模板的工程质量事故分析

条形基础模板经常出现的问题有胀模等。浇捣过程中模板鼓出、偏移、爆裂甚至坍塌,出现胀模。

1. 原因分析

模板侧向支撑刚度不够,强度不足,支撑不牢固,在构件高度较大时,浇筑混凝土产生的侧压力会随构件高度的增大而加大,如木支撑的梁模,当梁高大于 700 mm,单用斜撑及夹条用圆钉钉住,就不易撑牢;柱模中如果柱箍间距过大,就会出现胀模现象。

2. 处理方法

模板用料要经过计算确定,模板就位后技术人员应详细检查,发现问题及时纠正。如梁

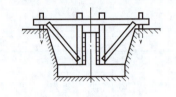
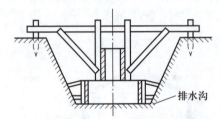
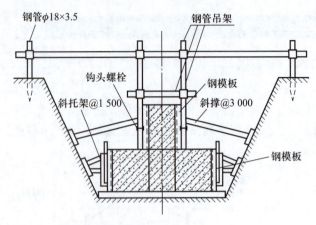

(a) 土质较好,下半段利用原土作胎膜　　　　(b) 土质较差,上下两阶均支模

(c) 现场条形基础模板

图 2.18　条形基础模板

　　模应核算模板用料,夹档、小撑档、支承的用料、间距是否符合要求,一般常在基础梁的中部用铁丝穿过横档对拉,或用对拉螺栓将两侧模板拉紧;侧模应计算浇筑混凝土时的侧压力,检查箍距是否满足要求,及时加设达到标准的水平撑、斜撑、剪刀撑等。

2.4　钢筋混凝土条形基础混凝土浇筑

1. 施工准备

　　（1）作业条件

　　由建设、监理、施工、勘察、设计单位进行地基验槽,完成验槽记录及地基验槽隐检手续,如遇地基处理,先办理设计洽商,完成后由监理、设计、施工三方复验签认,完成基槽验线手续。

　　（2）材料要求

　　预拌混凝土所用原材料须符合上述要求,必须具有出厂质量证明文件、检测报告、原材试验报告。

钢筋:有产品合格证、出厂检验报告和进场复验报告。

（3）施工机具

手推车或翻斗车、铁锹、振捣棒、刮杆、木抹子、胶皮手套、串筒或溜槽等。

2. 混凝土浇筑

浇筑现浇柱下条型基础时,注意柱子插筋位置是否正确,防止造成位移和倾斜。在浇筑开始时,先满铺一层 5～10 cm 厚的混凝土并捣实,使柱子插筋下段和钢筋网片的位置基本固定,然后对称浇筑。对于锥形基础,应注意保持锥体斜面坡度的正确,斜面部分的模板应随混凝土浇捣分段支设并顶压紧,以防模板上浮变形;边角处的混凝土必须捣实。严禁斜面部分不支模,用铁锹拍实。基础上部柱子后施工时,可在上部水平面留设施工缝。施工缝的处理应按设计要求或规范规定执行。

条形基础根据高度分段分层连续浇筑,不留施工缝,各段各层间应相互衔接,每段长 2～3 m,做到逐段逐层呈阶梯形推进。间歇时间不超过混凝土初凝时间,一般不超过 2 h,为保证钢筋位置正确,先浇一层 5～10 cm 厚混凝土固定钢筋。台阶形基础每一台阶高度整体浇捣,每浇完一台阶停顿 0.5 h 待其下沉,再浇上一层。分层下料,每层厚度为振动棒的有效振动长度。防止由于下料过厚、振捣不实或漏振、吊帮的根部砂浆涌出等原因造成蜂窝、麻面或孔洞。浇筑时先使混凝土充满模板内边角,然后浇筑中间部分,以保证混凝土密实。采用插入式振捣器,插入的间距不大于振捣器作用部分长度的 1.25 倍。上层振捣棒插入下层 3～5 cm。尽量避免碰撞预埋件、预埋螺栓,防止预理件移位。

混凝土浇筑后,表面比较大的混凝土,使用平板振捣器振一遍,然后用木杆刮平,再用木抹子搓平。收面前必须校核混凝土表面标高,不符合要求处立即整改。

浇筑混凝土时,经常观察模板、支架、螺栓、预留孔洞和管有无移动情况,一经发现有变形、走动或位移时,立即停止浇筑,并及时修整和加固模板,然后再继续浇筑。

已浇筑完的混凝土,常温下,应在 12 h 左右覆盖和浇水。一般常温养护不得少于 7 d,特种混凝土养护不得少于 14 d。养护设专人检查落实,防止由于养护不及时而造成混凝土表面开裂。

📖 小结

条形基础是指基础长度远远大于宽度的一种基础(基础的长度大于或等于 10 倍基础的宽度),按上部结构分为墙下条形基础和柱下条形基础。条形基础的特点是,布置在一条轴线上且与两条以上轴线相交,有时也和独立基础相连,但截面尺寸与配筋不尽相同。另外横向配筋为主要受力钢筋,纵向配筋为次要受力钢筋或分布钢筋,主要受力钢筋布置在下面。

📖 习题与思考

1. 比较柱下独立基础与柱下或墙下条形基础各自的优缺点。

2. 简述条形基础模板施工工艺。

3. 简述条形基础内钢筋的构造要求。

4. 简述条形基础混凝土施工工艺。

5. 分析独立基础与条形基础施工的异同点。

实训项目

某钢筋混凝土条形基础混凝土强度等级为 C30,基础保护层厚度为 40 mm,钢筋定尺长度为 9 m,采用机械连接。施工图如图 2.19 所示。计算该条形基础钢筋下料长度。

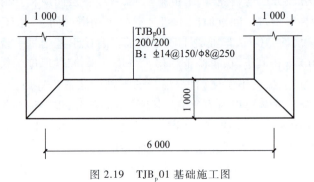

图 2.19　TJB_p01 基础施工图

3

钢筋混凝土柱施工

【学习目标】

通过本项目的学习,要求学生掌握柱施工图的表示方法;掌握柱和基础的连接、柱与顶层梁板的连接、柱变截面和柱上下钢筋不同时柱纵向钢筋的构造要求;掌握柱钢筋的施工工艺、质量事故分析;掌握柱模板的安装;掌握柱模板的工程质量事故分析;熟悉柱钢筋的验收要求;熟悉柱混凝土的施工及工程质量事故分析;了解芯柱、框支柱。通过知识点的学习,使学生能够识读柱的施工图纸,能够正确处理柱钢筋的构造要求,正确进行柱钢筋、模板和混凝土的施工。通过知识点与能力的拓展,具备爱岗敬业、团队协作、遵守行业规范和职业道德等基本职业素养。

【内容概述】

本项目内容主要包括钢筋混凝土柱施工图的识读、钢筋安装、模板安装与验收和混凝土浇筑四部分,学习重点是钢筋混凝土柱施工图识读、钢筋安装和模板安装,学习难点是钢筋混凝土柱施工图识读。

【知识准备】

钢筋混凝土柱施工是依据《混凝土结构设计规范》(GB 50010—2010,2015 版)、《混凝土结构工程施工规范》(GB 50666—2011)与图集 16G101-1 进行编写的,完全按照最新的规范、图集标准的要求组织实施。因此,针对本部分内容的学习,可参考上述规范及图集中钢筋混凝土柱相关内容。

3.1 钢筋混凝土柱施工图识读

3.1.1 柱平法施工图的表示方法

柱结构施工图平面整体表示方法是一种常见的施工图标注方法,柱的结构施工图平面整体表示方法有列表注写方式和截面注写方式两种。在柱平法施工图中,应注明各结构层的楼面标高、结构层高和相应的结构层号,以及上部结构嵌固部位位置。

一、列表注写法

列表注写法,首先采用适当的比例绘制一张柱的平面布置图,包括相应的框架柱、转换柱、梁上柱和剪力墙上柱,然后根据实际需要,分别在图上同一编号的柱中选择一个或几个截面标注几何参数代号;在柱表中标明柱编号、柱段起止标高、几何尺寸(含柱截面对轴线的

微课
柱施工图
识读

偏心情况)与配筋的具体数值,并配以各种柱截面形状及其箍筋类型图的方式,来清晰表达施工图中柱的配筋。具体注写内容如下:

1. 柱编号

柱编号由类型代号和序号组成,见表3.1。编号时,当柱的总高、分段截面尺寸和配筋均对应相同,仅分段截面和轴线的关系不同时,仍可将其编为同一柱号,但应在图中注明截面与轴线的关系。

表 3.1 柱 编 号

柱类型	代号	序号
框架柱	KZ	××
转换柱	ZHZ	××
芯柱	XZ	××
梁上柱	LZ	××
剪力墙上柱	QZ	××

在高层建筑中,由于建筑需要大空间的使用要求,使部分结构的竖向构件不能连续设置,因此需要设置转换层,这样的结构体系属于竖向抗侧力构件不连续体系。部分不能落地的剪力墙和框架柱,需要在转换层的梁上生根,这样的梁称作框支梁,而支承框支梁的柱称作转换柱。

芯柱即柱中柱,设置于某些框架柱一定高度范围内的中心位置。

2. 各柱段起止标高

柱施工图采用列表注写方式注写柱的各段起止标高时,应自柱根部以上变截面位置或截面虽未改变但配筋改变的地方为界分段标注。框架柱和转换柱的根部标高是指基础顶面标高;梁上柱的根部标高是指梁顶面标高,如图 3.1(a)所示。剪力墙上柱的根部标高为墙顶面标高。剪力墙上柱的根部标高分两种:当柱纵筋锚固在墙顶部时,其根部标高为墙顶面标高,如图 3.1(b)所示;当柱与剪力墙重叠一层时,其根部标高为墙顶面往下一层的结构层楼面标高,如图 3.1(c)所示。芯柱的根部标高是根据结构实际需要而定的起始位置标高。

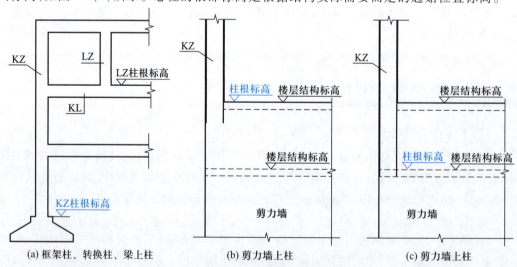

图 3.1 柱的根部标高起始点示意图

3. 柱截面几何尺寸

对于矩形柱,柱截面几何尺寸($b \times h$)及与轴线关系的几何参数代号(b_1、b_2和h_1、h_2)的具体数值,须对应各段柱分别注写。其中$b = b_1 + b_2$,$h = h_1 + h_2$。当截面的某一边收缩变化至与轴线重合或偏离轴线的另一侧时,b_1、b_2、h_1、h_2中的某项为零或为负值。对于圆柱,表中$b \times h$一栏改为在圆柱直径数字前加d表示。为表达简单,圆柱截面与轴线的关系也用b_1、b_2、h_1、h_2表示,并使$d = b_1 + b_2 = h_1 + h_2$,如图3.2所示。

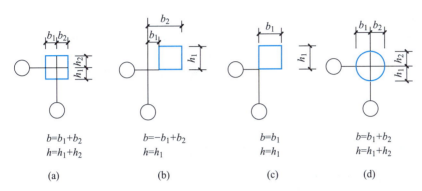

图3.2 柱截面尺寸与轴线关系

4. 柱纵向受力钢筋

纵向受力钢筋的作用是和混凝土一起承担外荷载,承担因温度改变及收缩而产生的拉应力,改善混凝土的脆性性能。注写施工图中柱纵筋时,当柱的纵向受力钢筋直径相同,各边根数也相同时,可将纵筋注写在全部纵筋一栏中,否则,角筋、截面b边中部筋、截面h边中部筋三项则分别注写,如图3.4所示。当采用对称配筋时,矩形截面柱可仅注写一侧中部筋,对称边可省略不注。

5. 箍筋

为了防止纵向钢筋的压曲,提高柱的受剪承载力,并与纵向钢筋一同形成受力良好的钢筋骨架,根据《混凝土结构设计规范》(GB 50010—2010)规定,钢筋混凝土框架柱中应配置封闭式箍筋。箍筋一般采用HPB300级钢筋,其直径不应小于$d/4$(d为纵向受力钢筋的最大直径),且不应小于6 mm。箍筋的间距不应大于400 mm,且不应大于柱截面的短边尺寸b,同时不应大于$15d$(d为纵向受力钢筋的最小直径)。当柱截面短边尺寸大于400且各边纵筋多于3根时,或当柱截面短边尺寸不大于400且各边纵向钢筋多于4根时,应设置复合箍筋,使纵向钢筋每隔一根位于箍筋转角处,但柱中不允许有内折角的箍筋。图3.3为矩形复合箍筋复合方式。

在平面整体表示法标注的施工图中具体标注箍筋时,应包括箍筋类型、肢数、等级、直径及间距。确定箍筋肢数时要满足对柱纵筋"隔一拉一"以及箍筋肢数的要求。当为抗震设计时,用斜线"/"表示柱端箍筋加密区与柱身非加密区长度范围内箍筋的不同间距。施工人员需根据标准构造详图的规定,在规定的几种长度值中取其最大者作为加密区长度。当框架节点核芯区箍筋与柱端箍筋设置不同时,应在括号"( )"中注明核芯区箍筋直径及间距。

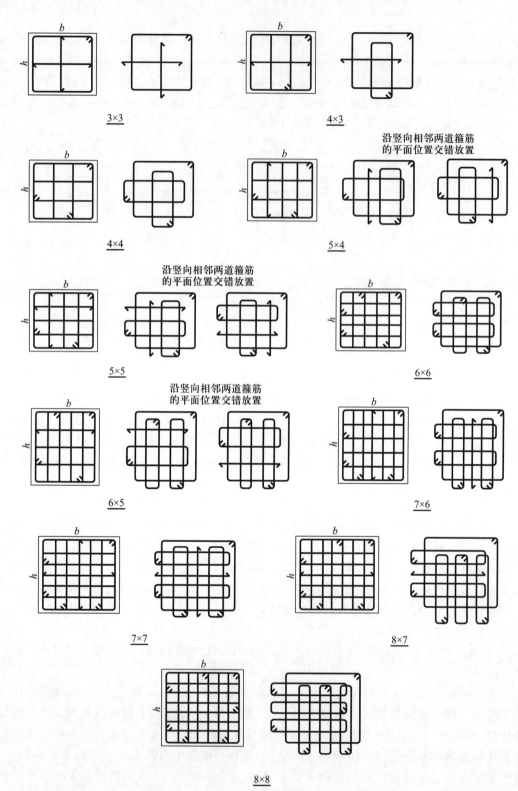

图 3.3 矩形复合箍筋复合方式

【示例】 箍筋Φ10@100/200,表示箍筋为HPB300级钢筋,直径为10,加密区间距为100,非加密区间距为200。

当箍筋沿全高为一种间距时,则不使用"/"线。

【示例】 箍筋Φ10@100,表示箍筋为HPB300级钢筋,直径为10,间距为100,沿全高布置。

当圆柱采用螺旋箍筋时,需在箍筋前加"L"。

【示例】 LΦ10@100/200,表示采用螺旋箍筋,HPB300级钢筋,直径为10,加密区间距为100,非加密区间距为200。

【示例】 箍筋Φ10@100/200(Φ12@100),表示箍筋为HPB300级钢筋,直径为10,加密区间距为100,非加密区间距为200;框架节点核芯区箍筋为HPB300级钢筋,直径为12,加密区间距为100。

如图3.4所示,框架柱KZ1的平面位置是在轴线③、④、⑤与轴线Ⓑ、Ⓒ、Ⓓ交汇处。从柱表中可知,KZ1的高度从1层(标高-0.030 m)到屋面1(标高59.070 m),层高4.50 m、4.20 m、3.60 m、3.30 m 4种。同时从柱表中看出KZ1的截面尺寸及配筋情况,在标高-0.030m~19.470m的高度范围内(1到6层),KZ1截面尺寸为750×700,KZ1配筋情况为:纵筋24Φ25;柱箍筋类型为5×4复合箍,箍筋为HPB300级钢筋,直径为10,加密区间距为100,非加密区间距为200。从标高19.470 m起,截面尺寸和纵向钢筋均有变化,识读方法同前。

二、截面注写法

在进行上述列表注写时,有时会遇到柱子截面和配筋在整个高度上没有变化的情况,这样就可以省去表格,而采用截面注写的表示方法。截面注写是在标准层绘制的柱平面布置图上,分别在同一编号的柱中选择一个截面,直接注写截面尺寸和配筋具体数值,来表达柱截面的尺寸、配筋等情况。

如图3.5所示,KZ1截面尺寸为650×600,轴线有偏移(偏移位置见图3.5)。柱截面四角配有4Φ22,b边一侧中部配有5Φ22,h边一侧中部配有4Φ20;箍筋为HPB300级钢筋,直径为10,加密区间距为100,非加密区间距为200。KZ1的平面位置如图3.5所示。

3.1.2 柱钢筋构造要求

柱的构造要求包括柱和基础的连接、柱与顶层梁板的连接、柱变截面和柱上下钢筋不同时柱纵向钢筋构造以及转换柱、芯柱等内容。

一、柱和基础的连接

柱和基础的连接构造涉及柱基础插筋和柱伸出基础高度两个问题。

1. 柱插筋在基础中的锚固

柱插筋在基础中的锚固按两种原则进行:一是按柱的位置分类,其中图3.6(a)、图3.6(c)为中柱(柱插筋保护层厚度>5d),柱插筋在基础内设置间距≤500 mm,且不少于两道矩形封闭箍筋(非复合箍);图3.6(b)、图3.6(d)为边柱(柱插筋保护层厚度≤5d),柱插筋在基础内设置锚固区横向箍筋,所谓"锚固区横向箍筋"就是柱插筋在基础的锚固段满布箍筋(仅布置外围大箍)。其实,并不是边柱一定要设置锚固区横向箍筋,关键条件是柱外侧插筋保护层厚度≤5d。

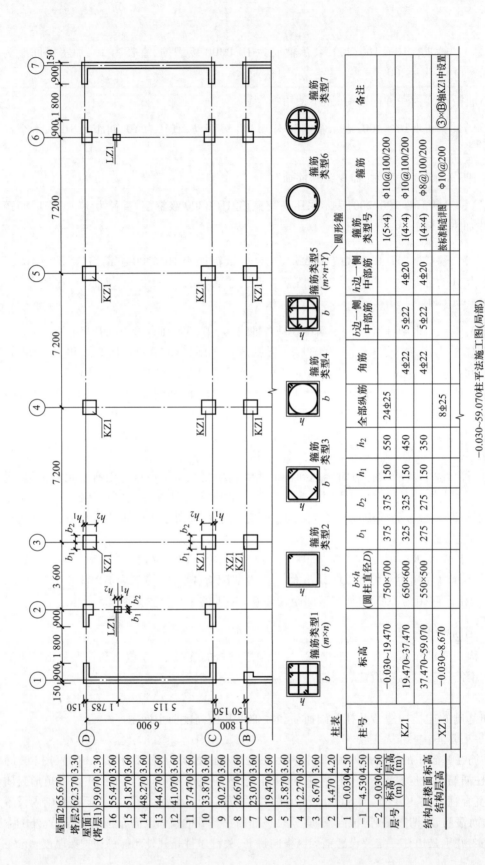

图 3.4　柱平法施工图列表注写方式

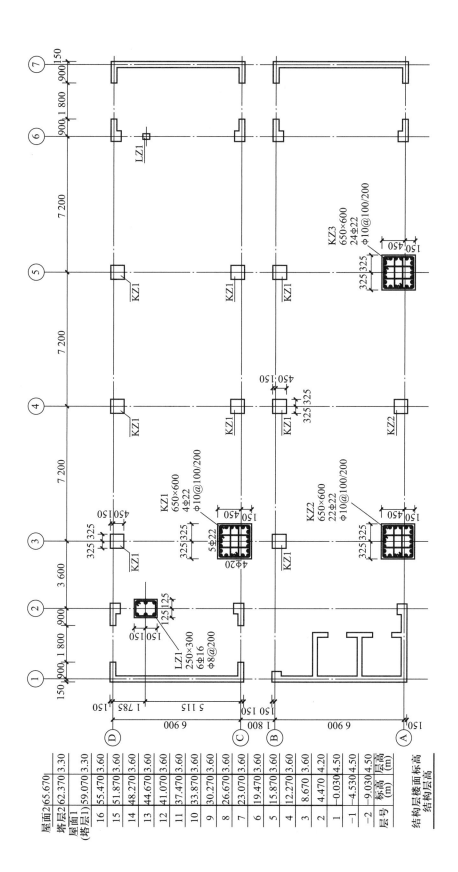

19.470~37.470柱平法施工图

图 3.5 柱平法施工截面注写方式

二是按基础的厚度分类,其中图 3.6(a)和图 3.6(b)的基础厚度 $h_j > l_{aE}(l_a)$,图 3.6(c)和图 3.6(d)的基础厚度 $h_j \leqslant l_{aE}(l_a)$,$h_j$ 为基础底面至基础顶面的高度,对于带基础梁的基础为基础梁顶面至基础梁底面的高度,当柱两侧基础梁标高不同时取较低标高。

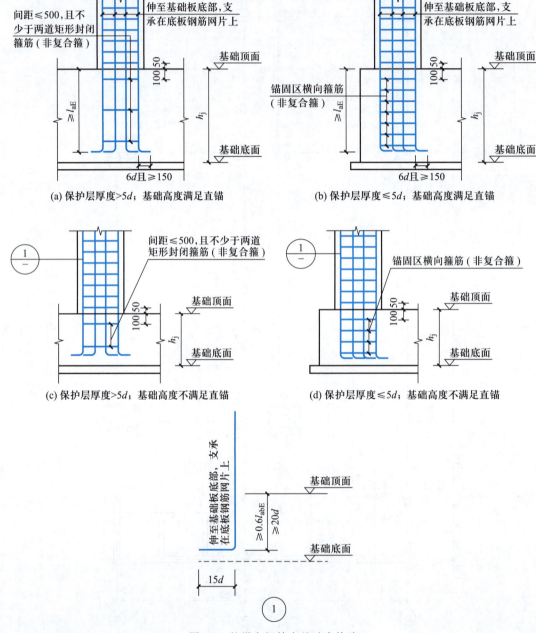

图 3.6　柱纵向钢筋在基础中构造

1)柱插筋在基础中锚固构造(a),(柱插筋保护层厚度 >$5d$,直锚长度 $\geqslant l_{aE}$),柱插筋伸至基础板底部支承在底板钢筋网片上,弯折 $6d$ 且 $\geqslant 150$ mm,墙插筋在基础内设置间距 $\leqslant 500$ mm,且不少于两道矩形封闭箍筋(非复合箍)。

2）柱插筋在基础中锚固构造（b），（柱插筋保护层厚度≤5d，直锚长度≥l_{aE}），柱插筋伸至基础板底部支承在底板钢筋网片上，弯折6d且≥150 mm；而且，墙插筋在基础内设置锚固区横向箍筋（非复合箍）。

3）柱插筋在基础中锚固构造（c），（柱插筋保护层厚度>5d，直锚长度<l_{aE}），柱插筋伸至基础板底部支承在底板钢筋网片上，且锚固垂直段≥0.6l_{abE}且≥20d，弯折15d；而且，墙插筋在基础内设置间距≤500 mm，且不少于两道矩形封闭箍筋（非复合箍）。

4）柱插筋在基础中锚固构造（d），（柱插筋保护层厚度≤5d，直锚长度<l_{aE}），柱插筋伸至基础板底部支承在底板钢筋网片上，且锚固垂直段≥0.6l_{abE}且≥20d，弯折15d；而且，墙插筋在基础内设置锚固区横向箍筋（非复合箍）。

锚固区横向箍筋应满足直径≥$d/4$（d 为纵筋最大直径），间距≤5d（d 为纵筋最小直径）且≤100 的要求。如果基础截面形状不规则，部分保护层厚度大于 5d、部分保护层厚度小于 5d（如纵筋部分位于梁中、部分位于板内），保护层厚度不大于 5d 的部分应设置锚固区横向箍筋。当基础高度 h 较高（轴心受压或小偏心受压，基础高度或基础顶面至中间层钢筋网片顶面距离不小于 1 200 mm；大偏心受压，基础高度或基础顶面至中间层钢筋网片顶面距离不小于 1 400 mm），可仅将柱四角纵筋伸至底板钢筋网片上或者筏形基础中间钢筋网片上（伸至钢筋网片上的柱纵筋间距不应大于 1 000 mm），其余插筋锚固在基础顶面下 l_a 或 l_{aE}。

2. 柱钢筋伸出基础高度

柱钢筋伸出基础高度涉及柱钢筋的连接和柱箍筋加密区两方面的问题。

（1）柱钢筋的连接

柱钢筋的连接主要有绑扎、焊接和机械连接三类。钢筋接头应满足下列要求：

1）接头应尽量设置在受力较小处，抗震设计时避开梁端、柱端箍筋加密区，如必须在此连接时，应采用机械连接或焊接。

2）轴心受拉及小偏心受拉杆件中纵向受力钢筋不得采用绑扎搭接接头。

3）在钢筋连接区域应采取必要的构造措施，在纵向受力钢筋搭接长度范围内应配置箍筋，箍筋间距应加密。

4）受拉钢筋的直径 d>25 mm 及受压钢筋的直径 d>28 mm 时，不宜采用绑扎搭接接头。

5）在同一受力钢筋上宜少设连接接头，不宜设置 2 个或 2 个以上接头，如图 3.7 所示。

6）采用焊接连接时，柱位于同一连接区段（35d 和 500 mm 取最大值，其中 d 为相互连接两根钢筋中较小直径）内的受拉钢筋接头面积百分率不宜大于 50%，直接承受动力荷载的结构构件中，不宜采用焊接接头。

7）采用机械连接时，柱位于同一连接区段（35d，其中 d 为纵向受力钢筋的较大直径）内的受拉钢筋接头面积百分率不宜大于 50%。

8）采用绑扎连接时，柱位于同一连接区段（1.3 l_1 或 1.3 l_{1E}，其中 l_1 为搭接长度，如图3.8 所示）内的受拉钢筋接头面积百分率不宜大于 50%。

（2）柱箍筋加密区

柱箍筋加密区分为以下两种情况：

1）刚性地面：刚性地面是指无框架梁的建筑地面，上下各 500 mm 范围内箍筋加密，如图 3.9 所示。

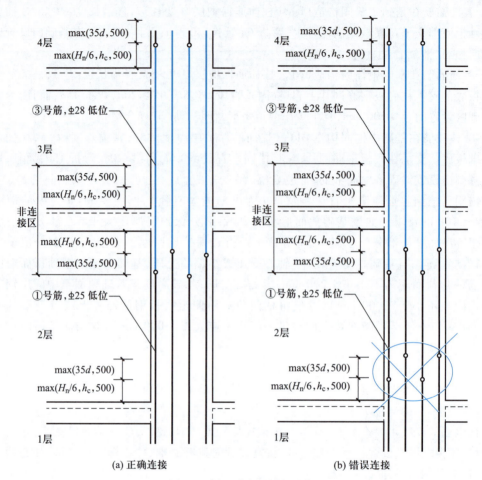

图 3.7　同一受力钢筋的连接

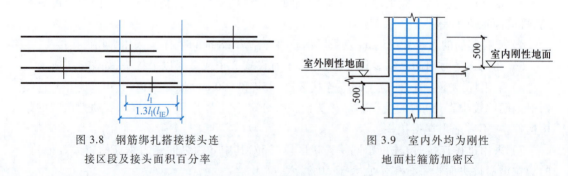

图 3.8　钢筋绑扎搭接接头连
接区段及接头面积百分率

图 3.9　室内外均为刚性
地面柱箍筋加密区

2）底层柱：柱根以上 1/3 柱净高的范围内加密，如图 3.10 所示。

3）其他：柱截面长边尺寸、本层柱净高的 1/6 和 500 mm 三者取最大值。

需要注意：一、二级抗震等级的角柱应沿柱全高加密箍筋。

综上所述：柱钢筋伸出基础、梁、板后第一断点应在柱上、下加密区间，出于施工方便，第一断点刚过柱下部的加密即可，在第一断点只能断掉 50% 的钢筋，其余 50% 在第二断点断开，第一断点和第二断点的中心距要大于区段长度，如图 3.11 所示。

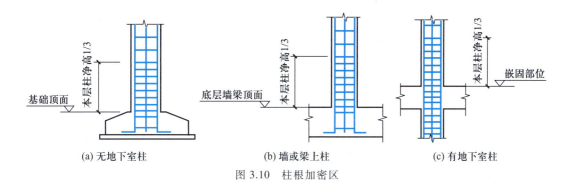

图 3.10 柱根加密区

二、柱和顶层梁、板的连接

柱和顶层梁、板的连接,根据柱所处的位置不同有框架顶层中间节点和框架顶层端节点两种形式。

1. 框架顶层中间节点

框架顶层中间节点处,柱纵向钢筋应伸至柱顶。当自梁底边算起的锚固长度应大于等于 $l_{aE}(l_a)$,采用直线锚固方式,柱纵筋可以不弯直钩,但必须通到柱顶,如图 3.12(a)所示;当直线段锚固长度不足时,该纵向钢筋伸到柱顶后可向内弯折,弯折前的锚固段竖向投影长度不应小于 $0.5l_{aE}(l_a)$,弯折后的水平投影长度取 $12d$,如图 3.12(b)所示;当直线段锚固长度不足时,可将纵向钢筋伸到柱顶,柱纵筋端头加锚头(锚板),但必须保证柱纵筋伸入梁内的长度不应小于 $0.5l_{aE}(l_a)$,如图 3.12(c)所示;当柱顶有不小于 100 mm 厚的现浇楼板时,也可向外弯折,弯折后的水平投影长度取 $12d$,如图 3.12(d)所示。

2. 框架顶层端节点

梁上部纵向钢筋与柱外侧纵向钢筋搭接的构造有两种做法:一种是"梁内搭接";另一种是"柱内搭接"。

(1) 梁内搭接

梁内搭接是将梁上部钢筋伸至节点外边,向下弯折到梁下边缘,且弯折不小于 $15d$,柱外侧纵筋中不少于 65% 的柱外侧纵筋伸到柱顶并水平伸入梁上边,且从梁下边缘经节点外边缘到梁内的折线搭接长度不应小于 $1.5l_{abE}(1.5l_{ab})$,当柱外侧纵筋配筋率大于 1.2% 时,伸入梁内的柱纵向钢筋应满足以上规定,且宜分两批截断,其截断点之间的距离不宜小于 $20d$(d 为梁上部纵向钢筋的直径),如图 3.13 中Ⓑ、Ⓒ节点构造。

其余不足 35% 柱外侧钢筋宜沿柱伸至柱内边,当该柱筋位于顶部第一层时,伸至柱内边后,宜向下弯折不小于 $8d$ 后截断;当该柱位于顶部第二层时,可伸至柱内边截断;当现浇板厚度不小于 100 mm 时,也可伸入板内锚固,且伸入板内长度不宜小于 $15d$(图 3.13 中Ⓓ节点)。

当柱外侧纵向钢筋直径不小于梁上部钢筋时,可弯入梁内作梁上部纵向钢筋,如图 3.13 Ⓐ节点构造。

梁内搭接的柱内侧纵筋同中柱柱顶纵向钢筋构造。

梁内搭接的优点是钢筋搭接长度较小,由于梁、柱搭接钢筋在搭接长度均有 90° 弯折,这种弯折对搭接传力的有效性发挥了重要的作用,节点处的负弯矩塑性铰将出现在柱端,梁的上部纵向钢筋不伸入柱内,有利于施工。

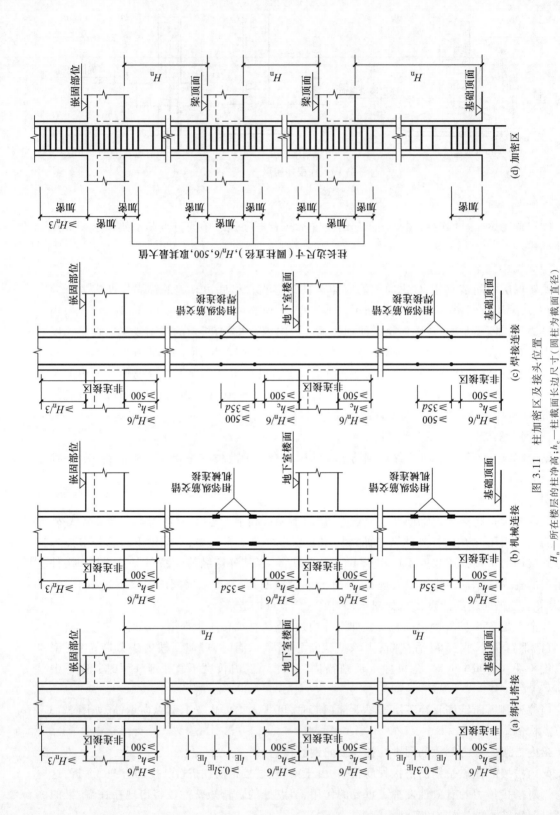

图 3.11　柱加密区及接头位置

H_n—所在楼层的柱净高；h_c—柱截面长边边尺寸（圆柱为截面直径）

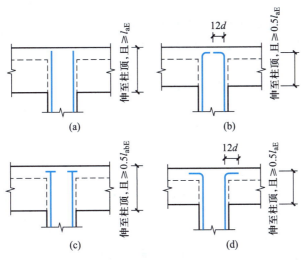

图 3.12 中柱柱顶纵向钢筋构造

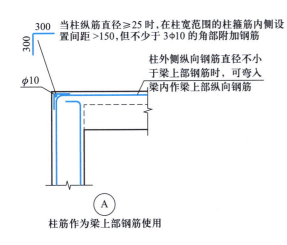

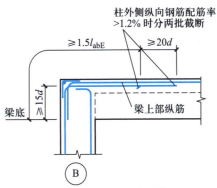

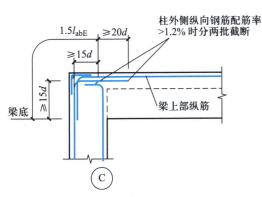

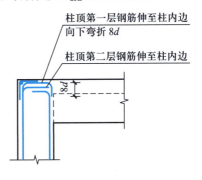

图 3.13 梁内搭接节点构造

（2）柱内搭接

柱内搭接是将柱外侧纵向钢筋伸至柱顶，并向内弯折不小于 $12d$，而梁上部纵向钢筋伸至节点外边向下弯折不小于 $1.7l_{abE}$（$1.7\,l_{ab}$）的直线段后截断，当梁上部纵向钢筋的配筋率大于 1.2% 时，框架梁上部纵向钢筋下弯应分两批截断，截断点间的距离不宜小于 $20d$，如图 3.14 所示。顶层端节点柱内侧纵向钢筋与顶层中间节点的纵向钢筋锚固做法相同。

柱内搭接的优点是柱顶的水平纵向钢筋较少，仅有梁的上部纵向钢筋，方便自上而下地浇筑混凝土，更能保证节点混凝土的密实性。

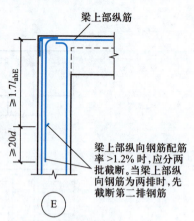

图 3.14　柱内搭接节点构造

三、柱变截面位置纵向钢筋构造

当遇到变截面柱时，柱内纵向钢筋构造做法如图3.15所示。

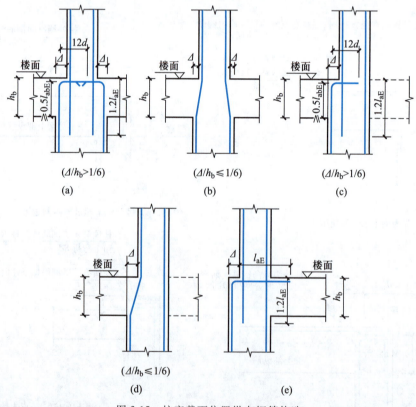

图 3.15　柱变截面位置纵向钢筋构造

图 3.15 关于抗震框架柱变截面位置纵向钢筋构造给出了 5 个节点构造图。图（b）和（d）中，$\Delta/h_b \leqslant 1/6$（Δ 是上下柱同向侧面错台的宽度，h_b 是框架梁的截面高度）时，柱纵筋可以由下柱弯折连续通到上柱；图（a）和（c）中，$\Delta/h_b > 1/6$ 时，下柱纵筋伸至本层柱顶后，弯折后伸入上柱侧壁 $12d$，此时须保证下柱纵筋直锚长度 $\geqslant 0.5l_{abE}$，上柱纵筋必须伸入下柱 $\geqslant 1.2l_{aE}$；图

(e)为端柱变截面,而且变截面的错台在外侧,下层的柱纵筋伸至梁顶后弯锚进框架梁内,其弯折长度为 $\Delta + l_{aE} -$ 纵筋保护层,上层柱纵筋锚入下柱 $\geq 1.2 l_{aE}$。

四、上下柱钢筋根数、直径不同时的连接构造

上柱钢筋比下柱多时,要将上柱多出的钢筋锚入下柱(楼面以下) $1.2 l_{aE}$(l_{aE} 按上柱的钢筋直径计算),如图3.16(a)所示;下柱钢筋比上柱多时,要将下柱多出的钢筋伸入楼层梁,从梁底算起伸入楼层梁的长度为 $1.2 l_{aE}$(l_{aE} 按下柱的钢筋直径计算),如果楼层框架梁的截面高度小于 $1.2 l_{aE}$,则下柱多出的钢筋可能伸出楼面以上,如图3.16(b)所示;上柱钢筋直径比下柱大时,如果上柱纵筋和下柱纵筋在楼面之上进行连接时,就会造成上柱柱根部的柱纵筋直径小于中部的柱纵筋直径,为了避免此类现象的出现,要把上柱纵筋伸到下柱之内来进行连接,但下柱的顶部有一个非连接区,所以必须把上柱纵筋向下伸到这个非连接区的下方,才能与下柱纵筋进行连接,如图3.16(c)所示。

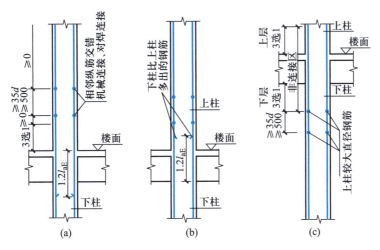

图3.16 上下柱钢筋根数、直径不同时的连接构造

3.2 钢筋混凝土柱钢筋的安装

3.2.1 柱钢筋的安装

微课
柱钢筋
安装

一、柱施工准备工作

1)钢筋下料完成后,核对基础成品钢筋的钢号、直径、形状、尺寸和数量与料单、料牌是否相符,如有不符,必须立即纠正。

2)扎丝。柱钢筋绑扎用的扎丝要稍微长一些,因为柱中的钢筋一般相对粗一些,其长度要满足绑扎要求。

3)垫块。宜用与结构等强度的细石混凝土制成,长×宽=50 mm×50 mm,厚度同柱混凝土保护层,垫块中预留好扎丝,以便绑扎。

4)也可用钢筋卡、拉筋、支撑筋。

二、柱施工工艺

柱钢筋的工艺流程:基层清理→弹放柱子线→检查、修理柱钢筋→套柱子箍筋→柱受力

钢筋连接→画箍筋位置线→绑扎箍筋。

（1）基层清理

剔除混凝土表面浮浆，清除结构层表面的水泥薄膜、松动的石子和软弱的混凝土层，并用水冲洗干净。

（2）弹放柱子线

将柱截面的外皮尺寸线弹在已经施工完的结构面上。

（3）检查、修理柱钢筋

根据弹好的外皮尺寸线，检查下层预留搭接钢筋的位置、数量、长度，如不符合要求时，应进行调整处理。绑扎前先整理调直下层伸出的搭接钢筋，并将钢筋上的锈蚀、水泥砂浆等黏着污物清理干净。

（4）套柱子箍筋

按图样要求间距，计算好每根柱需用箍筋的数量，将箍筋套在下层伸出的搭接钢筋上。

（5）柱受力钢筋连接

柱纵向受力钢筋连接方式主要有电渣压力焊和机械连接两种。

电渣压力焊宜选用合适的变压器，夹具需灵巧、上下钳口同心，保证上下钢筋的轴线应尽量一致，其最大偏移不得超过 $0.1d$，同时也不得大于 2 mm，接头处弯折角度不得大于 4°。

钢筋机械连接包括套筒挤压连接和螺纹套管连接。钢筋套筒挤压连接是将需连接的变形钢筋插入特制钢套筒内，利用液压驱动的挤压机进行径向或轴向挤压，使钢套筒产生塑性变形，使套筒内壁紧紧咬住变形钢筋实现连接。它适用于竖向、横向及其他方向的较大直径变形钢筋的连接。

钢筋螺纹套筒连接分为锥螺纹套筒连接和直螺纹套筒连接两种。用于这种连接的钢套管内壁，用专用机床加工有锥螺纹，钢筋的对接端头亦在套丝机上加工有与套管匹配的锥螺纹。连接时，经对螺纹检查无油污和损伤后，先用手旋入钢筋，然后用扭矩扳手紧固至规定的扭矩即完成连接。

锥螺纹套筒连接由于钢筋的端头在套丝机上加工有螺纹，截面有所削弱，有时达不到与母材等强度要求。为确保达到与母材等强度，可先把钢筋端部镦粗，然后切削直螺纹，用套筒连接就形成直螺纹套筒连接。或者用冷轧方法在钢筋端部轧制出螺纹，由于冷强作用亦可达到与母材等强。

（6）画箍筋位置线

在立好的柱子竖向钢筋上，按图样要求用粉笔画好箍筋位置线。

（7）绑扎箍筋

1）按画好的箍筋位置线，将已套好的箍筋往上移，由上往下采用缠扣绑扎。

2）箍筋与纵向钢筋要垂直，箍筋转角处与纵向钢筋交点应逐点绑扎，绑扣相互之间呈八字形，纵向钢筋与箍筋非转角部分的交点可呈梅花式交错绑扎。

3）箍筋弯钩叠合处应沿柱子纵向钢筋交错布置，并绑扎牢固，如图3.17所示。

4）有抗震要求的地区，箍筋端头应弯成135°。平直段部分长度为10d和75 mm中较大值，如图3.17（a）所示；无抗震要求的地区，箍筋端头应弯成135°。平直段部分长度为5d，如图3.17（b）所示。

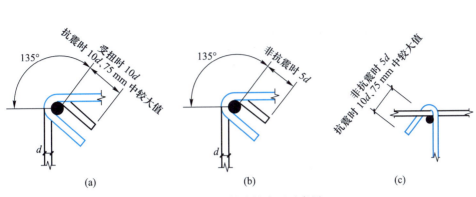

图 3.17 柱箍筋交错布置示意图

5）有些柱子中,为了保证柱中的钢筋连接,还设计有拉筋,拉筋绑扎应钩住箍筋,拉钩要求同箍筋末端的弯钩,如图 3.17(c)所示。

6）将准备好的混凝土垫块竖绑在柱钢筋上,间距一般为 1 m,以保证纵向钢筋保护层厚度准确。此处所用的混凝土垫块上应带有扎丝。

3.2.2 柱钢筋的验收

一、柱钢筋验收的要点

1）纵向受力钢筋的品种、规格、数量、位置等。

2）受力钢筋连接可靠,在同一连接区段内,纵向受力钢筋搭接接头面积百分率不宜大于 50%。

3）箍筋的品种、规格、数量、间距等。

4）箍筋弯钩的弯折角度:对一般结构,不应小于 90°;对有抗震等要求的结构,应为 135°。

5）箍筋弯钩后平直部分长度:对一般结构,不宜小于箍筋的 5 倍;对有抗震等要求的结构不宜小于箍筋直径的 10 倍,且不小于 75 mm。

6）柱的箍筋应与受力钢筋垂直,箍筋弯钩叠合处,应沿受力钢筋方向错开放置。

7）柱箍筋的加密区要满足规范要求。

8）钢筋安装完毕后,应检查钢筋绑扎是否牢固,间距和锚固长度是否达到要求,混凝土保护层是否符合规定。

二、检查方法和允许偏差

钢筋安装位置检查方法和偏差应符合表 3.2。

表 3.2 钢筋安装位置的允许偏差和检验方法

项目		允许偏差/mm	检验方法
绑扎钢筋网	长、宽	±10	钢尺检查
	网眼尺寸	±20	钢尺量连续三档,取最大值
绑扎钢筋骨架	长	±10	钢尺检查
	宽、高	±5	

续表

项目			允许偏差/mm	检验方法
受力钢筋	间距		±10	钢尺量两端、中间各一点,取最大值
	排距		±5	
	保护层厚度	基础	±10	钢尺检查
		柱、梁	±5	
		板、墙、壳	±3	
绑扎钢筋、横向钢筋			±20	钢尺量连续三档,取最大值
钢筋弯起点位置			20	钢尺检查
预埋件	中心线位置		5	
	水平高差		+3,0	塞尺量测

检查数量:在同一检验批内,应抽查构件数量的 10%,且不少于 3 件。

3.2.3　柱钢筋常见的质量缺陷

一、受力钢筋连接区段内接头过多

在构件的同一个截面上,受力钢筋的接头过多,构件中形成薄弱环节,严重影响结构的可靠度,往往导致发生构件断裂、垮塌事故。

1. 原因分析

钢筋的连接接头需要传递拉力或压力,搭接连接后其连接部位钢筋与混凝土共同工作的性能受到一定程度的削弱,所以钢筋要满足一定搭接长度的要求;焊接或机械连接易出现连接缺陷,如夹渣、气孔、弯折、裂纹、坏丝等,因此同一截面上受力钢筋接头不可过多。实际施工中有关钢筋的技术交底不清楚,操作人员不熟悉规范,安装后不进行质量检验,或检验时发现问题因更换难度大,影响工程进度而不了了之等,造成连接不符合要求,留下工程质量隐患。

2. 处理方法

质量检查人员在钢筋安装过程中,应主动配合操作人员搭配钢筋,按规范要求把接头错开。检查已安装好的钢筋时,发现接头过多时,应立即纠正,一般应拆除骨架或抽去有问题的钢筋更换后重新绑扎。

二、钢筋焊接接头缺陷

钢筋在焊接连接接头处出现脆断、裂纹、未焊透、弯折等缺陷,直接影响构件的安全度。

1. 原因分析

1)焊接工艺不当、焊接参数不合理、钢筋的含碳量高、可焊性差,就会更加重其脆性性能。

2)焊接质量好坏与焊工的技术素质、身体素质、情绪等有直接关系,操作技工没有经过培训即上岗,对各项技术要求不清楚,技术不熟练,或者焊工的体力与情绪有波动都会影响焊接质量。

3)质量管理力度不够,质检不认真细致,往往出现质量事故。

2. 预防措施

纵向受力钢筋的连接形式应符合设计要求。钢筋焊接前,必须根据施工条件进行试焊,试焊时技术条件和质量要求应符合《钢筋焊接及验收规程》(JGJ 18—2012)的规定,确认试焊合格后方可施工。

焊接接头外观检查要求接头处焊缝表面光滑平缓,不得有横向裂纹;与电极接触处的钢筋表面不得有烧蚀;电渣压力焊接头处弯折角度不得大于4°;接头处钢筋轴线偏移,不得大于钢筋直径的1/10,同时不得大于2 mm。已完成的焊接钢筋应分批抽样检验接头的力学性能(拉伸试验和弯曲试验),其质量应符合规程《钢筋焊接及验收规程》(JGJ 18—2012)的要求。

三、钢筋机械连接缺陷

常见的质量事故为挤压套筒长度、外径尺寸不足,有可见裂纹;锥(直)螺纹套螺纹不足或损坏。

1. 原因分析

套筒质量不合格;套筒的尺寸、材料与挤压工艺不配套,或挤压操作方法不当,压力过大或过小;被连接钢筋伸入套筒内的长度不足;钢筋套丝前端头有翘曲不直;已加工好的丝扣没有保护好;施工、质检、操作等方面人员对新工艺不熟悉,检查不细或没有发现缺陷,使不合格产品流入施工现场。

2. 处理方法

发现挤压后套筒有肉眼可见的裂纹时,应切除重新挤压。对锥螺纹连接中丝扣不足或损坏的,应将其切除一部分,然后重新套螺纹,如果有一个锥螺纹套筒接头不合格,则该构件全部接头采用电弧贴角焊缝加以补强,焊缝高度不得小于5 mm。

3. 预防措施

钢筋的机械连接方法具有接头性能可靠、质量稳定、不受气候及焊工技术水平的影响、连接速度快等优点,可连接各种规格的同径和异径钢筋。但这种连接宜在专业工厂加工,成本高于焊接连接。机械连接的质量要求应符合《钢筋机械连接通用技术规程》(JGJ 107—2016)的规定,工程中应用套筒连接时,应由技术提供单位提交有效的检验报告与套筒出厂合格证,挤压接头的压痕道数应符合检验确定的道数;用钢直尺检查套筒的伸长量,应符合如下规定:挤压后套筒长度应为1.1~1.15倍的原套筒长度,或压痕处套筒外径为原套筒外径的80%~90%;压模、套筒与钢筋应相互配套使用,不得混用;压模上应有相对应的连接钢筋规格的标记;钢筋与套筒应进行试套,如果钢筋端头有马蹄形、弯折或纵肋尺寸过大时,应预先矫正或用砂轮打磨;对不同直径钢筋的套筒不得相互混用。

锥螺纹连接的钢筋下料时应采用无齿切割,其端头界面应与钢筋轴线垂直,不得翘曲;对已加工的丝扣端要用牙形规及卡规逐个进行检查,合格后应立即将其一端拧上塑料保护帽,另一端拧上钢套筒与塑料封盖,并用扭矩扳手将套筒拧至规定的力矩,以利保护和运输;连接前应检查钢筋锥螺纹及连接钢套内的锥螺纹是否完好无损,并将丝扣上的水泥浆、污物等清理干净;连接时将已拧套筒的上层钢筋拧到被连接钢筋上,用力矩扳手按规定的力矩值把钢筋拧紧,直到扳手发出声响,并随手画上油漆标记,以防有的钢筋接头漏拧。

四、柱子纵向钢筋偏位

1. 现象

钢筋混凝土框架柱基础插筋和楼层柱子纵筋外伸常发生偏位情况,严重者影响结构受力性能。

2. 原因分析

1）模板固定不牢,在施工过程中时有碰撞柱模的情况,致使柱子纵筋与模板相对位置发生错动。

2）因箍筋制作误差比较大,内包尺寸不符合要求,造成柱纵筋偏位,甚至整个柱子钢筋骨架发生扭曲。

3）不重视混凝土保护层的作用,如混凝土垫块强度低被挤碎、设置不均匀、数量少、厚度不一致及与纵筋绑扎不牢等问题影响纵筋偏位。

4）施工人员随意摇动、踩踏、攀登已绑扎成型的钢筋骨架,使绑扎点松弛,纵筋偏位。

5）浇筑混凝土时,振动棒极易触动箍筋与纵筋,使钢筋受振错位。

6）梁柱节点内钢筋较密,柱筋往往被梁筋挤歪而偏位。

7）施工中,有时将基础柱插筋连同底层柱筋一并绑扎安装,结果因钢筋过长,上部又缺少箍筋约束,整个骨架刚度差而晃动,造成偏位。

3. 预防措施

1）设计时,应合理协调梁、柱、墙间相互尺寸关系。如柱墙比梁边宽 50~100 mm,即以大包小,避免上下等宽的情况发生。

2）按设计图纸要求将柱墙断面尺寸线标在各层楼面上,然后把柱墙从下层伸上来的纵筋用两个箍筋或定位水平筋分别在本层楼面标高及以上 500 mm 处用柱箍点焊固定。

3）基础部分插筋应为短筋插接,逐层接筋,并应用使其插筋骨架不变形的定位箍筋点焊固定。

4）按设计要求正确制作箍筋,与柱子纵筋绑扎必须牢固,绑点不得遗漏。

5）柱墙钢筋骨架侧面与模板间必须用埋于混凝土垫块中的铁丝与纵筋绑扎牢固,所有垫块厚度应一致,并为纵向钢筋的保护层厚度。

6）在梁柱交接处应用两个箍筋与柱纵向钢筋点焊固定,同时绑扎上部钢筋。

五、框架节点核心部位柱箍筋遗漏

1. 现象

框架节点是框架结构的重要部位,但节点的梁柱钢筋交叉集中,使该部位柱箍筋绑扎困难。因此,遗漏绑扎箍筋的现象经常发生。

2. 原因分析

因设计单位一般对框架节点柱梁钢筋排列顺序、柱箍筋绑扎等问题都不作细部设计,致使节点钢筋拥挤情况相当普遍,造成核心部位绑扎钢筋困难的局面,因此存在遗漏柱箍筋的现象。

3. 预防措施

1）施工前,应按照设计图纸并结合工程实际情况合理确定框架节点钢筋绑扎顺序。

2）框架纵横梁底模支撑完成后,即可放置梁下部钢筋。若横梁比纵梁高,先将横梁下部钢筋套上箍筋置于横梁底模上,并将纵梁下部钢筋也套上箍筋放在各自相应的梁的底模上;然后,把符合设计要求的柱箍筋一一套入节点部位的柱子纵向钢筋绑扎;再先后将横纵梁上部纵筋分别穿入各自箍筋内;最后,将各梁箍筋按设计间距拉开绑扎固定。若纵梁断面高度大于横梁,则应将上述横纵梁钢筋先后穿入顺序改变,即"先纵后横"。

3）当柱梁节点处梁的高度较高或实际操作中个别部位确实存在绑扎节点柱箍困难的

情况,则可将此部分柱箍做成两个相同的两端带135°弯钩的L型箍从柱子侧向插入,勾住四角柱筋,或采用两相同的开口半箍,套入后用电焊焊牢箍筋的接头。

3.3　钢筋混凝土柱模板的安装与拆除

• 3.3.1　柱模板的安装与拆除

微课
柱模板的
安装与拆
除

一、柱模板及支撑的配备

柱模板的施工设计,首先应按单位工程中不同断面尺寸和长度的柱所需配制模板的数量作出统计,并编号、列表。然后,再进行每一种规格的柱模板的施工设计,其具体步骤如下:

1)依照断面尺寸选用宽度方向的模板规格组配方案,并选用长(高)度方向的模板规格进行组配。

2)根据施工条件,确定浇筑混凝土的最大侧压力。

3)通过计算,选用柱箍、背楞的规格和间距。

4)按结构构造配置柱间水平撑和斜撑。

二、组合钢模板柱模板的安装

1.柱模板安装工艺

搭设安装架子→第一层模板安装就位→检查对角线、垂直度和位置→安装柱箍→第二、三层柱模板及柱箍安装→安装有梁口的柱模板→全面检查校正→群体固定。

2.柱模板施工要点

1)先将柱子第一层上面模板就位组拼好,每面带一阴角模或连接角模,用U形卡反正交替连接,使模板四面按给定柱截面线就位,并使之垂直,对角线相等。

2)以第一层模板为基准,以同样方法组拼第二、三层,直至带梁口柱模板。用U形卡对竖向、水平接缝反正交替连接。在适当高度进行支撑和拉结,以防倾倒。

3)对模板的轴线位移、垂直偏差、对角线、扭向等全面校正,并安装定型斜撑。检查安装质量,进行群体的水平拉(支)杆及剪力支杆的固定,最后将柱根模板内清理干净,封闭清理口。

三、胶合板柱模板的安装

独立柱模板安装如图3.18所示,图3.18(a)为矩形柱模板,由两块竖向侧板和两侧模板组成。图3.18(b)为方形柱模板,由四块竖向侧板、柱箍组成。

1)按图纸尺寸制作柱侧模板后,按放线位置钉好压脚板再安装柱模板,两垂直向加斜拉顶撑,校正垂直度及柱顶对角线。

2)安装柱箍:柱箍应根据尺寸、侧压力的大小等因素进行设计选择(有木箍、钢箍、钢木箍等)。柱箍间距、柱箍材料及对拉螺栓直径应通过计算确定。

3)柱模板下端留一清渣口,清渣口尺寸为柱宽×200 mm,用以清理装模时掉在柱模里的木块等杂物。柱模中部留有混凝土浇筑孔,孔洞以下混凝土浇筑完后封闭。柱模上端留有梁模连接缺口,用以梁模插入固定。

4)防止胀模、断面尺寸鼓出、漏浆、混凝土不密实,或蜂窝麻面、偏斜、柱身扭曲的现象。

5)根据规定的柱箍间距要求钉牢固。

6)成排柱模支模时,应先立两端柱模,校直与复核位置无误后,顶部拉通长线,再立中间柱模。

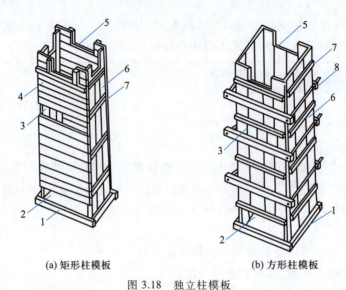

(a) 矩形柱模板　　　　　　　　(b) 方形柱模板

图 3.18　独立柱模板

1—木框;2—清渣口;3—浇筑口;4—横向侧板;5—梁模板接口;6—竖向侧板;7—木挡;8—柱箍

四、柱模板的校正

柱模板的校正有平面位置校正和垂直度校正两种。

平面位置的校正依据柱钢筋绑扎前弹好的柱边线进行。

垂直度的校正应校正两个方向的垂直度,一般先校正偏差大的,后校正偏差小的。在两个方向的垂直度都校正好后,再复查平面位置。

五、柱模板的拆除

柱模板都是侧模,所以拆模时应遵循以下要求:

1)侧模拆除:在混凝土强度能保证其表面及棱角不因拆除模板而受损后,方可拆除。

2)冬季施工模板的拆除,必须执行《混凝土结构工程施工质量验收规范》(GB 50204—2015)的有关条款。作业班组必须进行拆模申请,经技术部门批准后方可拆除。

3)拆除模板的顺序和方法,应按照配板设计的规定进行。若无设计规定时,应遵循先支后拆,后支先拆;先拆非承重的模板,后拆承重部分的模板;自上而下,支架先拆侧向支撑,后拆竖向支撑的原则。

4)拆除支架部分水平拉杆和剪力撑,以便作业。而后拆除梁与楼板模板的连接角模及梁侧模板,以使两相邻模板断边。下调支柱顶翼托螺杆后,先拆钩头螺栓,以使钢框竹胶板平模与钢楞脱开,然后拆下 U 形卡和 L 形插销,再用钢钎轻轻撬动钢框竹胶模板,或用木锤轻击,拆下第一块,最后逐块拆除。

5)拆除柱模时,应采取自上而下分层拆除。拆除第一层模板时,用木锤或带橡皮垫的锤向外侧轻击模板的上口,使之松动,脱离柱混凝土。依次拆除下一层模板时,要轻击模边肋,切不可用撬棍从柱角撬离。

3.3.2　柱模板的缺陷

柱模板的验收在基础知识中已经提到,这里就不再重复。柱模板的工程质量事故主要是胀模和偏斜。

1. 事故特征

1）胀模：造成断面尺寸鼓出、漏浆。

2）偏斜：一排柱子不在同一轴线上，且扭曲。

2. 原因分析

1）没有经过验算和设计，因而模板用料偏小，柱箍间距过大。

2）立模不当，成排的柱子支模不跟线，不找方，有的钢筋偏位没有纠正就套柱模板。

3）柱模板支好后没有按标准整修，有的未经检验就浇筑混凝土，使柱模扭曲和移位。

3. 处理方法

1）全面检查已立柱模的垂直度，拉线检查成排柱的位置和找方。如因钢筋偏位影响模板的就位，就必须先纠正钢筋，确保模板位置正确。

2）核算柱模板内浇混凝土的侧压力，检查箍距是否能满足要求，及时加设达到标准的水平撑、剪刀撑和斜撑等，且必须稳固，防止施工中胀模和倾斜。

3）对尚未安装的柱模必须先设计、核算，然后安装，确保位置正确、稳固。

4. 预防措施

1）成排柱子支模前应先在底面弹出通线，将柱子位置兜方找中，校正柱子的插筋位置。

2）柱位先做小方盘底模板，保证柱底部位置准确，标高准确，注意留清扫口，以便清洗扫刷柱内垃圾。

3）通过侧压力的计算，确定柱的侧模和箍距。

4）柱模板宜采用工具式柱箍，各种柱箍间距均应按设计和计算要求布置，一般情况下的间距不小于 400 mm，不大于 1 000 mm。各种钢柱箍形式如图 3.19 所示，木柱箍的形式如图 3.20 所示。

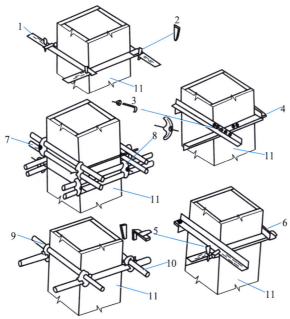

图 3.19 各种钢柱箍形式

1—扁钢柱箍；2—钢模楔；3—ϕ12 弯脚柱箍；4—角钢柱箍；5—卡具；6—角钢柱箍；

7—钢管柱箍；8—对拉螺栓和"3"形扣件；9—"十"字扣件；10—钢管柱箍；11—柱侧模板

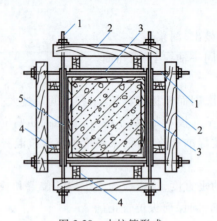

图 3.20　木柱箍形式

1—夹箍螺栓；2—方木夹箍；3—木拼条；4—立楞；5—柱侧模板

5）安装成排柱的模板时，应先立两端柱模板，校直与复核位置正确后，顶部拉通长线，再立中间各根柱模，相互间应用剪刀撑、水平撑搭牢。当柱距大于 6 m 时，各柱四面应撑好斜撑，确保柱的位置准确，模板稳固。

3.4　钢筋混凝土柱混凝土浇筑

微课

柱混凝土
浇筑

一、柱混凝土的浇筑

混凝土自由倾落高度不宜超过 2 m，否则应沿串筒、斜槽、溜管或振动溜管下落，如用串筒，最后一节宜拉垂直，间距不宜大于 3 m；如用斜槽，坡度不宜大于 60°，最低部分应有垂直挡板。如发生离析现象，必须进行二次搅拌。严禁集中下灰，且速度不宜过快。对竖向结构应分段浇筑。当柱子边长大于 0.4 m 且无交叉箍筋时，每段高度不应大于 3.5 m。混凝土的浇筑工作应尽量连续进行，如下层或前后层混凝土浇筑必须间歇，其间歇时间应尽量缩短，并要在前层（下层）混凝土初凝前，将次层混凝土浇筑完毕，当超过时应按留置施工缝处理。柱的施工缝应留成水平缝，施工缝宜留在基础与柱子的交接处的水平面上，或梁的下面，或吊车梁牛腿的下面，或吊车梁的上面或无梁楼盖柱帽的下面。框架结构中，如果梁的负筋向下弯入柱内，施工缝也可设置在这些钢筋的下端，以便于绑扎，在施工缝处继续浇筑混凝土时，则应待混凝土的抗压强度不小于 1.2 MPa 时，才允许继续浇捣，因混凝土在开始初凝时，不具有强度，如继续浇捣，会破坏其凝结，故必须等待混凝土达到能抵抗外来振动的能力时，才能继续浇捣，并应按施工缝的要求进行处理。

二、柱混凝土的工程质量缺陷

柱除了出现混凝土蜂窝、麻面、露筋和混凝土强度不足等缺陷外，还经常出现烂根现象。

1. 事故特征

烂根是指在柱或墙板上下层接头处出现蜂窝、麻面、露筋等现象。

2. 原因分析

1）模板下缝不严，造成"跑浆"。

2）混凝土浇灌高度超过 2 m 未加串筒或溜槽，造成石子离析。

3）第一层混凝土浇筑过厚，振捣不着底部。

3. 预防措施

1）模板要堵严。

2）在浇筑混凝土前,先灌 5~10 cm 与混凝土成分相同的水泥砂浆层。

3）第一层混凝土厚度不超过 40 cm,以后每层厚度不超过 50 cm。

4）振捣棒的棒距不宜大于使用半径的 1~1.5 倍。

5）浇筑高度超过 3 m 时要用溜槽或串筒。

👓 小结

本项目主要介绍了钢筋混凝土柱施工的整个过程,包括柱施工图识读、柱和基础的连接、柱与顶层梁板的连接、柱变截面和柱上下钢筋不同时柱纵向钢筋的构造要求、柱钢筋的施工、柱模板的安装和校正以及柱混凝土的施工。

👓 习题与思考

1. 柱钢筋伸出基础第一个断点到基础的距离至少为多少?

2. 在同一楼层内柱钢筋第一个断点和第二断点之间的距离至少为多少?

3. 梁内搭接和柱内搭接各有什么优点?

4. 垂直度的校正应校正哪两个方向的垂直度?

5. 试分析造成柱模板胀模和偏斜的原因。

6. 试分析柱子纵向钢筋偏位的原因。

👓 实训项目

根据下列条件,制作 KZ4 的钢筋配料单。

混凝土强度等级	抗震等级	基础保护层/mm	柱保护层/mm	钢筋连接方式	l_{aE}/l_a
C30	一级抗震	35	35	电渣压力焊	$38d/33d$

层号	顶标高/m	层高/m	顶梁高/mm
4	16.470	3.6	700
3	12.270	4.2	700
2	8.670	4.2	700
1	4.470	4.5	700
基础	−1.030	基础厚800 mm	—

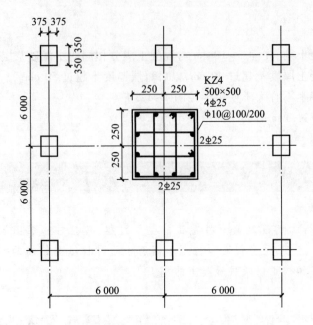

4

钢筋混凝土梁施工

【学习目标】

通过本项目的学习,要求学生掌握梁施工图的表示方法;掌握梁上部钢筋、梁下部钢筋和箍筋构造要求;能进行钢筋的下料计算,编制钢筋的配料单;掌握梁钢筋的施工工艺、质量事故分析;掌握梁模板的安装;熟悉梁模板的工程质量事故分析;熟悉梁钢筋的验收要求;熟悉梁混凝土的施工;了解框架梁支座加腋部位的配筋构造要求;了解框架梁不等高或不等宽时中间支座纵向钢筋构造要求、非框架梁不等高或不等宽时中间支座纵向钢筋构造要求;了解楼层框架宽扁梁构造要求。通过知识点的学习,使学生能够识读梁的施工图纸,能够正确处理梁钢筋的构造要求,正确实施梁钢筋、模板和混凝土的施工;通过知识点与能力的拓展,具备爱岗敬业、团队协作、遵守行业规范和职业道德等基本职业素养。

【内容概述】

本项目内容主要包括钢筋混凝土梁施工图识读、钢筋安装、模板安装与验收和混凝土浇筑四部分,学习重点是钢筋混凝土梁施工图识读、钢筋安装和模板安装,学习难点是钢筋混凝土梁施工图识读。

【知识准备】

钢筋混凝土梁的施工是依据《混凝土结构设计规范》(GB 50010—2010)、《混凝土结构工程施工质量验收规范》(GB 50204—2015)与图集 16G101-1 进行编写的,完全按照最新的规范、图集标准的要求组织实施。因此,针对本部分内容的学习,同学们可参考上述规范及图集中钢筋混凝土梁相关内容。

4.1 钢筋混凝土梁施工图识读

梁平法施工图是在梁平面布置图上采取平面注写方式或截面注写方式表达,梁平面布置图应分别按梁的不同结构层(标准层),将全部梁和其相关联的柱、墙、板一起采用适当比例绘制。在梁平法施工图中,应注明各结构层的顶面标高及相应的结构层号,对于轴线未居中的梁应标出其偏心定位尺寸(梁边与柱边平齐时可不注)。

梁平法施工图表示方法包括平面注写方式和截面注写方式。

4.1.1 梁平面注写方式

平面注写方式,是在梁平面布置图上,分别对不同编号的梁各选一根,并在其上注写截

微课
梁施工图
识读(1)

面尺寸和配筋等具体数值的方式来表达梁平法施工图。平面注写方式包括集中标注和原位标注。集中标注表达梁的通用数值,原位标注表达梁的特殊数值。当集中标注中的某项数值不适用于梁的某部位时,则将该项数值原位标注,施工时,原位标注取值优先。

一、集中标注

集中标注表达梁的通用数值:梁编号、梁截面尺寸、梁箍筋、梁侧面构造钢筋(或受扭钢筋)、梁上部通长筋和梁顶面标高高差,如图 4.1 所示,前 5 项为必注值,最后一项为选注值。

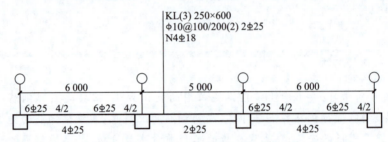

图 4.1 梁集中标注与原位标注示意图

1. 梁编号

梁编号由梁类型代号、序号、跨数及有无悬挑代号几项组成,见表 4.1。

表 4.1 梁 编 号

梁类型	代号	序号	跨数及是否带有悬挑
楼层框架梁	KL	××	(××)、(××A)或(××B)
楼层框架扁梁	KBL	××	(××)、(××A)或(××B)
屋面框架梁	WKL	××	(××)、(××A)或(××B)
框支梁	KZL	××	(××)、(××A)或(××B)
托柱转换梁	TZL	××	(××)、(××A)或(××B)
非框架梁	L	××	(××)、(××A)或(××B)
悬挑梁	XL	××	(××)、(××A)或(××B)
井字梁	JZL	××	(××)、(××A)或(××B)

注:(××A)为一端有悬挑,(××B)为两端有悬挑,悬挑不计入跨数。

2. 梁截面尺寸

当梁为等截面梁时,截面尺寸用 $b×h$ 表示(b 为梁宽,h 为梁高)。如梁宽 $b=300$ mm、梁高 $h=650$ mm 时,即表示为 $300×650$。当梁为悬挑梁,梁的端部和根部高度不同时,应用斜线分隔根部与端部的高度值,即截面尺寸用 $b×h_1/h_2$ 表示(b 为梁宽,h_1 为梁根部高度,h_2 为梁端部高度),如图 4.2 所示,XL1 $300×700/500$ 表示编号为 1 的悬挑梁梁宽为 300 mm,梁的根部高度为 700 mm,梁的端部高度为 500 mm。当梁截面为竖向加腋梁时,用 $b×h$ GY$c_1×c_2$ 表示,其中 c_1 为腋长,c_2 为腋高,如图 4.3(a)所示;当梁截面为水平加腋梁时,用 $b×h$ PY$c_1×c_2$ 表示,其中 c_1 为腋长,c_2 为腋宽,如图 4.3(b)所示。

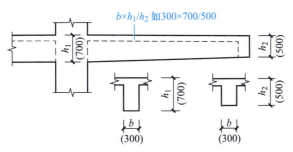

图 4.2　截面逐渐变化的悬挑梁

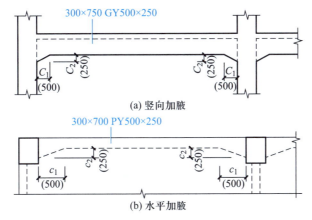

图 4.3　加腋梁截面尺寸注写

3. 梁箍筋

梁的箍筋注写内容包括箍筋的级别、直径、加密区与非加密区的间距及肢数。当箍筋加密区与非加密区的间距不同时,或箍筋的肢数不同时,用"/"分隔。当梁箍筋为同一种间距及肢数时,则不需用斜线;当加密区与非加密区的箍筋肢数相同时,则将肢数注写一次;箍筋肢数写在括号内,如 φ 10@ 100/200(4)表示箍筋为 HPB300 级钢筋,直径为 10 mm,加密区间距为 100 mm,非加密区间距为 200 mm,为四肢箍;当梁的箍筋间距及肢数不同时,也用"/"分隔,如 φ8@ 100(4)/200(2)表示箍筋为 HPB300 级钢筋,直径为 8 mm,加密区间距为 100 mm,四肢箍,非加密区间距为 200 mm,两肢箍。非框架梁、悬挑梁、井字梁采用不同的箍筋间距及肢数时,也用"/"将其分隔开来。注写时,梁支座端部的箍筋数量放在前面,然后是箍筋的钢筋级别、直径、间距和肢数,在斜线后面的是该梁跨中部分箍筋的间距及肢数,如 12 φ 10@ 150/200(4),表示箍筋为 HPB300 级钢筋,直径为 10 mm,梁的两端各有 13 个四肢箍,间距为 150 mm,梁跨中部分间距为 200 mm,四肢箍。

4. 梁上部通长筋或架立筋

通长筋可以为相同或不同直径采用搭接连接、机械连接或焊接连接的钢筋,通长筋所注规格与根数应根据结构受力要求及箍筋肢数等构造要求而定。

1)当梁上部同排纵筋中既有通长筋又有架立筋时,应用"+"将通长筋和架立筋相连。角部纵筋写在加号前面,架立筋写在加号后面的括号内,以示区别。当全部采用架立筋时,则将其写入括号内。

【示例】　2Φ22+(2Φ12),用于四肢箍,其中2Φ22为通长筋,2Φ12为架立筋,如图4.4(a)所示。

2）当梁上部同排纵筋仅设有通长筋而无架立筋时,仅注写通长筋。

【示例】　2Φ25,用于两肢箍,其中2Φ25为通长筋,如图4.4(b)所示。

3）当梁上部同排纵筋仅为架立筋时,则仅将其写入括号内。

【示例】　(4Φ12),用于四肢箍,如图4.4(c)所示。

4）当梁的上部通长筋和下部纵筋为全跨相同,或者多数跨配筋相同时,此项中也可加注下部纵筋的配筋值,并用";"将上部通长筋与下部纵筋的配筋值分隔开来,少数跨不同时,少数跨按原位标注来标注。

【示例】　3Φ22;3Φ20表示梁的上部通长筋为3Φ22,梁的下部通长筋为3Φ20。

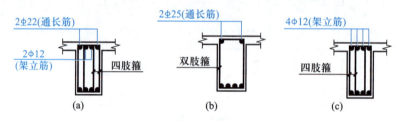

图 4.4　梁的上部通长筋或架立筋

5. 梁侧面纵向构造钢筋或受扭钢筋

1）当梁腹板高度 $h_w \geq 450$ mm 时,必须配置纵向构造钢筋,所注规格与根数应符合规范要求。此项注写以大写字母 G 开头,接着注写配置在两个侧面的总配置量,且对称配置;如 G4Φ10 表示梁的两侧面共配置了4Φ10的纵向构造钢筋,梁的每侧面各配置2Φ10钢筋,并对称布置,如图4.5所示。

2）当梁侧面需配置受扭纵向钢筋时,此值注写以大写字母 N 打头,接着注写配置在两个侧面的总配筋值,且对称配置。梁侧受扭纵筋与纵向构造钢筋不重复配置,如 N4Φ16 表示梁的两侧面共配置了4Φ16的纵向受扭钢筋,梁的每侧面各配置2Φ16钢筋,并对称布置,如图4.5所示。

图 4.5　梁侧面纵向构造钢筋或受扭钢筋

6. 梁顶面标高高差

梁顶面标高高差是指相对于结构层楼面标高的高差值,对于位于结构夹层的梁,则指相对于结构夹层楼面标高的高差。有高差时,须将其写入括号内,无高差时不注。当某梁的顶面高于所在结构层的楼面标高时,其标高高差为正值,当某梁的顶面低于所在结构层的楼面标高时,其标高高差为负值。

【示例】　某结构层的楼面标高为 7.150 m,当某梁的梁顶面标高高差注写为(-0.100)时,即表明该梁顶面标高为 7.050 m,如图4.6所示。

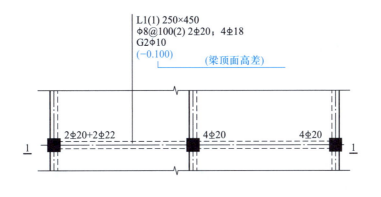

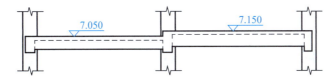

图 4.6　梁顶面标高高差注写

二、原位标注

原位标注表达梁的特殊数值。当集中标注中的某些数值不适用于梁的某些部位时,则将该项数值原位标注。原位标注内容主要包括梁支座上部纵筋、梁下部纵筋、附加筋或吊筋等。

1. 梁支座上部纵筋

框架梁支座上部钢筋包括:上部通长钢筋、支座上部纵向钢筋(习惯称为支座负筋)和架立筋。通长钢筋采用集中标注,非通长钢筋采用原位标注,原位标注的根数包含了集中标注的根数。

1)当梁的上部纵向钢筋多于一排时,用"/"将各排纵向钢筋自上而下分开。

【示例】　梁上部纵筋 6Φ25 4/2,表示二排纵筋,上一排纵筋为 4Φ25,下一排纵筋为 2Φ25,如图 4.7(a)所示。

2)当同排纵筋有两种直径时,用"+"将两种直径的纵筋相连,注写时将角部纵筋写在前面。

【示例】　梁上部纵筋 2Φ25+2Φ22,表示梁上部 2Φ25 是角部筋,2Φ22 在中间,如图 4.7(b)所示。

3)当梁中间支座两边的上部纵筋不同时,须在支座两边分别标注,如图 4.7(c)所示。当梁中间支座两边的上部纵筋相同时,可仅在支座的一边标注,另一边省去不注,如图 4.7(d)所示。配筋时,对于支座两边不同配筋的上部纵筋,宜尽可能选用相同直径(不同根数),使其贯穿支座,以避免支座两边不同直径的上部纵筋均在支座锚固。

2. 梁下部纵筋

1)当梁的下排纵向钢筋多于一排时,用"/"将各排纵向钢筋自上而下分开。

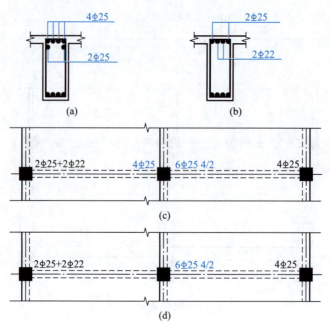

图 4.7　梁支座上部纵筋

【示例】　梁下部纵筋 6 Φ 25 2/4,表示有两排纵筋,上一排纵筋 2 Φ 25,下一排纵筋 4 Φ 25,全部伸入支座,如图 4.8(a)所示。

2）当同排纵筋有两种直径时,用"+"将两种直径的纵筋相连,注写时将角部纵筋写在前面。

【示例】　梁下部纵筋 2 Φ 25+2 Φ 22,表示梁下部 2 Φ 25 是角部筋,2 Φ 22 在中间,如图 4.8(b)所示。

3）当梁下部纵筋不全部伸入支座时,可将减少的数量写在括号内。

【示例】　梁下部纵筋 2 Φ 25+3 Φ 22(-3)/5 Φ 25,则表示上一排纵筋为 2 Φ 25 和 3 Φ 22,其中 3 Φ 22 不伸入支座;下排纵筋为 5 Φ 25 全部伸入支座,如图 4.8(c)所示。

【示例】　梁下部纵筋 6 Φ 25　2(-2)/4,则表示上一排纵筋为 2 Φ 25 且不伸入支座,下排纵筋为 4 Φ 25 且全部伸入支座,如图 4.8(d)所示。

3. 附加箍筋或吊筋

附加箍筋或吊筋设置在主梁和次梁的交接处,通过附加箍筋或吊筋使次梁所受的荷载传递给主梁,附加箍筋或吊筋的几何尺寸应按照标准构造详图,结合其所在位置的主梁和次梁的截面尺寸而定。

附加箍筋或吊筋直接画在平面图中的主梁上,用线引注总附加箍筋或吊筋配筋值,附加箍筋的肢数注在括号内,如图 4.9 所示。

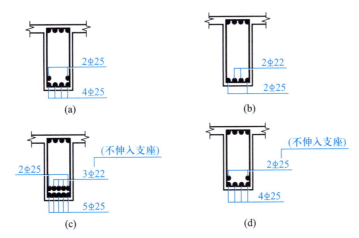

图 4.8 梁下部纵筋

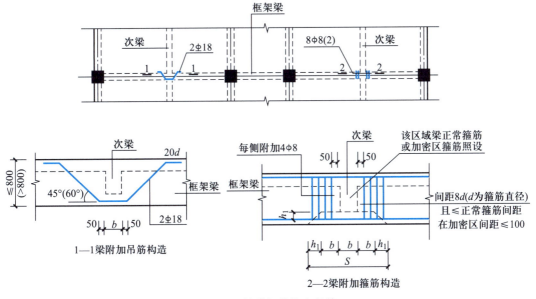

图 4.9 梁附加箍筋和吊筋

三、楼层框架宽扁梁

楼层框架宽扁梁的编号格式同框架梁,与框架梁不同的是,楼层框架宽扁梁还有"节点核心区",节点核心区代号 KBH。KBL1(4)表示框架扁梁第 1 号,4 跨,无悬挑;KBL2(3A)表示框架扁梁第 2 号,3 跨,一端有悬挑;KBL5(3B)表示框架扁梁第 5 号,3 跨,两端有悬挑。

框架扁梁注写规则同框架梁,对于上部纵筋和下部纵筋,尚需注明未穿过柱截面的纵向受力钢筋的根数,如图 4.10 所示。从框架扁梁的集中标注可以看出:框架扁梁 KBL2 为 3 跨,截面尺寸为 650×400,箍筋为 Φ10@100/200(6),上部通长筋为 4 Φ 25,下部通长筋为 10 Φ 25,有 4 根纵筋未穿过支座。各支座上部的原位标注均为 10 Φ 25,有 4 根纵筋未穿过支座。

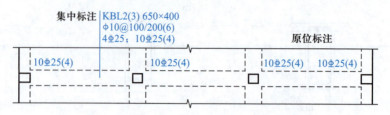

图 4.10 框架扁梁的集中标注和原位标注

框架扁梁节点核心区代码为 KBH,包括柱内核心区和柱外核心区两部分。框架扁梁节点核心区钢筋注写包括柱外核心区竖向拉筋及节点核心区附加纵向钢筋,端支座节点核心区尚需注写附加 U 形箍筋,柱内核心区箍筋见框架柱箍筋(因此不需要另行标注)。

框架扁梁节点核心区需要标注的钢筋为:柱外核心区竖向拉筋,注写其钢筋级别与直径;端支座柱外节点核心区尚需注写附加 U 形箍筋的钢筋级别、直径及根数。

框架扁梁节点核心区附加纵向钢筋以大写字母"F"打头,注写其设置方向(X 向或 Y 向)、层数、每层的钢筋根数、钢筋级别、直径及未穿过柱截面的纵向受力筋根数。

【示例】 KBH1 Φ10,F X&Y 2×7Φ14(4),如图 4.11(a)所示,表示框架扁梁中间支座节点核心区 KBH1,柱外核心区竖向拉筋Φ10,沿梁 X 向(Y 向)配置两层 7Φ14 附件纵向钢筋,每层有 4 根纵向受力钢筋未穿过柱截面,柱两侧各 2 根;附加纵向钢筋沿梁高范围均匀布置。

【示例】 KBH2 Φ10,4Φ10,F X 2×7Φ14(4),如图 4.11(b)所示,表示框架扁梁端支座节点核心区 KBH2,柱外核心区竖向拉筋Φ10,附加 U 形箍筋Φ10 共 4 道,柱两侧各 2 道,沿框架扁梁 X 向配置两层 7Φ14 附加纵向钢筋,每层有 4 根纵向受力钢筋未穿过柱截面,柱两侧各 2 根;附加纵向钢筋沿梁高范围均匀布置。(因为是端支座,一向为框架扁梁,另一向为框架梁,所以上面强调"沿框架扁梁 X 两层……"。)

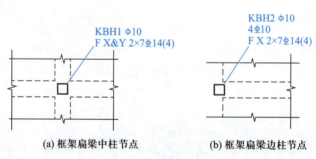

(a) 框架扁梁中柱节点   (b) 框架扁梁边柱节点

图 4.11 框架扁梁的节点

微课
梁施工图
识读(3)

4.1.2 梁截面注写方式

当梁的截面形状是规则的矩形时,用平面注写方式表达梁的配筋是非常方便的。但如果梁的截面是异形的,采用平面注写方式就不方便了,可采用截面注写的方式表达梁的配筋。梁的截面注写就是在梁的标准层平面布置图上,在不同编号的梁中分别选择一根梁,用

剖面符号引出配筋图,并在其上注写截面尺寸和配筋具体数值。其表达时注意以下几点:

1)对所有的梁按规定进行编号,从相同编号的梁中选择一根梁,先将"单边截面号"画在该梁上,再将截面配筋详图画在本图或其他图上,当某梁的顶面标高与结构层的标高不同时,尚应继其梁编号后注写梁顶面标高高差。

2)按平面注写的表达方式对梁的截面尺寸,上部、下部纵向钢筋,侧面构造钢筋或受扭钢筋,箍筋的具体数值进行注写。

4.1.3 钢筋混凝土梁的构造要求

一、梁上部钢筋

1. 框架梁中间节点非贯通筋构造要求

微课
梁施工图
识读(4)

框架梁中间节点处,框架梁的上部纵向钢筋应贯穿中间节点,上部非通长纵向受力钢筋应向两跨内延伸,延伸长度 a_0 值在标准构造详图中统一取值:第一排非通长筋从柱(梁)边起延伸至 $l_n/3$ 位置;第二排非通长筋从柱(梁)边起延伸至 $l_n/4$ 位置。l_n 的取值:对于中间节点,l_n 为支座两边较大一跨的净跨值,如图4.12所示。如果小跨的净跨长度更小时,应按施工图设计文件的要求,或在小跨内按两支座中较大纵向受力钢筋的面积贯通。

2. 框架梁中间层的端节点构造要求

框架梁中间层的端节点处,一侧锚入柱内,一侧向跨内延伸。非通长筋延伸长度按前一条的规则,只是这里的 l_n 的取值:对于端节点,l_n 为本跨的净跨值。锚入柱(剪力墙)时,用直线锚固方式锚入端节点,其锚固长度除了大于等于 l_a(或 l_{aE})外,尚应伸过柱中心线不小于 $5d$(d 为梁上部纵向钢筋的直径),当水平直线段锚固长度不足时,梁上部纵向钢筋应伸至柱外侧纵筋内侧向下弯折,弯折前的水平投影长度应大于等于 $0.4l_{abE}$(或 $0.4l_{ab}$),弯折后的竖直投影长度取 $15d$,如图4.12所示。需要我们特别注意的是:钢筋弯折前的水平段 $\geq 0.4l_{abE}$(或 $0.4l_{ab}$)+ $15d$,即使总长度小于 l_{aE}(或 l_a)时也可以满足锚固强度的要求。在实际工程中由于框架梁的纵向钢筋直径较粗,框架柱的截面宽度较小,会出现水平段长度不满足要求的情况。当水平段的长度不满足 $\geq 0.4l_{abE}$(或 $0.4l_{ab}$)的要求时,采取增加垂直段的长度使总长度满足锚固要求的做法是不正确的,应会同设计单位,在满足强度的前提下,减少钢筋的直径,使弯折前的水平段满足 $\geq 0.4l_{abE}$(或 $0.4l_{ab}$)的要求。

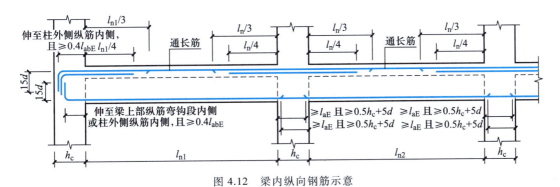

图 4.12 梁内纵向钢筋示意

3. 框架梁顶层的端节点构造要求

框架梁顶层的端节点处,在柱钢筋构造中已提到,梁和柱的钢筋可以采取"梁内搭接",

也可以采取"柱内搭接"。采用"梁内搭接"时，梁上部纵向钢筋均应伸至柱外侧钢筋内侧向下弯折到梁底标高，且弯折不小于15d；采用"柱内搭接"时，梁上部纵向钢筋伸至节点外边向下弯折，不小于1.7l_{abE}(1.7l_{ab})的直线段后截断，当梁上部纵向钢筋的配筋率>1.2%时，框架梁上部纵向钢筋下弯应分两批截断，截断点间的距离不宜小于20d，如图3.13所示。

4. 悬挑梁悬挑端配筋构造

悬挑梁（包括其他类型梁的悬挑部分）上部第一排纵筋伸出至梁端头并下弯，第二排延伸至0.75l，l为自柱（梁）边算起的悬挑净长，当具体工程需要将悬挑梁中的部分上部钢筋从悬挑梁根部开始斜向弯下时，应由设计者另加注明。如图4.13所示为纯悬挑梁悬挑端配筋构造。

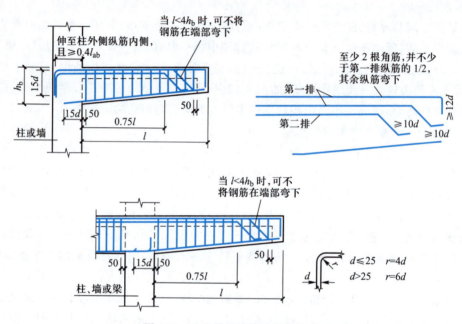

图4.13 纯悬挑梁悬挑端配筋构造

5. 上部钢筋的连接

有抗震设防要求的框架梁，上部应设置通长构造钢筋，根据《建筑抗震设计规范》（GB 50011—2010）的规定，抗震等级为一、二级时不小于2ϕ14，且不小于两端支座配筋较大截面面积的1/4。抗震等级为三、四级时不小于2ϕ12，通长钢筋和架立钢筋一般都设置在箍筋的角部，通长钢筋是为抗震设防构造的要求而设置，无抗震设防要求的框架梁和次梁，除计算需要配置的上部纵筋外，没有通长筋设置的要求。为了固定箍筋而设置架立钢筋。

1）有抗震设防要求的框架梁上部通长钢筋，当与支座上部纵向钢筋直径不相同时，可采用搭接连接，搭接长度应不小于l_{lE}的构造要求，如图4.14（a）所示。

2）有抗震设防要求的框架梁上部通长钢筋，当与支座上部纵向钢筋直径相同时，可在跨中范围搭接连接，搭接长度应不小于l_{lE}的构造要求，如图4.14（b）所示。

3）无抗震设防要求的框架梁和次梁，构造上顶部不需要设置通长钢筋。架立钢筋与支座上部纵向钢筋的搭接长度为150 mm，如图4.14（c）所示。

4）当梁上部既有通长钢筋也有架立钢筋，梁上部通长钢筋与支座上部纵向钢筋直径相同时,可在跨中范围搭接,搭接长度为 $l_{1E}(l_1)$;架立钢筋与支座上部纵向钢筋的搭接长度为150 mm。

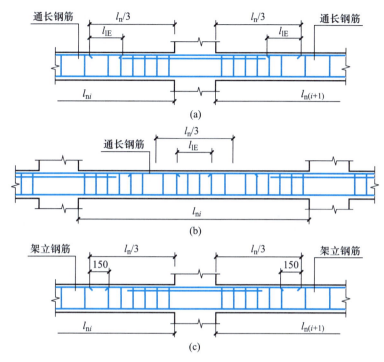

图 4.14 框架梁上部纵向连接

二、梁下部钢筋

1. 框架梁端节点构造要求

框架梁端节点处梁下部纵向钢筋在端节点的锚固措施和梁上部纵向钢筋在中间层端节点的锚固措施相似,能直锚就直锚,不能直锚就弯锚,但竖直段应向上弯入节点,如图 4.12 所示。

微课
梁施工图
识读(5)

2. 框架梁中间节点构造要求

框架梁的下部钢筋在支座处,能拉通则拉通。在支座处不能拉通时,下部纵向受力钢筋在中间支座的锚固要求,对无抗震设防要求和有抗震设防要求是不完全相同的。对于无抗震设防要求的框架梁,下部纵向受力钢筋应锚固在节点内,可以采取直线锚固形式,伸入支座内的长度应不小于锚固长度 l_a,如图 4.15(a)所示;当梁下部钢筋不能在柱内锚固时,也可以在节点外搭接,相邻跨钢筋直径不同时,搭接位置位于较小直径一跨,搭接长度不小于 l_1,如图 4.15(b)所示。对有抗震设防要求的框架梁,梁下部纵向受力钢筋应伸入支座内长度不小于 l_{aE},且应伸过柱中心线不小于 $5d(d$ 为梁下部纵向钢筋的直径),如图 4.15(c)所示,当梁下部钢筋不能在柱内锚固时,也可以在节点外搭接,相邻跨钢筋直径不同时,搭接位置位于较小直径一跨,搭接长度不小于 l_{1E},如图 4.15(d)所示。

3. 不伸入支座的梁下部钢筋

当梁(不包括框支梁)下部纵筋不全部伸入支座时,不伸入支座的梁下部纵筋截断点距支座边的距离在标准构造详图中统一取 $0.1l_{ni}(l_{ni}$ 为本跨梁的净跨值),如图 4.16 所示。

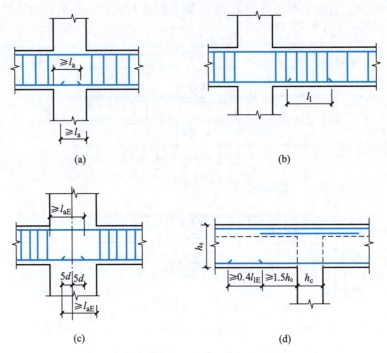

图 4.15　框架梁下部纵向受力钢筋在中间支座的锚固

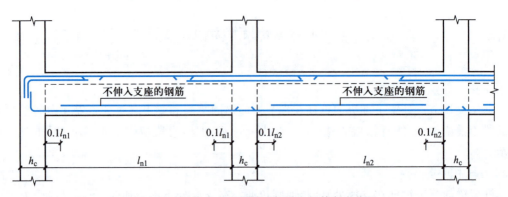

图 4.16　不伸入支座的梁下部纵向钢筋断点位置

4. 非框架梁下部钢筋

非框架梁下部钢筋和框架梁不同,伸入端节点或伸入中间节点的长度相同,当梁下部为肋形钢筋时,锚固长度为 $12d$,当梁下部为光圆钢筋时,锚固长度为 $15d$。

5. 构造钢筋或受扭钢筋

梁侧面构造钢筋,纵向钢筋的搭接长度与构造钢筋锚入柱的长度可取 $15d$。

梁侧面受扭钢筋,纵向钢筋的搭接长度为 l_1 或 l_{1E},锚入柱内长度和方式同框架梁下部纵筋。

三、箍筋

目前,梁中箍筋都要求做成封闭式,开口和非封闭式的箍筋形式基本不再使用了。有抗震设防要求和无抗震设防要求的框架梁、次梁箍筋封闭位置都应做成 135°的弯钩,并在弯钩端头应有足够的平直段;有抗震设防要求结构中的非框架梁可按非抗震构造措施。

1）有抗震设防要求的框架梁,箍筋应做成封闭式,在封闭口的位置处应做成 135°的弯钩,弯钩端头直线长度不应小于 10 倍的箍筋直径和 75 mm 的较大值,如图 4.17（a）所示。

2）无抗震设防要求的框架梁及次梁,箍筋也应做成封闭式,在封闭口的位置处应做成 135°的弯钩,弯钩端头直线长度不应小于 5 倍的箍筋直径,如图 4.17（b）所示。

3）抗扭梁中的箍筋应做成封闭式,封闭口的位置处应做成 135°的弯钩,弯钩端头直线长度不应小于 10 倍的箍筋直径,如图 4.17（a）所示。

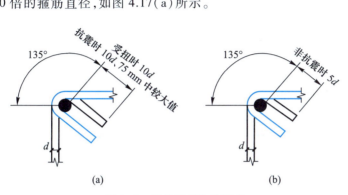

图 4.17　梁的箍筋构造要求

为了提高框梁的抗剪性能和增加梁的延性,梁端的箍筋要加密,如图 4.18 所示。加密区的长度、箍筋最大间距和最小直径按表 4.2 规定选取。

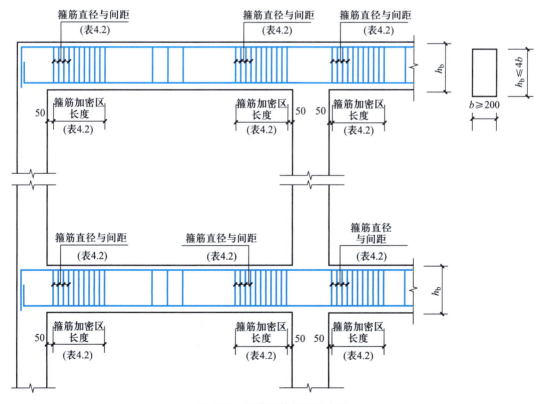

图 4.18　梁端箍筋加密示意图

表4.2　梁端箍筋加密区的长度、箍筋的最大间距和最小直径

抗震等级	加密区长度 （采用较大值）/mm	箍筋最大间距 （采用较小值）/mm	箍筋最小直径/mm
一	$2h_b$,500	$h_b/4,6d,100$	10
二	$1.5h_b$,500	$h_b/4,8d,100$	8
三	$1.5h_b$,500	$h_b/4,8d,150$	8
四	$1.5h_b$,500	$h_b/4,8d,150$	6

注：h_b为梁截面高度，d为纵向钢筋直径。

混凝土结构抗震等级和建筑高度、层数、烈度、结构类型之间的关系见表4.3。

表4.3　混凝土结构抗震等级

结构类型			烈度						
			6		7		8		9
框架结构		高度/m	≤30	>30	≤30	>30	≤30	>30	≤25
		框架	四	三	三	二	二	一	一
		剧场、体育馆等 大跨度公共建筑	三		二		一		一
框架-剪力 墙结构		高度/m	≤60	>60	≤60	>60	≤60	>60	≤50
		框架	四	三	三	二	二	一	一
		剪力墙	三		二		一		一
剪力墙结构		高度/m	≤80	>80	≤80	>80	≤80	>80	≤60
		剪力墙	四	三	三	二	二	一	一
部分框支剪 力墙结构		剪力墙	三		二		二		
		框支层框架	二		二		一		
筒体结构	框架- 核心筒	框架	三		二		一		
		核心筒	二		二		一		
	筒中筒	外筒	三		二		一		
		内筒	三		二		一		

四、框架梁支座加腋部位的配筋构造要求

在框架结构中，有时在框架柱与框架梁交接的部位会加大梁的截面，框架梁截面高度方向加大是考虑梁根的框剪能力提高等原因，一般称之为竖向加腋，如图4.19（a）所示；宽度方向加大主要是构造要求，一般称之为水平加腋，如图4.19（b）所示。根据《高层建筑混凝土结构技术规程》（JGJ 3—2010）的规定，当梁、柱中心线之间的偏心距大于该方向柱宽的1/4时，非抗震设计和6~8度抗震设计时采取增设梁的水平加腋措施来减小偏心对梁柱节点核心区受力的不利影响；根据国内外试验综合结果表明，采取水平加腋的方法，可以明显改善

梁柱节点承受反复荷载的性能;在抗震设防烈度为 9 度时不会采取水平加腋的方法。施工图设计文件都会注明加腋的尺寸,有抗震设防要求的结构中,加腋范围内的箍筋都要求加密。而框架梁端的箍筋加密区应从加腋弯折点开始算起,加腋范围内的箍筋加密长度不计算在梁端箍筋加密区的构造长度范围内;加腋处的增设纵向钢筋应不少于 2 根,并按抗拉钢筋的锚固长度锚固在框架柱和框架梁内。

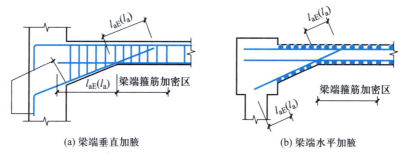

(a) 梁端垂直加腋   (b) 梁端水平加腋

图 4.19　梁端加腋

1) 加腋范围内的箍筋加密要求,当图纸未注明时,可同框架梁端箍筋加密要求的直径和间距。

2) 框架梁端箍筋加密区的长度范围,不应将加腋长度计算在内,应从加腋弯折点开始算起,加密区长度和抗震等级有关,一级抗震 $\geqslant 2h_b$ 且 $\geqslant 500$ mm,二~四级抗震 $\geqslant 1.5h_b$ 且 $\geqslant 500$ mm。

3) 加腋范围内的增设纵向钢筋不少于 2 根并锚固在框架梁和框架柱内;垂直加腋的纵向钢筋由设计确定,为方便插空放置,一般比梁下部伸入多。

五、框架梁不等高或不等宽时中间支座纵向钢筋构造要求

1. 框架梁不等高时中间支座纵向钢筋的锚固

1) 当屋面框架梁支座两边梁高不同时,纵筋的锚固如图 4.20 所示,下部纵筋的水平直锚段长度,除满足本图注明外,尚应满足 $\geqslant 0.5h_c + 5d$;当直锚入柱内的长度 $\geqslant l_{aE}(l_a)$,且同时满足 $\geqslant 0.5h_c + 5d$,可不必向上或向下弯锚。

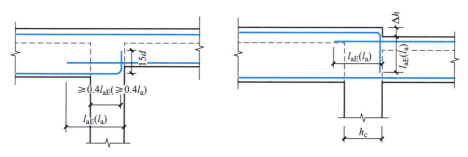

图 4.20　屋面梁不等高中间支座纵筋构造

2) 当楼面框架梁支座两边梁高不同时,纵筋的锚固如图 4.21 所示,下部纵筋的水平直锚段长度,除满足本图注明外,尚应满足 $\geqslant 0.5h_c + 5d$;当直锚入柱内的长度 $\geqslant l_{aE}(l_a)$,且同时满足 $\geqslant 0.5h_c + 5d$,可不必向上或向下弯锚。

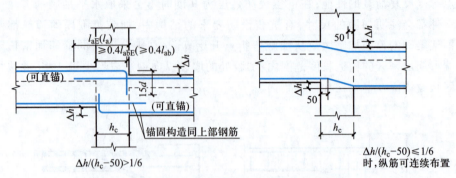

图 4.21　楼面框架梁不等高中间支座纵筋构造

2. 框架梁不等宽时中间支座纵向钢筋的锚固

当框架梁支座两边梁宽不同时,将无法直锚的纵筋弯锚入柱内;或当支座两边纵筋根数不同时,可将多出的纵筋弯锚入柱内。纵筋的锚固如图4.22所示。

六、非框架梁不等高或不等宽时中间支座纵向钢筋构造要求

1. 非框架梁不等高时中间支座纵向钢筋的锚固

当非框架梁支座两边梁高不同时,纵筋的锚固如图4.23所示,当直锚长度不足时,梁上下部或侧面纵筋应伸至支座对边再弯钩。当梁下部为肋形钢筋时,锚固长度为 $12d$;当梁下部为光圆钢筋时,锚固长度为 $15d$ 。

当支座两边梁宽不同或错开布置时,将无法直锚的纵筋弯锚入柱内;或当支座两边纵筋根数不同时,可将多出的纵筋弯锚入柱内

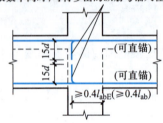

图 4.22　框架梁不等宽中间支座纵筋构造

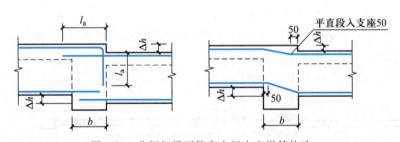

图 4.23　非框架梁不等高中间支座纵筋构造

2. 框架梁不等宽时中间支座纵向钢筋的锚固

当框架梁支座两边梁宽不同时,将无法直锚的纵筋锚入梁内;或当支座两边纵筋根数不同时,可将多出的纵筋弯锚入梁内。纵筋的锚固如图4.24所示。

七、转换柱和框支梁的构造

1. 转换柱的构造

转换柱钢筋的构造如图4.25所示。转换柱柱底纵筋的连接构造同抗震框架柱,柱纵筋的连接宜采用机械连接,转换柱部分纵筋延伸到上层剪力墙楼板

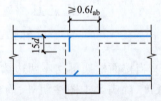

图 4.24　框架梁不等宽中间支座纵筋构造

底,部分纵筋直伸上层剪力墙暗柱中去,能通则通。转换柱纵筋中心距不应小于 80 mm,且净距不应小于 50 mm,转换柱的箍筋同框架柱的箍筋。

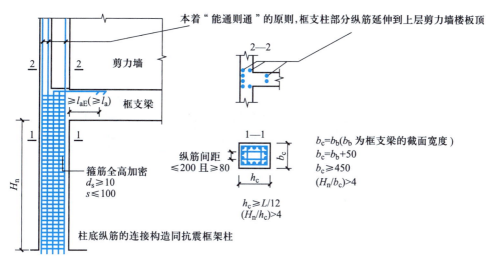

图 4.25 转换柱构造

2. 框支梁钢筋构造

框支梁钢筋布置如图 4.26 所示。框支梁第一排上部纵筋为通长筋,第二排上部纵筋在端支座附近断在 $l_{n1}/3$ 处(l_{n1} 为本跨的跨度值,l_n 为相邻两跨的较大跨度值),上部纵筋伸入支座对边之后向下弯锚,通过梁底线后再下插 l_{aE},其直锚水平段≥$0.4l_{abE}$;侧面纵筋也是全梁贯通,在梁端部直锚水平段≥$0.4l_{abE}$ 横向弯锚 $15d$;下部纵筋在梁端部直锚水平段≥$0.4l_{abE}$ 向上弯锚 $15d$,当下部纵筋和侧面纵筋直锚长度≥l_{aE} 且 ≥$0.5h_c+5d$ 时,可不必往上或水平弯锚;箍筋加密区长度为≥$0.2\,l_{n1}$ 且≥$1.5h_b$(h_b 为梁截面高);拉筋直径不宜小于箍筋两个规格,水平间距为非加密区箍筋间距的两倍,竖向沿梁高间距≤200 mm,上下相邻两排拉筋错开设置。

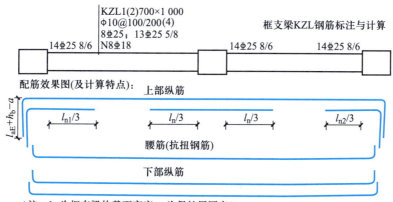

图 4.26 框支梁钢筋布置示意图

3. 框支梁 KZL 上部墙体开洞部位加强做法

框支梁 KZL 上部墙体开洞部位加强做法如图 4.27 所示,给出 3 个构造详图。

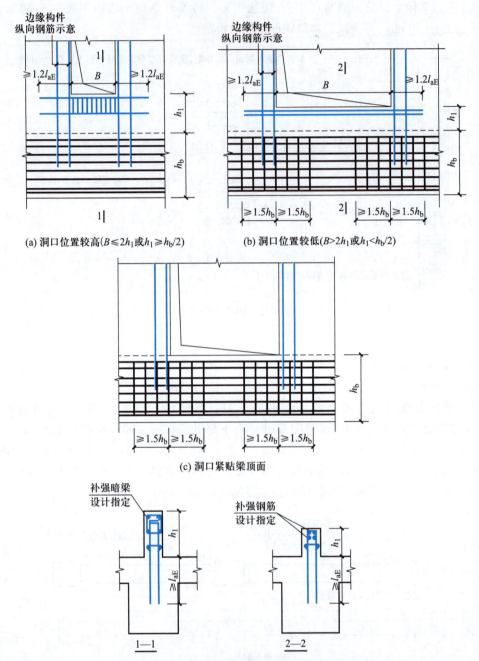

图 4.27　框支梁 KZL 上部墙体开洞部位加强做法

　　1）洞口到 KZL 顶面的距离 h_1 较高（洞口宽度 $B \leqslant 2h_1$ 或 $h_1 \geqslant h_b/2$），如图 4.27（a）所示，洞口左右两侧设置"边缘构件纵向钢筋"（竖向补强钢筋或暗柱纵筋），同时，在洞口下方设置补强暗梁，补强暗梁纵筋在洞口两侧的锚固长度大于等于 $1.2l_{aE}$。

　　2）洞口到 KZL 顶面的距离 h_1 较低（洞口宽度 $B > 2h_1$ 或 $h_1 < h_b/2$），如图 4.27（b）所示，除了洞口左右两侧设置"边缘构件纵向钢筋"（竖向补强钢筋或暗柱纵筋）以外，还在洞口下方设置水平补强钢筋。水平补强钢筋在洞口两侧的锚固长度大于等于 $1.2l_{aE}$，同时，KZL 在洞

口两个边缘处各设置长度为"3×h_b"的箍筋加密区,其位置在洞口边缘垂直线两侧各"1.5×h_b"的范围内(h_b是框支梁 KZL 的梁高)。

3)洞口紧贴 KZL 顶面如图 4.27(c)所示,洞口左右两侧设置"边缘构件纵向钢筋"(竖向补强钢筋或暗柱纵筋),同时,KZL 在洞口两个边缘处各设置长度为"3×h_b"的箍筋加密区,其位置在洞口边缘垂直线两侧各"1.5×h_b"的范围内(h_b是框支梁 KZL 的梁高)。

八、楼层框架宽扁梁

1. 框架扁梁中柱节点构造

框架扁梁中柱节点构造如图 4.28 所示。

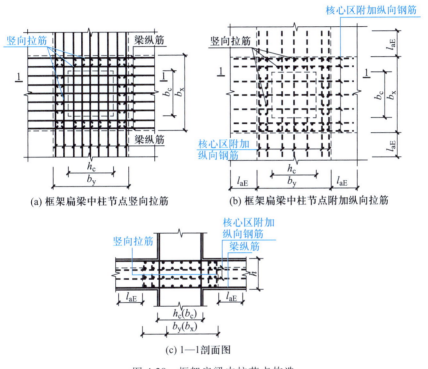

图 4.28　框架扁梁中柱节点构造

(1)框架扁梁中柱节点竖向拉筋构造

框架扁梁中柱节点竖向拉筋如图 4.28(a)所示,框架扁梁节点区的双向纵筋在节点区柱截面外的交叉点上都绑扎着竖向拉筋,在图中能看到每根拉筋端部的弯钩。

框架扁梁上部通长钢筋连接位置、非贯通钢筋的伸出长度要求同框架梁,这就是说:框架扁梁第一排非贯通纵筋的伸出长度为 l_n/3,第二排非贯通纵筋的伸出长度为 l_n/4(因为目前是中间支座,l_n 为支座两边较大一跨的净跨值);当上部通长筋直径与非贯通纵筋不同时,框架扁梁上部通长筋与非贯通纵筋的连接位置为距上柱内侧 l_n/3 的位置,而当框架扁梁上部通长筋直径与非贯通纵筋相同时,上部通长筋的连接位置在跨中 l_n/3 范围内,框架扁梁的架立筋与非贯通纵筋的连接位置为距上柱内侧 l_n/3 的位置。

穿过柱截面的框架扁梁下部纵筋,可在柱内锚固,做法同框架梁,未穿过柱截面下部纵筋应贯通节点区。这就是说,框架扁梁下部纵筋穿过柱截面在中间支座锚固,其直锚长度为 ≥l_{aE} 且 ≥0.5h_c+5d;框架扁梁下部纵筋在中间支座因变截面而不能直锚时则进行弯锚,弯折段 15d,其水平直锚段≥0.4l_{abE};框架扁梁未穿过柱截面的下部纵筋应在中柱外侧贯通节点区,在节点外连接时,连接位置宜避开箍筋加密区,并宜位于支座 $l_n/3$ 范围之内(l_{ni} 为框架扁梁本跨的净跨长度);竖向拉筋同时勾住扁梁上下双向纵筋,拉筋末端采用 135°弯钩,平直段长度为 10d。

（2）框架扁梁中柱节点附加纵向拉筋构造

框架扁梁中柱节点附加纵向钢筋如图 4.28(b)所示,这个图实际上是框架扁梁节点核心区的"水平剖面图",在这个水平剖面上,我们看不到节点核心区的上部纵筋和下部纵筋,看到的是位于上下纵筋中间的"附加纵向钢筋"（在标准图集中以红色线段表示,本书为粗虚线）。如果交叉的两道框架扁梁的梁宽分别是 b_x 和 b_y,则它们在中柱节点上的附加纵筋的长度分别为:b_y+2l_{aE}、b_x+2l_{aE}。

在 1—1 剖面图中,可以看到:位于框架扁梁立剖面中间的,是框架扁梁中柱节点的附加纵向钢筋（在标准图集中以红色线段表示,本书为粗虚线）表示;位于框架扁梁立剖面上表面和下表面的黑色线条,就是框架扁梁的上部纵筋和下部纵筋;而连接上下纵筋和中间的附加纵筋的,就是框架扁梁节点核心区的竖向拉筋。

2. 框架扁梁边柱节点构造

框架扁梁边柱节点构造有两种情况:一种是端柱与边梁平齐,另一种是端柱凸出边梁之外。

（1）端柱与边梁平齐

端柱与边梁平齐如图 4.29 所示,这个节点的特征是:边梁的宽度 b_s 等于 h_c,h_c 为端柱在框架扁梁方向上的截面高度。边梁是普通的框架梁;与之正交的是框架扁梁,标准图中红色的钢筋（本书为粗虚线）是框架扁梁两边的未穿过柱截面的上、下纵筋,而夹在中间的黑色钢筋是穿过柱截面的上、下纵筋。

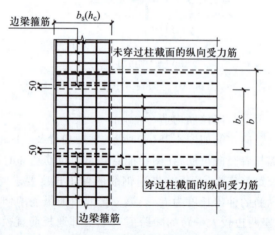

图 4.29　端柱与边梁平齐

未穿过柱截面的扁梁纵向受力筋锚固做法如图 4.30 所示,标准图中红色的纵筋（本书为粗虚线）是未穿过柱截面的扁梁上、下纵筋以及核心区附加纵筋。当边梁宽度不满足纵筋直锚时,纵筋在边梁弯锚,水平直锚段长度≥0.6l_{abE} 且伸至梁对边,弯折段长度 15d,核心区附加纵筋伸入跨内 l_{aE},节点核心区附加纵向钢筋在柱及边梁中锚固同框架扁梁纵向受力钢筋,即节点核心区附加纵筋同框架扁梁上、下纵筋一样采用弯锚；当边梁宽度满足纵筋直锚时，纵筋在边梁直锚，直锚长度$\geq l_{aE}$且$\geq 0.5b+5d$，（其中b为框架扁梁宽度，而b_s是边梁的梁宽）。核心区附加纵筋伸入跨内l_{aE}。

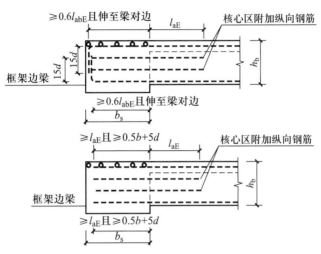

图 4.30 未穿过柱截面的扁梁纵向受力筋锚固做法

穿过柱截面的框架扁梁纵向受力钢筋锚固做法同框架梁，即框架扁梁上部纵筋在端支座锚固：伸至柱外侧纵筋内侧，然后弯折$15d$，其水平直锚段$\geq 0.4l_{abE}$；框架扁梁下部纵筋在端支座锚固：伸至梁上部纵筋弯钩段内侧或柱外侧纵筋内侧，然后弯折$15d$，其水平直锚段$\geq 0.4l_{abE}$；当端支座满足直锚条件时，框架扁梁上部纵筋和下部纵筋可在端支座直锚，其直锚长度为$\geq l_{aE}$且$\geq 0.5b+5d$。

框架扁梁上部通长钢筋连接位置、非贯通钢筋伸出长度要求同框架梁，这就是说：框架扁梁第一排非贯通纵筋的伸出长度为$l_{ni}/3$，第二排非贯通纵筋的伸出长度为$l_{ni}/4$（因为目前是端支座，l_{ni}为本跨净跨值）；当上部通长筋直径与非贯通纵筋不同时，框架扁梁上部通长筋与非贯通纵筋的连接位置为距上柱内侧$l_{ni}/3$的位置；而当框架扁梁上部通长筋直径与非贯通纵筋相同时，上部通长筋的连接位置在跨中$l_{ni}/3$范围内；框架扁梁的架立筋与非贯通纵筋的连接位置为距上柱内侧$l_{ni}/3$的位置；框架扁梁下部纵筋在节点外连接时，连接位置宜避开箍筋加密区，并宜位于支座$l_{ni}/3$范围之内"（l_{ni}为框架扁梁本跨的净跨值）。

（2）端柱凸出边梁之外

端柱凸出边梁之外如图4.31所示，这个节点的特征是：边梁的宽度b_s小于h_c，h_c为端柱在框架扁梁方向上的截面高度。框架扁梁附加纵向钢筋是它的"水平剖面图"，在这个水平剖面上，我们看不到节点核心区的上部纵筋和下部纵筋，看到的是位于上下纵筋中间的"附加纵向钢筋"（在标准图中以红色线段表示，本书为粗虚线）。

框架扁梁纵向钢筋在支座区的锚固、搭接做法同端柱与边梁平齐情形，不同之处是当$h_c-b_s\geq 100$时，需设置U形箍筋及竖向拉筋，在U形箍筋未伸入框架柱的部位设置竖向拉筋，竖向拉筋同时勾住扁梁上下双向纵筋，拉筋末端采用135°弯钩，平直段长度为$10d$。从1—1剖面图可以看出，U形箍筋伸入框架柱内的直锚长度为l_{aE}。在2—2剖面图引注："核心区附加纵向钢筋在端支座处的锚固构造做法同框架扁梁纵筋"，关于这一点在前面已经分析

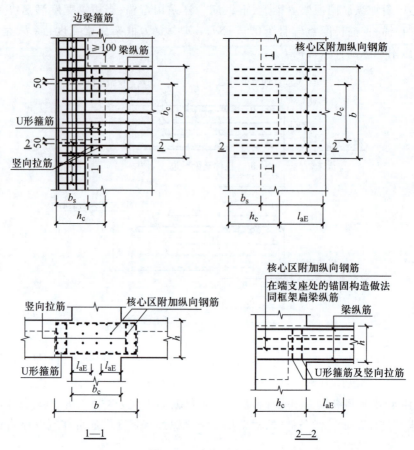

图 4.31　端柱凸出边梁

过了。

3. 框架扁梁箍筋构造

框架扁梁箍筋加密区长度为 $b+h_b$（b 为框架扁梁宽度，h_b 为框架扁梁高度）、l_{aE} 取最大值，且应满足框架梁箍筋加密区范围的要求。框架梁箍筋加密区范围的要求是：抗震等级为一级时，箍筋加密区长度为"$\geqslant 2.0h_b$ 且 $\geqslant 500$"；抗震等级为二~四级时，箍筋加密区长度为"$\geqslant 1.5h_b$ 且 $\geqslant 500$"。h_b 为框架梁高度，此处把 h_b 解释为框架扁梁高度也是合适的。综上所述，框架扁梁箍筋加密区的长度为：

抗震等级为一级：$b+h_b$、l_{aE}、$2.0h_b$、500 取最大值；抗震等级为二~四级：$b+h_b$、l_{aE}、$1.5h_b$、500 取最大值。

【案例应用】

【例 4.1】　某教学楼第一层楼的 KL1，共计 5 根，如图 4.32 所示，混凝土保护层厚度为 25 mm，抗震等级为二级，C35 混凝土，柱截面尺寸 500 mm×500 mm，请对其进行钢筋下料计算，并填写钢筋下料单。

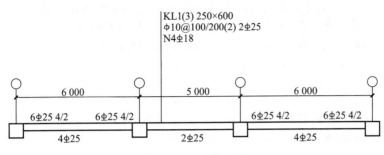

图 4.32 KL1(共 5 根)

解:依据 16G101-1 图集,梁的上部钢筋有通长钢筋和非通长钢筋,通长筋在角部,非通长筋在中间,通长钢筋采用集中标注,非通长钢筋在原位标注,原位标注的根数包含了集中标注的根数。当梁的纵向钢筋多于一排时,用"/"将各排纵向钢筋自上而下分开。

当梁配置有受扭或构造钢筋时,以大写字母 N 或 G 开头注写,表示对称布置。

结合以上平法的识读,把本例中的纵向钢筋根数的大样图绘制如下:

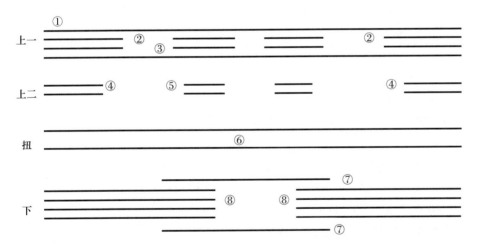

每个纵向钢筋的含义如下:

① 通长钢筋,位于上部第一排的两个角部:2Φ25

② 边跨上部第一排直角筋,位于上部第一排的中间:4Φ25

③ 中间支座上部直角筋,位于上部第一排的中间:4Φ25

④ 边跨上部第二排直角筋,位于上部第二排的中间:4Φ25

⑤ 中间支座上部直角筋,位于上部第二排的中间:4Φ25

⑥ 抗扭钢筋,梁的每侧面各配置 2Φ18 钢筋,对称布置,共 4 根

⑦ 中间跨下部筋:2Φ25

⑧ 边跨下部跨中直角筋:8Φ25

⑨ 箍筋

1. 依 16G101-1 图集,查得有关数据:

　　$\underline{\Phi}$ 25:$0.4l_{aE} = 0.4 \times 31 \times 25 = 310$(mm);$15d = 15 \times 25 = 375$(mm)

　　$\underline{\Phi}$ 18:$0.4l_{aE} = 0.4 \times 31 \times 18 = 223$(mm);$15d = 15 \times 18 = 270$(mm)

　　注:"$0.4l_{aE}$"表示三级抗震等级钢筋进入柱中水平方向的锚固长度值;"$15d$"表示在柱中竖向钢筋的锚固长度值。

　　$A = l_{aE} = 31 \times 25 = 775$(mm)

　　$B = 0.5h_c + 5d = 0.5 \times 500 + 5 \times 25 = 375$(mm)($h_c$ 为柱宽)

　　中间跨下部筋在支座处的锚固长度取 A、B 的较大值,即 775 mm。

2. 计算量度差(纵向钢筋的弯折角度为 90°)

　　$\underline{\Phi}$ 25:$2.29d = 2.29 \times 25 = 57$(mm)

　　$\underline{\Phi}$ 18:$2.29d = 2.29 \times 18 = 41$(mm)

3. 各个纵向钢筋计算

　　① = 梁全长-左端柱宽-右端柱宽+2×$0.4l_{aE}$+2×$15d$-2×量度差值

　　　= (6 000+5 000+6 000)-500-500+2×310+2×375-2×57 = 17 256(mm)

　　② = 边净跨长度/3+$0.4l_{aE}$+$15d$-量度差值

　　　= (6 000-500)/3+310+375-57 = 2 461(mm)

　　③ = 2×$L_大$/3+中间柱宽($L_大$ = 左、右两净跨长度大者)

　　　= 2×(6 000-500)/3+500 = 4 167(mm)

　　④ = 边净跨长度/4+$0.4l_{aE}$+$15d$-量度差值

　　　= (6 000-500)/4+310+375-57 = 2 003(mm)

　　⑤ = 2×$L_大$/4+中间柱宽($L_大$ = 左、右两净跨长度大者)

　　　= 2×(6 000-500)/4+500 = 3 250(mm)

　　⑥ = 梁全长-左端柱宽-右端柱宽+2×$0.4l_{aE}$+2×$15d$-2×量度差值

　　　= (6 000+5 000+6 000)-500-500+2×223+2×270-2×41 = 16 904(mm)

　　⑦ = 左锚固值+中间净跨长度+右锚固值

　　　= 775+(5 000-500)+775 = 6 050(mm)

　　⑧ = $0.4l_{aE}$+边净跨度+锚固值+$15d$-量度差值

　　　= 310+(6 000-500)+775+375-57 = 6 903(mm)

　　⑨ = 箍筋周长+2×11.9d = 2×[(250-2×25-10)+(600-2×25-10)]+2×119 = 1 698(mm)

4. 箍筋数量计算

　　加密区长度:900 mm[取 1.5h 与 500 mm 的大值:1.5×600 = 900(mm)>500 mm]

　　每个加密区箍筋数量 = (900-50)/100+1 = 10(个)

　　边跨非加密区箍筋数量 = (6 000-500-900-900)/200-1 = 19(个)

　　中跨非加密区箍筋数量 = (5 000-500-900-900)/200-1 = 14(个)

　　每跨要减去加密与非加密区重叠的 2 个箍筋。

　　每根梁箍筋总数量 = 10×6+19×2+14-6 = 106(个)

5. 编制钢筋配料单见表 4.4。

表 4.4　KL1 钢筋配料单

构件名称	钢筋编号	简图	直径/mm	钢筋级别	下料长度/mm	根数	合计根数	质量/kg
KL1	①		25	Φ	17 256	2	10	665.4
	②		25	Φ	2 461	4	20	189.8
	③		25	Φ	4 167	4	20	321.4
	④		25	Φ	2 003	4	20	154.5
	⑤		25	Φ	3 250	4	20	250.7
	⑥		18	Φ	16 904	4	20	675.8
	⑦		25	Φ	6 050	2	10	233.0
	⑧		25	Φ	6 903	8	40	1 064.8
	⑨		10	Φ	1 698	106	530	555.3

4.2　钢筋混凝土梁模板制作与安装

4.2.1　钢筋混凝土梁模板施工

1. 组合钢模板梁模板制作安装

1）工艺流程：抄平、弹线（轴线、水平线）→搭设支撑架→支柱头模板→铺梁底模板→拉线找平（起拱）→绑扎梁钢筋→安装梁侧模→安装侧向支撑或对拉螺栓→检查梁口模板尺寸→与相邻模板连接。

2）在柱子上弹出轴线、梁位置线和水平线，钉柱头模板。

3）安装梁模支架时，首层地面应平整夯实，并有排水措施，铺设通长脚手板；安装楼层梁模支架时，楼层间的上下支柱应在同一竖直线上。

4）梁的支设立柱一般采用双排，支架立柱宜加可调支座，支柱中间按要求设置水平拉杆和斜撑连接成整体，底层水平拉杆离地 200～300 mm，以上每隔 1.8 m 设置一遍。

5）按设计标高调整梁底支设标高，然后安装梁底模板，并拉线找平。当梁底模板跨度大于 4 m 时，跨中梁底处应按设计要求起拱；如设计无要求时，起拱高度为梁跨度的 1‰～3‰。主次梁交接时，先主梁起拱，后次梁起拱。

6）在梁底模板上绑扎钢筋，检验合格后，清除杂物，根据墨线安装梁侧模板，安装梁卡具或上下锁口楞及外竖楞，附以斜撑。梁侧模板制作高度应根据梁高及楼板模板确定。

7）当梁高超过 750 mm 时，梁侧模板宜加穿梁对拉螺栓或对拉扁钢加固。

8）梁模与柱模的连接特别重要,一般可采用角模拼接,当角模尺寸不符合要求时,宜专门设计配板。

2. 胶合板梁模板的安装

（1）矩形单梁模板

矩形单梁模板如图4.33所示,它由侧板、底板、夹木、搭头木、木顶撑、斜撑等部分组成。

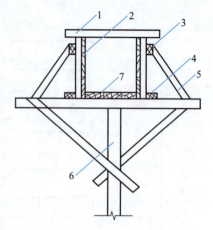

图4.33 矩形单梁模板
1—搭头木;2—侧板;3—托木;4—夹木;
5—斜撑;6—木顶撑;7—底板

1）在柱子上弹出轴线、梁位置线和水平线,钉柱头模板。

2）在相对应的两端柱模的缺口下钉支座木。支座木上平面高度等于梁底高度减去梁模底板厚度。

3）将梁模底板搁置在两柱模的支座木上。

4）在梁模底板下立木顶撑,顶撑下面垫上垫木,用木楔将梁模底板调整到设计高度。

5）按设计标高调整支柱的标高,然后安装梁底模板,并拉线找平。当梁底板跨度不小于4 m时,跨中梁底板应按设计要求起拱,设计无要求时,起拱高度为梁跨度的1‰~3‰。主次梁交接时,先主梁起拱,后次梁起拱。

6）梁下支柱支承在基土面上时,应对基土平整夯实,满足承载力要求,并加木垫板或混凝土垫板等,确保混凝土在浇筑过程中不会发生支撑下沉。

7）将两侧侧板放在木顶撑的横担上,夹紧底板,顶上夹木。在侧板的上端钉上托木,以斜撑将侧板撑直撑牢。在侧板的上口钉上搭头木。

8）待梁的中心线和两地高度校核无误后,将木楔敲紧,并与木顶撑和垫板钉牢。木顶撑之间以水平拉撑和剪刀撑相互牵搭。

9）当梁高超过750 mm时,梁侧模板宜加穿梁螺栓加固。防止出现梁身不平直、梁底不平及下挠、梁侧模胀模、局部模板嵌入柱梁间、拆除困难的现象。

（2）圈梁模板安装

如图4.34所示为圈梁模板安装图。圈梁模板由横担、侧板、夹木、斜撑和搭头木等部件组装而成。

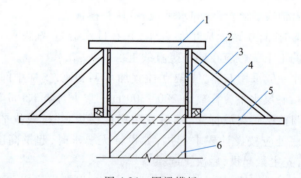

图4.34 圈梁模板
1—搭头木;2—侧板;3—斜撑;4—夹木;5—横担;6—砖墙

1）将 50 mm×100 mm 截面的木横担穿入梁底一皮砖处的预留洞中，两端露出墙体的长度一致，找平后用木楔将其与墙体固定。

2）立侧板。侧板下边担在横担上，内侧面紧贴墙壁，调直后用夹木和斜撑将其固定。斜撑上端钉在侧板的木挡上，下端钉在横担上。

3）支模时应遵循边模包底模的原则，梁模与柱模连接处，下料尺寸一般应略为缩短。

4）梁侧模必须有压脚板、斜撑、拉线通直后将梁侧钉固。梁底模板按规定起拱。

5）每隔 1 000 mm 左右在圈梁模板上口钉一根搭头木或顶棍，防止模板上口被胀开。

6）在侧板内侧面弹出圈梁上表面高度控制线。

7）在圈梁的交接处做好模板的搭接。

8）混凝土浇筑前，应将模内清理干净，并浇水湿润。

3. 模板拆除

1）在拆除模板过程中，如发现混凝土有影响结构安全的质量问题时，应暂停拆除。经过处理后，方可继续拆除。

2）已拆除模板及其支架结构，应在混凝土强度达到设计强度后才允许承受全部计算荷载。当承受施工荷载大于计算荷载时，必须经过核算，加设临时支撑。

3）拆模时不要用力过猛，拆下来的模板要及时运走、整理、堆放以便再用。

4）模板及其支架拆出的顺序及安全措施应按施工技术方案执行。拆模程序一般应是后支的先拆，先拆除非承重部分，后拆除承重部分。一般是谁安谁拆。重大复杂模板的拆除，事先应制定拆模方案。

5）拆模时，应尽量避免混凝土表面或模板受到损坏，注意整块板落下伤人。

6）非承重模板（如梁侧板）应在混凝土强度能保证其表面及棱角不因拆除模板而受损坏时，方可拆除。

7）承重模板（梁的底模）应在与结构同条件养护的试块达到规定的强度后方可拆除。

所谓的同条件养护试块是指混凝土试块拆模后，放置在混凝土构件上（旁），和混凝土构件处于同一温度、同一湿度环境下进行养护。同条件试块的主要作用是用它来判定混凝土构件的实际强度，同条件试块的送试时间根据构件的跨度、水泥的强度等级、环境温度而定。在实际工作中，承重模板的拆除除了依据自己的工程实践经验外，还可以参考表 4.5。

表 4.5 拆除底模所需要时间表（天）

水泥的强度等级及品种	混凝土达到设计强度标准值的百分率/%	硬化时昼夜平均温度					
		5℃	10℃	15℃	20℃	25℃	30℃
32.5 MPa 普通水泥	50	12	8	6	4	3	2
	75	26	18	14	9	7	6
	100	55	45	35	28	21	18
42.5 MPa 普通水泥	50	10	7	6	5	4	3
	75	20	14	11	8	7	6
	100	50	40	30	28	20	18

续表

水泥的强度等级及品种	混凝土达到设计强度标准值的百分率/%	硬化时昼夜平均温度					
		5℃	10℃	15℃	20℃	25℃	30℃
32.5 MPa 矿渣或火山灰质水泥	50	18	12	10	8	7	6
	75	32	25	17	14	12	10
	100	60	50	40	28	24	20
42.5 MPa 矿渣或火山灰质水泥	50	16	11	9	8	7	6
	75	30	20	15	13	12	10
	100	60	50	40	28	24	20

4.2.2　钢筋混凝土梁模板的工程质量缺陷

一、梁身不平直,梁底不平、挠曲;胀模、模板坍塌

1. 原因分析

1）用料偏小,夹挡、小撑挡、支承等间距过大。有的采用易变形的黄花松,有的采用废旧钢模等。

2）模板没有经过设计和计算,而是由模板工自由制作。有的模板工没有经过培训就上岗。

3）模板安装就位后,施工技术员、工长没有详细检查,发现问题又没有及时纠正。

2. 处理方法

1）对已安装的梁模板,应拉线检查模板的平整度和垂直度,核算用料,如夹挡、小撑挡、支承的用料规格、间距是否能满足混凝土浇筑时的侧压力和垂直荷载。如有不足之处应立即补强,确保梁模板的稳定性和刚度。

2）检查底层支撑的地面要求,必须达到规定要求。

3. 预防措施

1）梁模板宜采用侧包底的支模法,便于拆除侧模以利周转应用。

2）当梁模板采用木模时,其底模厚度应大于 50 mm。侧模可由木模或胶合板等拼制而成,侧模背面应加钉竖向、水平向及斜向支撑,以满足承受浇筑混凝土的侧压力要求。当采用组合钢模板时,其侧模板用钢管做横、竖支撑。

3）梁跨度≥4 m 时应起拱,如设计无规定时,起拱高度为全跨长度的 1‰~3‰。

4）支撑之间应设拉杆,相互拉撑成一整体,离地 500 mm 处设一道拉杆,向上每 2 m 以内设一道。支撑下都要垫垫板加固,以利校正模板。当支撑落在基土上时,必须使土的密实度达到规定的要求。

5）钢管支架体系一般宜扣成整体排架式,其立柱纵横间距控制在 1m 左右,同时应加设斜撑及剪刀撑。

二、圈梁凸出或凹进、不直,沿墙漏浆

1. 原因分析

因对圈梁模板重视不够、下有砖墙承托、侧模太简单,常造成圈梁不平、不直和漏浆。

2. 处理方法

对圈梁模板的侧模宜做成工具式,模板应有抗浇筑混凝土侧压力的强度和刚度。立好的模板必须通线检查平整度和垂直度,嵌补好模板与砖墙接触处的缝隙,防止漏浆,同时确保模板不大于砖墙。

3. 预防措施

(1)用木模板做圈梁模板宜采用卡具法。卡具法宜根据不同地区和习惯做法来选择使用。

(2)挑扁担法。一般圈梁的挑扁担法是在圈梁底面下一皮砖中,沿墙身每隔 900 ~ 1 200 mm 留 60 mm×120 mm 的半砖洞,洞中穿 50 mm×100 mm 方木或钢管作扁担,支立两侧模板用夹条及斜撑撑牢。

三、拆模过早

提前拆除承重梁、板的底模及支撑,造成结构或构件强度不足而产生裂缝或坍塌。

1. 原因分析

这一事故产生的原因是施工人员不懂规范、不熟悉操作规程,盲目地为了周转模板降低成本,赶工期赶进度。尤其在冬季施工时,气温较低,混凝土强度增长速度缓慢,提前拆模会使梁、板变形、开裂,严重时导致坍塌;对于悬臂结构,其上部还没有足够的抗倾覆荷载时,就提前拆除模板及支架,造成倾覆破坏。悬臂及大跨度结构发生此类事故的概率最大,因此应引起足够的重视。

2. 处理方法

根据具体情况进行补强处理或拆除重做。

3. 预防措施

底模及支撑拆除时混凝土强度必须要符合设计要求,当设计无要求时,应满足表 4.5 规定。

4.3 钢筋混凝土梁钢筋安装

4.3.1 钢筋混凝土梁钢筋施工

1. 工艺流程

画主次梁箍筋位置线→放主次梁箍筋→穿主梁底层纵向钢筋及弯起钢筋→穿次梁底层纵向钢筋并与箍筋固定→放主梁上层纵向架立筋→按箍筋间距绑扎→穿次梁上层纵向架立筋→按箍筋间距绑扎→垫混凝土垫块。

2. 操作要点

1)画主次梁箍筋位置线。按设计图样的要求,用粉笔或墨线在梁侧板上画出箍筋位置线。

2)按画好的箍筋位置线摆放箍筋。

3)穿主梁底层纵向钢筋及弯起钢筋,将箍筋按已经画好的位置逐个分开。

4)穿次梁底层纵向钢筋及弯起钢筋,并套好次梁箍筋。

5)放主次梁上层架立筋,按画好的间距将架立筋与箍筋绑扎牢。

6)绑扎主次梁受力钢筋,主次梁同时配合进行。这里需要明确的是,一般的混凝土主次梁的受力次序是:次梁压在主梁之上,所以主梁的纵向钢筋在最下面,施工操作时,要先放好主梁钢筋。开始绑扎前要再次检查钢筋有无错漏现象,无误后再开始绑扎,避免返工。

7)按箍筋间距绑扎。梁上部纵向钢筋与箍筋的绑扎,宜采用套扣法绑扎。相邻扣的方向应相互绑扎成八字形。

箍筋在叠合处的弯钩,在梁中应交错绑扎,其弯钩也为 135°,平直部分的长度为 10d 且不小于 75 mm,梁中箍筋封闭口的位置应尽量放在梁上部有现浇板的位置,并交错放置。根据震害情况表明,封闭口放置在梁的下部会被拉脱,而使箍筋工作能力失效产生破坏。

8)垫混凝土垫块。主次梁受力筋下面均应垫混凝土垫块,垫块尺寸为 50 mm×50 mm,要保证混凝土保护层的厚度。受力钢筋为双排时,可以用短钢筋垫在两层钢筋之间,以方便绑扎。

梁钢筋搭接要符合设计和规范关于接头的要求。在进行配料时就要考虑周全,绑扎时更要随时注意。

3. 梁的钢筋连接

梁中钢筋连接主要采取电弧焊、螺纹连接和绑扎几种方式。

帮条焊和搭接焊适用于焊接直径为 10~40 mm 的热轧光圆及带肋钢筋。帮条长度和搭接的长度应满足表 0.5~表 0.7 规定。

采用焊接或机械连接的接头不宜设置在框架梁端的箍筋加密区。采用机械连接接头,同一连接区段($35d$)内,纵向受力钢筋的接头面积百分率不应大于 25%;采用焊接连接时,同一连接区段内($35d$ 和 500 mm 取大值),纵向受力钢筋的接头面积百分率不宜大于 25%。直接承受动力荷载的结构构件中,不宜采用焊接接头。

绑扎连接时,一是要注意钢筋的搭接长度,钢筋的搭接长度和混凝土的强度等级、钢筋的类别、钢筋的直径有关;二是要注意同一连接区段 $1.3\,l_{lE}$($1.3\,l_l$)内,纵向受力钢筋的接头面积百分率不应大于 25%。

4.3.2　梁钢筋的验收

一、梁钢筋验收的要点

1)纵向受力钢筋的品种、规格、数量、位置等。

2)受力钢筋连接可靠,在同一连接区段内,纵向受力钢筋搭接接头面积百分率要满足规范要求。

3)箍筋的品种、规格、数量。

4)箍筋弯钩的弯折角度:对一般结构,不应小于 90°;对有抗震等要求的结构,应为 135°。

5)箍筋弯折后平直部分长度:对一般结构,不宜小于箍筋的 5 倍;对有抗震等要求的结构不宜小于箍筋直径的 10 倍。

6)梁的箍筋应与受力钢筋垂直,梁中箍筋封闭口的位置应尽量放在梁上部有现浇板的位置,并交错放置。

7)梁箍筋的加密区要满足规范要求。

8)梁侧面构造钢筋,纵向钢筋的搭接长度与构造钢筋锚入柱的长度可取 15d。梁侧面受扭钢筋,纵向钢筋的搭接长度为 l_1 或 l_{1E},锚入柱内长度和方式同框架梁下部纵筋。

9)钢筋安装完毕后,应检查钢筋绑扎是否牢固、间距和锚固长度是否达到要求、混凝土保护层是否符合规定。

二、检查方法和允许偏差

钢筋安装位置检查方法和偏差应符合表3.2。

4.3.3 梁钢筋常见的质量缺陷

一、同一连接区段接头过多

1. 现象

在绑扎或安装钢筋骨架时,发现同一连接区段内(对于绑扎接头,在任一接头中心至规定搭接长度的1.3倍区段内,所存在的接头都认为是没有错开,即位于同一连接区段内)受力钢筋接头过多,有接头的钢筋截面面积占总截面面积的百分率超出规范规定的数值。

2. 原因分析

1)钢筋配料时疏忽大意,没有认真安排原材料下料长度的合理搭配。

2)忽略了某些构件不允许采用绑扎接头的规定。

3)错误理解有接头的钢筋截面面积占总截面面积的百分率数值。

4)分不清钢筋位于受拉区还是受压区。

3. 防治措施

1)配料时按下料单钢筋编号再划出几个分号,注明哪个分号搭配,对于同一组搭配而安装方法不同的要加文字说明。

2)轴心受拉和小偏心受拉杆件中的受力钢筋接头均应焊接,不得采用绑扎。

3)若分不清钢筋所处部位是受拉区还是受压区时,接头位置均应按受拉区的规定处理。

二、梁箍筋弯钩与纵筋相碰

1. 现象

在梁的支座处,箍筋弯钩与纵向钢筋抵触。

2. 原因分析

梁箍筋弯钩应放在受压区,从受力角度看是合理的,而且从构造角度看也合理。但是,在特殊情况下,例如在连续梁支座处,受压区在截面下部,要是箍筋弯钩位于下面,有可能被钢筋压开,在这种情况下,只好将箍筋弯钩放在受拉区。这做法不合理,但为了加强钢筋骨架的牢固程度,习惯上也只好这样对待。此外,实践中还会出现另一种矛盾:在目前的高层建筑中,采用框架或框剪结构形式的工程中,大多数是需要抗震设计的,因此箍筋弯钩应采用135°,而且平直部分长度又较其他种类型的弯钩长,故箍筋弯钩与梁上部二排钢筋必然相抵触。

3. 防治措施

绑扎钢筋前应先规划箍筋弯钩位置(放在梁的上部或下部),如果梁上部仅有一层钢筋,箍筋弯钩均与纵向钢筋不抵触,为了避免箍筋接头被压开口,弯钩可放在梁上部(构件受拉区),但应绑牢,必要时用电焊点焊,对于两层或多层纵向钢筋的,则应将弯钩放在梁下部。

三、四肢箍筋宽度不准

1. 现象

配有四肢箍筋作为复合箍筋的梁的钢筋骨架,绑扎好安装入模时,发现宽度不符合模板要求,混凝土保护层过大或过小,严重的导致骨架无法放入模内。

2. 原因分析

1) 在骨架绑扎前未按应有的规定将箍筋总宽度进行定位或定位不准。

2) 已考虑到将箍筋总宽度定位,但在操作时不注意,使两个箍筋往里或往外串动。

3. 防治措施

1) 绑扎骨架时,先绑扎几对箍筋,使四肢箍筋宽度保持符合图纸要求的尺寸,再穿纵向钢筋并绑扎其他箍筋。

2) 按梁的截面宽度确定一种双肢箍筋(即截面宽度减去两侧混凝土保护层厚度),绑扎时沿骨架长度放几个这种箍筋定位。

3) 在骨架绑扎过程中,要随时检查四肢箍宽度的准确性,发现偏差及时纠正。

4.4　钢筋混凝土梁浇筑

肋形楼板的梁板应同时浇筑,浇筑方法应由一端开始用"赶浆法"推进,即先浇筑梁,根据梁高分层浇筑成阶段形,当达到楼板板底位置时再与板的混凝土一起浇筑,随着阶段形不断延伸,梁、板混凝土连续向前进行。梁、柱节点钢筋较密时,浇筑此处混凝土宜用小粒径石子同强度等级的混凝土,并用小直径振动棒振捣。在浇筑与柱、墙连成整体的梁和板时,应在柱和墙浇筑完毕后停歇 1~1.5 h,使其获得初步沉实,再继续浇筑。

施工缝设置:高度大于 1 m 的混凝土梁的水平施工缝,应留在楼板底面以下 20~30 mm 处;当板下有梁托时,留在梁托下部;有主次梁的现浇楼板,宜沿着次梁方向浇筑楼板,施工缝应留置在次梁跨度 1/3 范围内,施工缝表面应与次梁轴线或板面垂直。

1) 施工缝可以用钢板、钢丝网挡牢来留设。

2) 施工缝处须待已浇混凝土的抗压强度不少于 1.2 MPa 时,才允许继续浇筑。

3) 在施工缝处继续浇筑混凝土前,混凝土施工缝表面应凿毛,清除水泥薄膜和松石子,并用水冲洗干净。排除积水后,先浇一层水泥浆或与混凝土成分相同的水泥砂浆,然后继续浇筑混凝土。

框架柱与框架梁的混凝土强度等级不同时,施工图设计文件会对框架柱与框架梁的混凝土强度等级相差较大的情况提出施工要求,而对于相差较小的情况允许同时浇筑混凝土。通常的施工方法是:先浇筑框架柱混凝土到框架梁底部标高,然后同时浇筑框架梁、次梁和楼板的混凝土;当框架柱与框架梁的混凝土强度等级相差较大时,采用框架梁混凝土强度等级浇筑时,节点核心区混凝土的强度等级就会低于框架柱的混凝土强度等级,有可能造成节点核心区斜截面抗剪强度不足,一般可以以混凝土强度等级差 5 MPa 为一级的原则处理节点核心区混凝土的浇筑问题;也可以与设计人员协商在框架梁增加水平腋,加强对节点核心区的约束,加大核心区的面积并配置附加钢筋来解决混凝土同时浇筑的问题,如图 4.35 所示。

1) 框架柱混凝土强度等级高于框架梁、板的混凝土强度等级不超过一级时,或不超过二级,但节点四周均有框架梁时,节点核心区可按框架梁、板的混凝土强度等级同时浇筑。

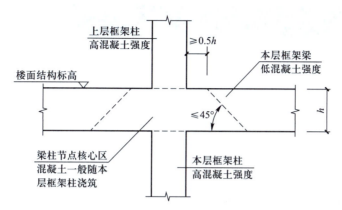

图 4.35　节点核心区与梁混凝土强度不同

2）框架柱混凝土强度等级高于框架梁、板的混凝土强度等级而不超过二级时,且柱四周并不是均设有框架梁时,需要经过设计人员对斜截面承载力进行验算符合要求后,才可以与梁同时浇筑混凝土。

3）当不满足上述要求时,梁、柱节点核心区混凝土宜按框架柱混凝土强度等级单独浇筑。在框架柱混凝土初凝前浇筑框架梁、板的混凝土,并加强混凝土的振捣和养护。

4）为施工方便,加快施工进度,梁、柱节点核心区混凝土需要与梁同时浇筑时,应同设计工程师协商,在框架梁与框架柱的结合部位增加框架梁的水平腋,并配置附加钢筋,使节点核心区的面积加大,加强对节点核心区的约束,也可以同时浇筑梁柱节点核心区混凝土。

小结

本项目主要介绍了钢筋混凝土梁施工的整个过程,包括梁施工图的识读方法,梁上部钢筋,梁下部钢筋和箍筋构造要求,梁钢筋下料和安装、梁模板的安装和拆除以及混凝土的浇筑,特别是梁、柱交接的核心区混凝土浇筑。

习题与思考

1. 同条件养护和标准养护混凝土试块的作用有何不同?

2. 框架柱与框架梁的混凝土强度等级不同时,在什么情况下可以同时浇筑节点核心区的混凝土?若不允许同时浇筑该部位混凝土时,应该采取什么措施?

3. 简述钢筋混凝土梁施工方案。

4. 如何避免梁箍筋弯钩与纵筋相碰?

5. 钢筋弯折前的水平段 $\geq 0.4l_{abE}$（或 $0.4l_{ab}$）加 $15d$ 的垂直段,总长度小于 l_{aE}（或 l_a）时,是否需要采取增加垂直段的长度使总长度满足锚固要求?

实训项目

柱截面为 500 mm×500 mm,柱受力钢筋直径均为 25 mm,柱箍筋直径为 10 mm。其他条件见图 4.36,试制作 KL(3)的钢筋配料单。

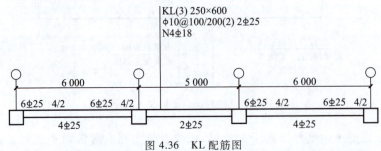

图 4.36 KL 配筋图

混凝土强度等级	抗震等级	柱保护层厚度/mm	钢筋连接方式	钢筋尺寸	l_{aE}/l_a
C30	一级抗震	20	机械连接	9 m	$33d/29d$

5

钢筋混凝土（梁）板施工

【学习目标】

通过本项目的学习,使学生能够识读板的施工图纸,掌握板钢筋的构造要求以及板钢筋配料计算;掌握板钢筋安装工艺与验收,(梁)板模板的制作与安装、拆除工艺;(梁)板混凝土浇筑工艺;并会分析条形基础(梁)板施工过程中一些常见的质量事故产生的原因与处理方法。通过知识点的掌握,学生应具有简单的(梁)板施工能力和施工管理能力;最后通过知识点与能力的拓展,具备爱岗敬业、团队协作、遵守行业规范和职业道德等基本职业素养。

【内容概述】

本项目内容主要包括钢筋混凝土板施工图识读、钢筋安装、模板安装与验收和混凝土浇筑四部分,学习重点是板施工图识读、钢筋安装和模板安装,学习难点是钢筋安装。

【知识准备】

钢筋混凝土(梁)板施工是在《混凝土结构设计规范》(GB 50010—2010)、《混凝土结构工程施工规范》(GB 50666—2011)与图集 16G101-1 的基础上,完全按照最新的规范、图集标准的要求组织实施。因此,针对本部分内容的学习,同学们可参考上述规范及图集中板相关内容。

5.1 钢筋混凝土（梁）板施工图识读

钢筋混凝土(梁)板分为有梁楼盖板和无梁楼盖板两种,施工图现在采用 16G101-1 规则表示,主要有平面注写与截面注写两种表达方式,识图者应当注意结合梁板的定位尺寸看懂板施工图。

5.1.1 有梁楼盖平法施工图识读

有梁楼盖的制图规则适用于以梁为支座的楼面与屋面板平法施工设计。有梁楼盖板平法施工图,系在楼面板和屋面板布置图上,采用平面注写的表达方式。板平面注写主要包括板块集中标注和板支座原位标注。

1. 一般规定

为方便设计表达式和施工识图,规定结构平面的坐标方向为:

1）当两向轴网正交布置时,图面从左至右为 X 向,从下至上为 Y 向。

2）当轴网转折时,局部坐标方向顺轴网转折角度做相应转折。

微课

板施工图
识读

3）当轴网向心布置时,切向为 X 向,径向为 Y 向。

此外,对于平面布置比较复杂的区域,如轴网转折交界区域、向心布置的核心区域等,其平面坐标方向应由设计者另行规定并在图上明确表示。

微课
有梁楼盖
构造详图
解析

2. 平面注写方式

有梁楼盖的平面注写方式分为集中标注和原位标注两部分内容。

（1）板块集中标注

1）板块集中标注的内容为:板块编号,板厚,贯通纵筋,以及当板面标高不同时的标高高差。

对于普通楼面,两向均以一跨为一板块;对于密肋楼盖,两向主梁(框架梁)均以一跨为一板块(非主梁密肋不计)。所有板块应逐一编号,相同编号的板块可择其一做集中标注,其他仅注写置于圆圈内的板编号,以及当板面标高不同时的标高高差。

板块编号按表 5.1 的规定。

表 5.1 板 块 编 号

板类型	代号	序号
楼面板	LB	××
屋面板	WB	××
悬挑板	XB	××

板厚注写为 $h=×××$(为垂直于板面的厚度);当悬挑板的端部改变截面厚度时,用斜线分隔根部与端部的高度值,注写为 $h=×××/×××$;当设计已在图注中统一注明板厚时,此项可不注。

贯通纵筋按板块的下部和上部分别注写(当板块上部不设贯通纵筋时则不注),并以 B 代表下部,T 代表上部,B&T 代表下部与上部,X 向贯通纵筋以 X 打头,Y 向贯通纵筋以 Y 打头,两向贯通纵筋配置相同时则以 X&Y 打头。

当为单向板时,分布筋可不必注写,而在图中统一注明。

当在某些板内(例如在悬挑板 XB 的下部)配置有构造钢筋时,则 X 向以 Xc,Y 向以 Yc 打头注写。

当 Y 向采用放射配筋时(切向为 X 向,径向为 Y 向),设计者应注明配筋间距的定位尺寸。

当贯通筋采用两种规格钢筋“隔一布一”方式时,表达为Φ xx/yy@ ×××,表示直径为 xx 的钢筋和直径为 yy 的钢筋二者之间间距为×××,直径 xx 的钢筋的间距为×××的 2 倍,直径 yy 的钢筋的间距为×××的 2 倍。

板面标高高差,系指相对于结构层楼面标高的高差,应将其注写在括号内,且有高差则注,无高差不注。

【示例】 有一楼面板块注写为:LB5　$h=110$

B:X Φ 12@ 120;Y Φ 10@ 110

表示 5 号楼面板,板厚 110,板下部配置的贯通纵筋 X 向为Φ12@ 120,Y 向为Φ10@ 110;板上部未配置贯通纵筋。

【示例】　有一楼面板块注写为:LB5　$h = 110$

$\qquad$ B:X Φ 10/12@ 120;Y Φ 10@ 110

表示 5 号楼面板,板厚 110,板下部配置的贯通纵筋 X 向为 Φ 10、Φ 12 隔一布一,Φ 10 与 Φ 12 之间间距为 120;Y 向为 Φ 10@ 110;板上部未配置贯通纵筋。

【示例】　有一悬挑板注写为:XB2　$h = 150/100$

$\qquad$ B:X_c & Y_c Φ 8@ 200

表示 2 号悬挑板,板根部厚 150,端部厚 100,板下部配置构造钢筋,双向均为 Φ 8@ 200 (上部受力钢筋见板支座原位标注)。

2) 同一编号板块的类型、板厚和贯通纵筋均应相同,但板面标高、跨度、平面形状以及板支座上部非贯通纵筋可以不同,如同一编号板块的平面形状可为矩形、多边形及其他形状等。施工预算时,应根据其实际平面形状,分别计算各块板的混凝土与钢材用量。

设计与施工应注意:单向或双向连续板的中间支座上部同向贯通纵筋,不应在支座位置连接或分别锚固。当相邻两跨的板上部贯通纵筋配置相同,且跨中部位有足够空间连接时,可在两跨任意一跨的跨中连接部位连接;当相邻两跨的上部贯通纵筋配置不同时,应将配置较大者越过其标注的跨数终点或起点伸至相邻跨的跨中连接区域连接。

设计应注意板中间支座两侧上部贯通纵筋的协调配置,施工及预算应按具体设计和相应标准构造要求实施。等跨与不等跨板上部贯通纵筋的连接有特殊要求时,其连接部位及方式应由设计者注明。

(2) 板支座原位标注

1) 板支座原位标注的内容为:板支座上部非贯通纵筋和悬挑板上部受力钢筋。

板支座原位标注的钢筋,应在配置相同跨的第一跨表达(当在悬挑部位单独配置时则在原位表达)。在配置相同跨的第一跨(或梁悬挑部位),垂直于板支座(梁或墙)绘制一段适宜长度的中粗实线(当该筋通常设置在悬挑板或短跨板上部时,实线段应画至对边或贯通短跨),以该线段代表支座上部非贯通纵筋,并在线段上方注写钢筋编号(如①、②等)、配筋值、横向连续布置的跨数(注写在括号内,且当为一跨时可不注),以及是否横向布置到梁的悬挑端。

【示例】　(××)为横向布置的跨数,(××A)为横向布置的跨数及一端的悬挑梁部位,(××B)为横向布置的跨数及两端的悬挑梁部位。

板支座上部非贯通筋自支座中线向跨内的伸出长度,注写在线段的下方位置。

当中间支座上部非贯通纵筋支座两侧对称伸出时,可仅在支座一侧线段下方标注伸出长度,另一侧不注,如图 5.1 所示。

当向支座两侧非对称伸出时,应分别在支座两侧线段下方注写伸出长度,如图 5.2 所示。

对线段画至对边贯通全跨或贯通全悬挑长度的上部通长纵筋,贯通全跨或伸出至全悬挑一侧的长度值不注,只注明非贯通筋另一侧的伸出长度值,如图 5.3 所示。

当板支座为弧形,支座上部非贯通纵筋呈放射状分布时,设计者应注明配筋间距的度量位置并加注"放射分布"四字,必要时应补绘平面配筋图,如图 5.4 所示。

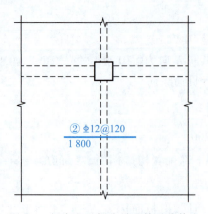

图 5.1　板支座上部非贯通筋对称伸出

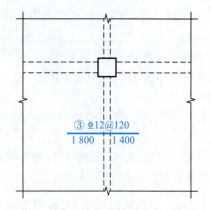

图 5.2　板支座上部非贯通筋非对称伸出

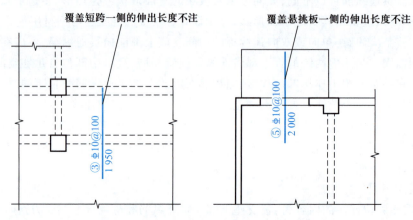

图 5.3　板支座非贯通筋贯通全跨或伸出至悬挑端

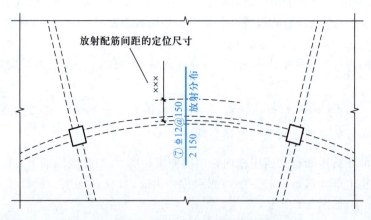

图 5.4　弧形支座处放射配筋

　　悬挑板的注写方式如图 5.5 所示。当悬挑板端部厚度不小于 150 mm 时,设计者应指定板端部封边构造方式(见 16G101-1 图集第 103 页"无支撑板端部封边构造"),当采用 U 形钢筋封边时,尚应指定 U 形钢筋的规格、直径。

　　在板平面布置图中,不同部位的板支座上部非贯通纵筋及悬挑板上部受力钢筋,可仅在

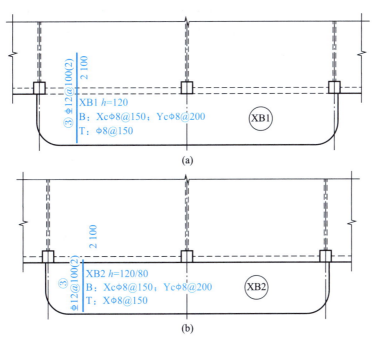

图 5.5 悬挑板支座非贯通筋

一个部位注写,对其他相同者则仅需在代表钢筋的线段上注写编号及按本条规则注写横向连续布置的跨数即可。

【示例】 在板平面布置图某部位,横跨支承梁绘制的对称线段上注有⑦⅏12@100(5A)和1 500,表示支座上部⑦号非贯通纵筋为⅏12@100,从该跨起沿支承梁连续布置5跨加梁一端的悬挑端,该筋自支座中线向两侧跨内的伸出长度均为1 500。在同一板平面布置图的另一部位横跨梁支座绘制的对称线段上注有⑦号纵筋,沿支承梁连续布置2跨,且无梁悬挑端布置。

此外,与板支座上部非贯通纵筋垂直且绑扎在一起的构造钢筋或分布钢筋,应由设计者在图中注明。

2）当板的上部已配置有贯通纵筋,但需增配板支座上部非贯通纵筋时,应结合已配置的同向贯通纵筋的直径与间距,采取"隔一布一"的方式配置。

"隔一布一"方式,为非贯通纵筋的标注间距与贯通纵筋相同,两者组合后的实际间距为各自标注间距的1/2。当设定贯通纵筋为纵筋总截面面积的50%时,两种钢筋则取不同直径。

【示例】 板上部已配置贯通纵筋⅏12@250,该跨同向配置的上部支座非贯通纵筋为⑤⅏12@250,表示在该支座上部设置的纵筋实际为⅏12@125,其中1/2为贯通纵筋间距,1/2为⑤号非贯通纵筋间距（伸出长度略）。

【示例】 板上部已配置贯通纵筋⅏10@250,该跨配置的上部同向支座非贯通纵筋为③⅏12@250,表示该跨实际设置的上部纵筋为⅏10和⅏12间隔布置,二者之间间距为125。

施工应注意：当支座一侧设置了上部贯通纵筋(在板集中标注中以 T 打头)，而在支座另一侧仅设置了上部非贯通纵筋时，如果支座两侧设置的纵筋直径、间距相同，应将二者连通，避免各自在支座上部分别锚固。

(3) 其他

1) 板上部纵向钢筋在端支座(梁或圈梁)的锚固要求，标准图集 16G101-1 构造详图中规定：当设计按铰接时，平直段伸至端支座对边后弯折，且平直段长度 $\geqslant 0.35l_{ab}$，弯折段长度为 $15d$ (d 为纵向钢筋直径)；当充分利用钢筋的抗拉强度时，直段伸至端支座对边后弯折，且平直段长度 $\geqslant 0.6l_{ab}$，弯折段长度为 $15d$。设计者应在平法施工图中注明采用何种构造，当多数采用同种构造时可在图注中写明，并将少数不同之处在图中注明。

2) 板纵向钢筋的连接可采用绑扎搭接、机械连接或焊接，其连接位置详见标准图集 16G101-1 相应的标准构造详图。当板纵向钢筋采用非接触方式的绑扎搭接连接时，其搭接部位的钢筋净距不宜小于 30 mm，且钢筋中心距不应大于 $0.2l_1$ 及 150 mm 的较小者。

5.1.2　无梁楼板平法施工图识读

无梁楼盖平法施工图，系在楼面板和屋面板布置图上，采用平面注写的表达方式。

板平面注写主要有板带集中标注、板带支座原位标注两部分内容。

1. 板带集中标注

集中标注应在板带贯通纵筋配置相同跨的第一跨(X 向为左端跨，Y 向为下端跨)注写。相同编号的板带可择其一做集中标注，其他仅注写板带编号(注在圆圈内)。

板带集中标注的具体内容为：板带编号、板带厚、板带宽和贯通纵筋。

板带编号规定见表 5.2。

表 5.2　板 带 编 号

板带类型	代号	序号	跨数及有无悬挑
柱上板带	ZSB	××	(××)、(××A)或(××B)
跨中板带	KZB	××	(××)、(××A)或(××B)

注：① 跨数按柱网轴线计算(两相邻柱轴线之间为一跨)。

② (××A)为一端有悬挑，(××B)为两端有悬挑，悬挑不计入跨数。

板带厚注写为 $h=$×××，板带宽注写为 $b=$×××。当无梁楼盖整体厚度和板带宽度已在图中注明时，此项可不注。

贯通纵筋按板带下部和板带上部分别注写，并以 B 代表下部，T 代表上部，B&T 代表下部和上部。当采用放射配筋时，设计者应注明配筋间距的度量位置，必要时补绘配筋平面图。

【示例】　设有一板带注写为：ZSB2(5A)　　　$h=300$　　　$b=3\ 000$
　　　　　　　　　　　　B:$\underline{\Phi}$ 16@ 100;　T:$\underline{\Phi}$ 16@ 200

表示 2 号柱上板带，有 5 跨且一端有悬挑；板带厚 300，宽 3 000；板带配置贯通纵筋，下部为 $\underline{\Phi}$ 16@ 100，上部为 $\underline{\Phi}$ 16@ 200。

设计与施工应注意：相邻等跨板带上部贯通纵筋应在跨中 1/3 净跨长范围内连接；当同

向连续板带的上部贯通纵筋配置不同时,应将配置较大者越过其标注的跨数终点或起点伸至相邻跨的跨中连接区域连接。

设计应注意板带中间支座两侧上部贯通纵筋的协调配置,施工及预算应按具体设计和相应标准构造要求实施。等跨与不等跨板上部贯通纵筋的连接构造要求见相关标准构造详图;当具体工程对板带上部纵向钢筋的连接有特殊要求时,其连接部位应由设计者注明。

当局部区域的板面标高与整体不同时,应在无梁楼盖的板平法施工图上注明板面标高高差及分布范围。

2. 板带支座原位标注

1)板带支座原位标注的具体内容为:板带支座上部非贯通纵筋。

以一段与板带同向的中粗实线段代表板带支座上部非贯通纵筋;对柱上板带,实线段贯穿柱上区域绘制;对跨中板带,实线段横贯柱网轴线绘制。在线段上注写钢筋编号(如①、②等)、配筋值及在线段的下方注写自支座中线向两侧跨内的伸出长度。

当板带支座非贯通纵筋自支座中线向两侧对称伸出时,其伸出长度可仅在一侧标注;当配置在有悬挑端的边柱上时,该筋伸出到悬挑尽端,设计不注。当支座上部非贯通纵筋呈放射分布时,设计者应注明配筋间距的定位位置。

不同部位的板带支座上部非贯通纵筋相同者,可仅在一个部位注写,其余则在代表非贯通纵筋的线段上注写编号。

【示例】 设有平面布置图的某部位,在横跨板带支座绘制的对称线段上注有⑦⏀18@250,在线段一侧的下方注有1 500,系表示支座上部⑦号非贯通纵筋为⏀18@250,自支座中线向两侧跨内的伸出长度均为1 500。

2)当板带上部已经配有贯通纵筋,但需增加配置板带支座上部非贯通纵筋时,应结合已配同向贯通纵筋的直径与间距,采取"隔一布一"的方式配置。

3. 暗梁的表示方法

1)暗梁平面注写包括暗梁集中标注、暗梁支座原位标注两部分内容。施工图中在柱轴线处画中粗虚线表示暗梁。

2)暗梁集中标注包括暗梁编号、暗梁截面尺寸(箍筋外皮宽度×板厚)、暗梁箍筋、暗梁上部通长筋或架立筋四部分内容。暗梁编号内容见表5.3。

表 5.3 暗 梁 编 号

构件类型	代号	序号	跨数及有无悬挑
暗梁	AL	××	(××)、(××A)或(××B)

注:① 跨数按柱网轴线计算(两相邻柱轴线之间为一跨)。

② (××A)为一端有悬挑,(××B)为两端有悬挑,悬挑不计入跨数。

3)暗梁支座原位标注包括梁支座上部纵筋、梁下部纵筋。当在暗梁上集中标注的内容不适用于某跨或某悬挑端时,则将其不同数值标注在该跨或该悬挑端,施工时按原位注写取值。

4)暗梁中纵向钢筋连接、锚固及支座上部纵筋的伸出长度等要求同轴线处柱上板带中纵向钢筋。

4.其他

1）无梁楼盖跨中板带上部纵向钢筋在端支座的锚固要求,16G101-1标准构造详图中规定:当设计按铰接时,平直段伸至端支座对边后弯折,且平直段长度≥$0.35l_{ab}$,弯折段长度为15d(d为纵向钢筋直径);当充分利用钢筋的抗拉强度时,直段伸至端支座对边后弯折,且平直段长度≥$0.6l_{ab}$,弯折段长度为15d。设计者应在平法施工图中注明采用何种构造,当多数采用同种构造时可在图注中写明,并将少数不同之处在图中注明。

2）板纵向钢筋的连接可采用绑扎搭接、机械连接或焊接,其连接位置详见16G101-1中相应的标准构造详图。当板纵向钢筋采用非接触方式的绑扎搭接连接时,其搭接部位的钢筋净距不宜小于30 mm,且钢筋中心距不应大于$0.2l_1$及150 mm的较小者。

5.1.3 楼板相关构造制图规则

1.楼板相关构造类型与表示方法

楼板相关构造的平法施工图设计,系在板平法施工图上采用直接引注方式表达。

2.楼板相关构造类型及编号

楼板相关构造类型及编号按表5.4的规定。

表5.4 楼板相关构造类型与编号

构造类型	代号	序号	说明
纵筋加强带	JQD	××	以单向加强纵筋取代原位置配筋
后浇带	HJD	××	有不同的留筋方式
柱帽	ZM_X	××	适用于无梁楼板
局部升降板	SJB	××	板厚及配筋与所在板相同;构造升降高度≤300 mm
板加腋	JY	××	腋高与腋宽可选注
板开洞	BD	××	最大变长或直径<1 m;加强筋长度有全跨贯通和自洞边锚固两种
板翻边	FB	××	翻边高度≤300 mm
角部加强筋	Crs	××	以上部双向非贯通加强钢筋取代原位置的非贯通配筋
悬挑板阳角放射筋	Ces	××	板悬挑阳角上部放射筋
抗冲切箍筋	Rh	××	通常用于无柱帽无梁楼盖的柱顶
抗冲切弯起筋	Rb	××	通常用于无柱帽无梁楼盖的柱顶
悬挑板阴角附加筋	Cis	××	板悬挑阴角上部斜向附加钢筋

3.楼板相关构造制图规则

（1）纵筋加强带JQD的引注

纵筋加强带的平面形状及定位由平面布置图表达,加强带内配置的加强贯通纵筋等有引注内容表达。

纵筋加强带设单向加强贯通纵筋,取代其所在位置板中原配置的同向贯通纵筋。根据受力需要,加强贯通纵筋可在板下部设置,也可在板下部和上部均设置。纵筋加强带JQD的引注如图 5.6 所示。

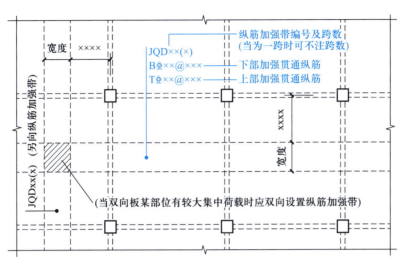

图 5.6　纵筋加强带 JQD 引注图示

当板下部和上部均设置加强贯通纵筋,而板带上部横向无配筋时,加强带上部横向配筋应由设计者注明。当将纵筋加强带设置为暗梁形式时应注写箍筋,其引注如图 5.7 所示。

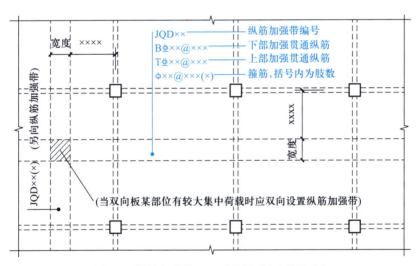

图 5.7　纵筋加强带 JQD 引注图示(暗梁形式)

（2）后浇带 HJD 的引注

后浇带的平面形状及定位由平面布置图表达,后浇带留筋方式等由引注内容表达,包括以下 3 项内容:

1）后浇带编号及留筋方式代号。16G101 图集提供了两种留筋方式:贯通留筋(代号 GT)、100%搭接留筋(代号 100%)。

2）后浇混凝土的强度等级 Cxx。宜采用补偿收缩混凝土,设计应注明相关施工要求。

3）当后浇带区域留筋方式或后浇混凝土强度等级不一致时,设计者应在图中注明与图示不一致的部位及做法。后浇带引注如图 5.8 所示。

贯通留筋的后浇带宽度通常大于或等于 800 mm；100%搭接留筋的后浇带宽度常取 800 mm 与(l_l+60 mm)的较大值(l_l为受拉钢筋的搭接长度)。

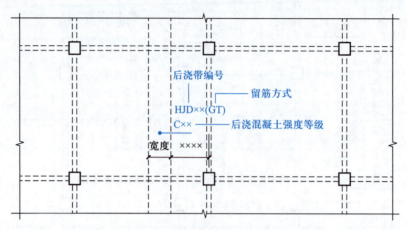

图 5.8　后浇带 HJD 引注图示(贯通留筋方式)

(3) 局部升降板 SJB 的引注

局部升降板的平面形状及定位由平面布置图表达,其他内容由引注内容表达,如图 5.9 所示。

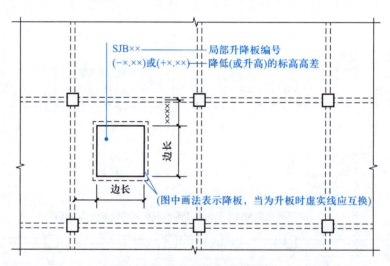

图 5.9　局部升降板 SJB 引注图示

局部升降板的板厚、壁厚和配筋,在标准构造详图中取与所在板块的板厚配筋相同时,设计不注;当采用不同板厚、壁厚和配筋时,设计应补充绘制截面配筋图。

局部升降板升高与降低的高度,在标准构造详图中限定为小于或等于 300 mm,当高度大于 300 mm 时,设计应补充绘制截面配筋图。

设计应注意:局部升降板的下部与上部配筋均应设计为双向贯通纵筋。

(4) 板开洞 BD 的引注

板开洞的平面形状及定位由平面布置图表达,洞的几何尺寸等由引注内容表达,如图 5.10所示。

当矩形洞口变长或圆形洞口直径小于或等于 1 000 mm,且当洞边无集中荷载作用时,洞

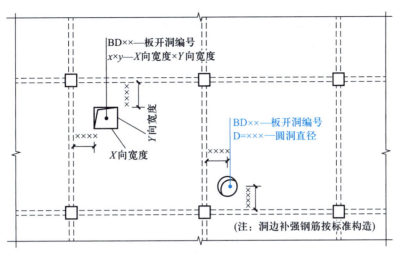

图 5.10 板开洞 BD 引注图示

边补强钢筋可按标准构造的规定设置,设计不注;当洞口周边加强钢筋不伸至支座时,应在图中画出所有加强钢筋,并标注不伸至支座的钢筋长度。当具体工程所需要的补强钢筋与标准构造不同时,设计应加以注明。

当矩形洞口变长或圆形洞口直径大于 1 000 mm,或虽小于或等于 1 000 mm 但洞边有集中荷载作用时,设计应根据具体情况采取相应的处理措施。

(5) 板翻边 FB 的引注

板翻边可为上翻边也可为下翻边,翻边尺寸等在引注内容中表达,翻边高度在标准构造详图中为小于或等于 300 mm,如图 5.11 所示。当翻边高度大于 300 mm 时,由设计者自行处理。

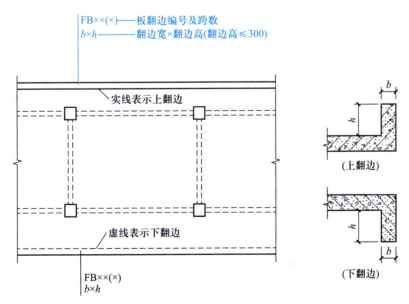

图 5.11 板翻边 FB 引注图示

（6）角部加强筋 Crs 的引注

角部加强筋通常用于板块角区的上部，如图 5.12 所示，根据规范规定的受力要求选择配置。角部加强筋将在其分布范围内取代原配置的板支座上部非贯通纵筋，且当其分布范围内配有板上部贯通纵筋时则间隔布置。

（7）悬挑板阳角附加筋 Ces 的引注

悬挑板阳角附加筋 Ces 的引注如图 5.13、图 5.14 所示。

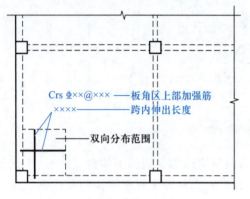

图 5.12　角部加强筋 Crs 引注图示

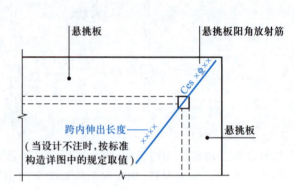

图 5.13　悬挑板阳角附加筋 Ces 引注图示（一）

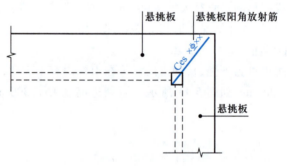

图 5.14　悬挑板阳角附加筋 Ces 引注图示（二）

（8）抗冲切箍筋 Rh 的引注

抗冲切箍筋通常在无柱帽无梁楼板盖的柱顶部位设置，如图 5.15 所示。

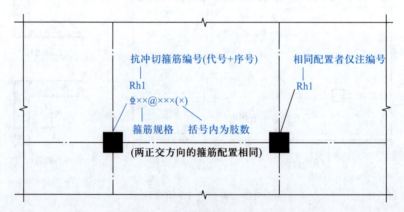

图 5.15　抗冲切箍筋 Rh 引注图示

（9）抗冲切弯起筋 Rb 的引注

抗冲切弯起筋通常在无柱帽无梁楼盖的柱顶部位设置,如图 5.16 所示。

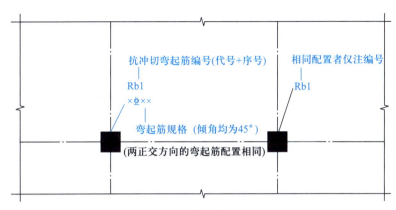

图 5.16 抗冲切弯起筋 Rb 引注图示

5.1.4 楼板的钢筋配料

楼板钢筋配料根据板结构施工图,分别计算各板内钢筋的直线下料长度、根数及重量,编制钢筋配料单,作为备料加工和结算的依据。

1. 一般计算原则

通过前面对于有梁楼盖板和无梁楼盖板平法施工图的识读,我们可以知道板需要计算的钢筋按照所在位置及功能不同,可以分为受力钢筋和附加钢筋两大部分,见表 5.5。

表 5.5 板需要计算的钢筋

钢筋类型	钢筋名称	钢筋类型	钢筋名称
受力钢筋	板底钢筋	附加钢筋	温度钢筋
	板面钢筋		角部加强筋
	支座负筋		洞口附加筋

（1）板底通长筋长度及根数计算

1）板底通长筋长度计算图,如图 5.17 所示。

$$底筋长度=板净跨+左伸进长度+右伸进长度+弯钩增加值（光圆钢筋） \qquad (5.1)$$

当底筋伸入端部支座为剪力墙、梁时,伸进长度应伸到剪力墙、梁纵筋内侧,同时应考虑实际施工需要预留的尺寸(通常为一个钢筋直径)。

2）板底通长钢筋根数计算图,如图 5.18 所示。

$$板底钢筋根数=支座间净距（净跨）-板筋间距/间距+1 \qquad (5.2)$$

注：第一根钢筋距梁或墙边 1/2 板筋间距。

（2）板支座负筋长度计算(参考 16G101-1 第 99 页)

$$端支座负筋长度=板内净长度+深入端支座内长度+左右弯折长度-量度差值 \qquad (5.3)$$

$$端支座负筋根数=支座净间距-板筋间距+1 \qquad (5.4)$$

注：第一根钢筋距梁或墙边 1/2 板筋间距。

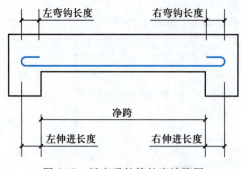

图 5.17　板底通长筋长度计算图

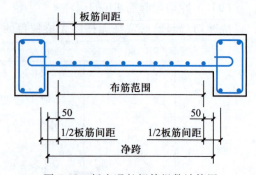

图 5.18　板底通长钢筋根数计算图

中间支座负筋长度 = 左端板内净长度 + 右端板内净长度 + 中间支座宽度 + 左右弯折长度 - 量度差值 　　　　　　　　　　　　　　　　　　　　　　　　　　　　　　　(5.5)

（3）板分布筋计算

$$分布筋长度 = 两端支座负筋净距 + 150 \times 2 \qquad (5.6)$$

$$分布筋根数 = 支座负筋板内净长 / 分布筋间距 + 1 \qquad (5.7)$$

请结合 16G101-1 图集思考当板配置温度筋时如何计算长度及根数？

2. 案例

如图 5.19 所示，混凝土强度等级为 C30，一级抗震，试计算板钢筋下料长度。

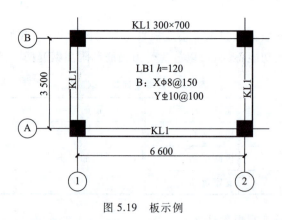

图 5.19　板示例

5.2　钢筋混凝土(梁)板模板制作与安装

微课
(梁)板模
板的制作
和安装

5.2.1　楼板模板的制作安装与拆除

1. 楼板模板的支设方法

（1）采用钢管脚手架搭设排架铺设楼板模板

常采用的支模方法：用 $\phi48 \times 3.5$ m 脚手钢管搭设排架，在排架上铺放 50 mm×100 mm 方木，间距为 400 mm 左右，作为面板的搁栅（楞木），在其上铺设胶合板面板，如图 5.20 所示。

（2）采用木顶撑支设楼板模板

楼板模板铺设在搁栅上。搁栅两头搁置在托木上，搁栅一般用断面 50 mm×100 mm 的方木，间距为 400~500 mm。当搁栅跨度较大时，应在搁栅下面再铺设通长的牵杠，以减小搁

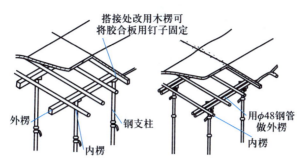

图 5.20 楼板模板采用脚手钢管(或钢支柱)排架支撑

栅的跨度。牵杠撑的断面要求与顶撑立柱一样,下面须垫木楔及垫板。一般用(50~75)mm×150 mm 的方木。楼板模板应垂直于搁栅方向铺钉,如图 5.21 所示。

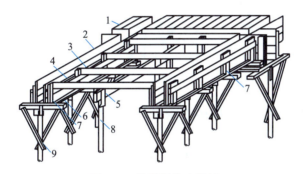

图 5.21 肋形楼盖木模板

1—楼板模板;2—梁侧模板;3—搁栅;4—横档(托木);5—牵杠;6—夹木;7—短撑木;8—牵杠撑;9—支柱(琵琶撑)

　　楼板模板安装时,先在次梁模板的两侧板外侧弹水平线,水平线的标高应为楼板底标高减去楼板模板厚度及搁栅高度;然后按水平线钉上托木,托木上口与水平线相齐;再把靠梁模旁的搁栅先摆上,等分搁栅间距,摆中间部分的搁栅;最后在搁栅上铺钉楼板模板。为了便于拆模,只在模板端部或接头处钉牢,中间尽量少钉。如中间设有牵杠撑及牵杠时,应在搁栅摆放前先将牵杠撑立起,将牵杠铺平。

　　木顶撑构造如图 5.22 所示。

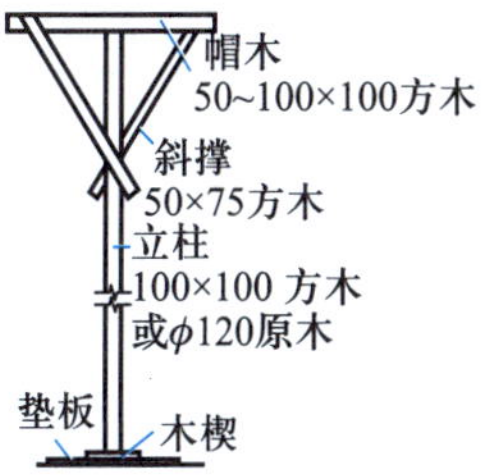

图 5.22 木顶撑

2. 楼板模板安装与拆除

　　楼板模板及其支架系统,主要承受钢筋、混凝土的自重及其施工荷载。楼板胶合板模板施工工艺流程如图 5.23 所示。

　　1)搭设支架。支架立杆采用满堂脚手架,间距以 900~1 200 mm 为宜,一般要求与梁脚手架立杆间距一致;支架立柱中间安装大横杆与梁支架拉通连接成整体,最下一层地杆(横杆)距离地面 200 mm。

　　2)刷脱模剂。模板安装前宜涂刷水性脱模剂,主要是海藻酸钠;严禁在木板上涂刷废机油。

　　3)安装龙骨。在钢管脚手架顶端插接可调节支座,通过调节支座的高度,可固定大龙骨,大龙骨可采用 $\phi48\times3.5$ 钢管或 100 mm×100 mm 木方;架设小龙骨 50 mm×100 mm 木方,

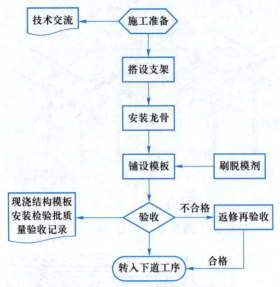

图 5.23　楼板胶合板模板施工工艺流程

间距为 300~400 mm。

　　4)铺设模板。楼板模板四周压在梁侧模上,角位模板应通线钉固;楼面模板铺完后,应认真检查支架是否牢固,模板梁面、板面应清扫干净。

3. 楼板模板拆除

　　模板拆除时,可采取先支的后拆、后支的先拆,先拆非承重模板、后拆承重模板的顺序,并应从上而下进行拆除。当混凝土强度达到设计要求时,方可拆除底模及支架;当设计无具体要求时,同条件养护试件的混凝土抗压强度应符合表 5.6 的规定。

表 5.6　模板拆除强度要求表

结构类型	结构跨度	按设计混凝土强度的标准百分率计/%
板	≤2	50
	>2,≤8	75
	>8	100

5.2.2　楼板模板的验收要求

1. 基本规定

　　1)模板及其支架应根据工程结构形式、荷载大小、地基土类别、施工设备和材料供应等条件进行设计。模板及其支架应具有足够的承载能力、刚度和稳定性,能可靠地承受浇筑混凝土的重量、侧压力以及施工荷载。

　　2)在浇筑混凝土之前,应对模板工程进行验收。

　　模板安装和浇筑混凝土时,应对模板及其支架进行观察和维护。发生异常情况时,应按施工技术方案及时进行处理。

　　3)模板及其支架拆除的顺序及安全措施应按施工技术方案执行。

2. 模板安装

（1）主控项目

1）安装现浇结构的上层模板及其支架时，下层楼板应具有承受上层荷载的能力，或加设支架；上、下层支架的立柱应对准，并铺设垫板。

检查数量：全数检查。

检验方法：对照模板设计文件和施工技术方案观察。

2）在涂刷模板隔离剂时，不得沾污钢筋和混凝土接槎处。

检查数量：全数检查。

检验方法：观察。

（2）一般项目

1）模板安装应满足下列要求：① 模板的接缝不应漏浆；在浇筑混凝土前木模板应浇水湿润，但模板内不应有积水；② 模板与混凝土的接触面应清理干净并涂刷隔离剂，且不得采用影响结构性能或妨碍装饰工程施工的隔离剂；③ 浇筑混凝土前，模板内的杂物应清理干净；④ 对清水混凝土工程及装饰混凝土工程，应使用能达到设计效果的模板。

检查数量：全数检查。

检验方法：观察。

2）用作模板的地坪、胎模等应平整光洁，不得产生影响构件质量的下沉、裂缝、起砂或起鼓。

检查数量：全数检查。

检验方法：观察。

3）对跨度不小于 4 m 的现浇钢筋混凝土梁、板，其模板应按设计要求起拱；当设计无具体要求时，起拱高度宜为跨度的 1/1 000~3/1 000。

检查数量：在同一检验批内，对梁，应抽查构件数量的 10%，且不少于 3 件；对板，应按有代表性的自然间抽查 10%，且不少于 3 间；对大空间结构，板可按纵、横轴线划分检查面，抽查 10%，且不少于 3 面。

检验方法：水准仪或拉线、钢尺检查。

4）固定在模板上的预埋件、预留孔和预留洞均不得遗漏，且应安装牢固，其偏差应符合表 5.7 的规定。

表 5.7 预埋件和预留孔洞的允许偏差

项目		允许偏差/mm
预埋板中心线位置		3
预埋管、预留孔中心线位置		3
插筋	中心线位置	5
	外露长度	+10,0
预埋螺栓	中心线位置	2
	外露长度	+10,0
预留洞	中心线位置	10
	尺寸	+10,0

注：检查中心线位置时，应沿纵、横两个方向量测，并取其中的较大值。

检查数量：在同一检验批内，对梁、柱和独立基础，应抽查构件数量的 10%，且不少于 3 件；对墙和板，应按有代表性的自然间抽查 10%，且不少于 3 间；对大空间结构，墙可按相邻轴线间高度 5m 左右划分检查面，板可按纵横轴线划分检查面，抽查 10%，且均不少于 3 面。

检验方法：钢尺检查。

5）现浇结构模板安装的偏差应符合表 5.8 的规定。

检查数量：在同一检验批内，对梁、柱和独立基础，应抽查构件数量的 10%，且不少于 3 件；对墙和板，应按有代表性的自然间抽查 10%，且不少于 3 间；对大空间结构，墙可按相邻轴线间高度 5 m 左右划分检查面，板可按纵、横轴线划分检查面，抽查 10%，且均不少于 3 面。

表 5.8　现浇结构模板安装的允许偏差及检验方法

项目		允许偏差/mm	检验方法
轴线位置		5	钢尺检查
底模上表面标高		±5	水准仪或拉线、钢尺检查
模板内部尺寸	基础	±10	钢尺检查
	柱、墙、梁	±5	钢尺检查
柱、墙垂直度	层高≤6 m	8	经纬仪或吊线、钢尺检查
	层高>6 m	10	经纬仪或吊线、钢尺检查
相邻两板表面高差		2	钢尺检查
表面平整度		5	2m 靠尺和塞尺检查

注：检查轴线位置时，应沿纵、横两个方向量测，并取其中的较大值。

6）预制构件模板安装的偏差应符合表 5.9 的规定。

检查数量：首次使用及大修后的模板应全数检查；使用中的模板应抽查 10%，且不应少于 5 件，不足 5 件应全数检查。

表 5.9　预制构件模板安装的允许偏差及检验方法

项目		允许偏差/mm	检验方法
长度	板、梁	±5　±4	钢尺量两侧边，取其中较大值
	薄腹梁、桁架	±10　±8	
	柱	0，−10	
	墙板	0，−5	
宽度	板、墙板	0，−5	钢尺量两端及中部，取其中较大值
	梁、薄腹梁、桁架、柱	+2，−5	
高（厚）度	板	+2，−3	钢尺量两端及中部，取其中较大值
	墙板	0，−5	
	梁、薄腹板、桁架、柱	+2，−5	

续表

项目		允许偏差/mm	检验方法
侧向弯曲	梁、板、柱	$l/1\ 000$ 且 ≤ 15	拉线、钢尺量最大弯曲处
	墙板、薄腹梁、桁架	$l/1\ 500$ 且 ≤ 15	
	板的表面平整度	3	2 m 靠尺和塞尺检查
	相邻两板表面高低差	1	钢尺检查
对角线差	板	7	钢尺量两个对角线
	墙板	5	
翘曲	板、墙板	$l/1\ 500$	调平尺在两端量测
设计起拱	薄腹梁、桁架、梁	±3	拉线、钢尺量跨中

注:l 为构件长度(mm)。

3. 模板拆除

底模及其支架拆除时的混凝土强度应符合设计要求;当设计无具体要求时,混凝土强度应符合表 5.10 的规定。

检查数量:全数检查。

检验方法:检查同条件养护试件强度试验报告。

表 5.10 底模拆除时的混凝土强度要求

构件类型	构件跨度/m	达到设计的混凝土立方体抗压强度标准值的百分率/%
板	≤2	≥50
	>2,≤8	≥75
	>8	≥100
梁、拱、壳	≤8	≥75
	>8	≥100
悬臂构件	—	≥100

5.3 钢筋混凝土(梁)板钢筋的加工与绑扎

5.3.1 板钢筋加工与绑扎

1. 钢筋安装

(1)准备工作

1)钢筋:钢筋按设计并考虑现场绑扎的具体情况,在加工厂或施工现场加工制作。钢筋下料完成后,核对板成品钢筋的钢号、直径、形状、尺寸和数量与料单、料牌是否相符,如有不符,必须立即纠正。

2)绑扎丝:采用 20~22 号铁丝,并断成适当长度。Φ12 以下钢筋,用 22 号铁丝,Φ12~Φ25 用 20 号铁丝,大于 Φ25 用 18 号铁丝。定额:22 号铁丝,每吨用量 7 kg;20 号铁丝,每吨

微课

(梁)板钢筋的加工与绑扎

用量 6kg。

3）垫块：垫块平面尺寸 50 mm×50 mm。厚度按保护层厚度要求,垂直方向的垫块应带预埋铁丝。

4）撑脚：上下双层钢筋设置钢筋支架,以保证相对位置的准确。撑脚应垫在下层钢筋网片上。撑脚一般用比被支撑钢筋小一号的钢筋制作,通常每 1 000 mm×1 000 mm 设置一个。当撑脚筋过小时,加密放置。

5）机具：电焊机、钢筋钩子、剪子、板子、小撬棍、木折尺、钢尺、粉笔、笤帚、钢筋运料车、木梯等。

（2）作业条件

1）钢筋进场必须见证抽样送检合格。如钢筋的品种、规格、级别需变更,应办理设计变更文件。

2）钢筋配料单与图纸一一核对。

3）已进行技术交底,完成了下料,并分类堆放。

4）钢筋清洁,模板内已清洁。

5）已备好了垫块、马凳、预埋件。

6）确定好了各工种交叉作业的方案,工作面已腾出。

7）垫层、模板已验收,并做好了抄平放线,弹出了基础钢筋位置。

2. 板钢筋绑扎

板钢筋绑扎工艺流程如图 5.24 所示。

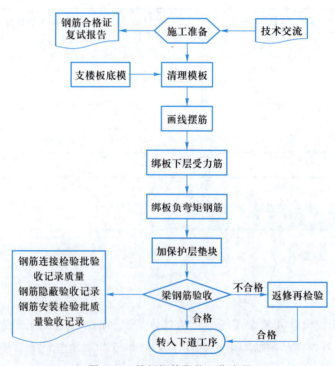

图 5.24　楼板钢筋绑扎工艺流程

板钢筋绑扎操作要求如下：

1)清理模板。清理模板上的杂物,用石笔在模板上画好主筋、分布筋间距,板边第一个主筋距梁边缘50 mm。

2)画线摆筋。按画好的间距,先摆放受力主筋,后放分布筋。预埋件、电线管、预留孔等及时配合安装。

3)绑扎板下受力筋。绑扎板筋时一般用顺扣绑扎或八字扣绑扎,除外围两根筋的相交点应全部绑扎外,其余各点可交错绑扎(双向板相交点需全部绑扎)。

4)绑板负弯矩钢筋。如板为双层钢筋,两层筋之间加钢筋马凳,以确保上部钢筋的位置。负弯矩钢筋每个相交点均要绑扎,并在主筋下垫砂浆垫块,以防止被踩下。特别对雨篷、挑檐、阳台等悬臂板,要严格控制负筋的位置,防止变形。

5)加保护层垫块。在钢筋的下面垫好砂浆垫块,间距1.5 m。垫块的厚度等于保护层厚度,应满足设计要求,如设计无要求时,板的保护层厚度应为15 mm。

5.3.2　板钢筋工程验收

同1.2.2独立基础钢筋工程验收。

5.4　钢筋混凝土(梁)板混凝土的浇筑

5.4.1　施工准备

1. 作业条件

1)需浇筑混凝土的部位已办理隐、预检手续,混凝土浇筑申请单已经批准。

2)浇筑前应将模板内木屑、泥土等杂物及钢筋上的水泥浆清除干净。

3)浇筑混凝土用的架子、马道及操作平台已搭设完毕,并经检验合格。

4)夜间施工还需准备照明灯具。

2. 技术准备

1)熟悉设计施工图纸,编制详细的施工技术方案。

2)认真做好技术交底工作和班前交底工作。

3. 材料准备

1)水泥:水泥品种、强度等级应根据设计要求确定,质量符合现行水泥标准。工期紧时可做水泥快测。

2)砂、石子:根据结构尺寸、钢筋密度、混凝土施工工艺、混凝土强度等级的要求确定石子粒径、砂子细度。砂、石质量符合现行标准要求。

3)水:自来水或不含有害物质的洁净水。

4)外加剂:根据施工组织设计要求,确定是否采用外加剂。外加剂必须经试验合格后,方可在工程上使用。

5)掺合料:根据施工组织设计要求,确定是否采用掺合料,质量符合现行标准要求。

6)钢筋:钢筋的级别、规格必须符合设计要求,质量符合现行标准要求。钢筋表面应保持清洁,无锈蚀和油污。

7)脱模剂:水质隔离剂。

4. 施工机具准备

1)施工机械:塔式起重机、龙门架、搅拌机、混凝土泵送设备、布料机、插入式振捣棒、平

微课
(梁)板混凝土的浇筑

板振动器等。

　　2）工具机具：手推车、挂杠、木抹子、铁锹、胶皮水管、串筒或溜槽等。

　　3）检测设备：坍落度筒、试模、卷尺、经纬仪、靠尺、塞尺等。

5.4.2　混凝土浇筑

　　通常情况下，梁、板混凝土应同时浇筑，混凝土浇筑工艺流程如图 5.25 所示。

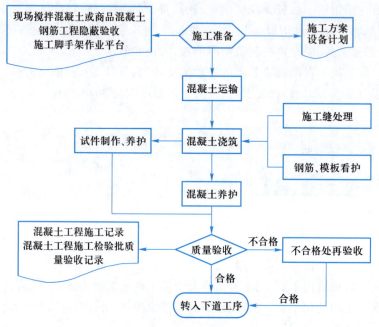

图 5.25　混凝土浇筑工艺

　　1）梁、板应同时浇筑，浇筑时应由一端开始用"赶浆法"，即先浇筑梁，根据梁高分层浇筑成阶梯形，当达到板底位置时再与板的混凝土一起浇筑，随着阶梯形不断延伸，梁板混凝土浇筑连续向前进行。

　　2）和板连成整体且高度大于 1 m 的梁，允许单独浇筑，其施工缝应留在板底以下2~3 cm 处。浇捣时，浇筑与振捣必须紧密配合，第一层下料慢些，梁底充分振实后再下二层料，用"赶浆法"保持水泥浆沿梁底包裹石子向前推进，每层均应振实后再下料，梁底及梁帮部位要注意振实，振捣时不得触动钢筋及预埋件。

　　3）梁柱节点钢筋较密时，浇筑此处混凝土时宜用小粒径石子同强度等级的混凝土浇筑，并用小直径振捣棒振捣。

　　4）浇筑板混凝土的虚铺厚度应略大于板厚，用平板振捣器垂直浇筑方向来回振捣，厚板可用插入式振捣器顺浇筑方向拖拉振捣，并用铁插尺检查混凝土厚度，振捣完毕后用长木抹子抹平。施工缝处或有预埋件及插筋处用木抹子找平。浇筑板混凝土时不允许用振捣棒铺摊混凝土。

　　5）施工缝位置：宜沿次梁方向浇筑楼板，施工缝应留置在次梁跨度的中间 1/3 范围内。施工缝的表面应与梁轴线或板面垂直，不得留斜槎。施工缝宜用木板或钢丝网挡牢。

　　6）施工缝处须待已浇筑混凝土的抗压强度不小于 1.2 MPa 时，才允许继续浇筑。在继续浇筑混凝土前，施工缝混凝土表面应凿毛，剔除浮动石子，并用水冲洗干净后，先浇一层水泥浆,然后继续浇筑混凝土,应细致操作振实,使新旧混凝土紧密结合。

7)施工中注意事项如下:

混凝土的供应必须保证混凝土泵能连续作业,尽可能避免或减少泵送时中途停歇。如混凝土供应不上,宁可减低速度,以保持泵送连续进行。若出现停料迫使泵停下,则混凝土泵必须每隔4~5 min进行约定的行程动作。混凝土泵送时,注意不要将混凝土泵车料内剩余混凝土降低到20 cm,以免吸入空气。混凝土泵送时,应做到每2 h换一次水洗槽中的水。加强对泵车及输送管道的巡回检查,发现隐患,及时排除,缩短拆装管道的时间。控制坍落度,在搅拌站及现场设专人管理,每隔2~3 h测试一次。拆下的管道应及时清洗干净。现场设置专人看模。

5.4.3　混凝土浇筑常见质量问题

1)蜂窝:混凝土一次下料过厚,振捣不实或漏振,模板有缝隙使水泥浆流失,钢筋较密而混凝土坍落度过小或石子过大,柱、墙根部模板有缝隙,以致混凝土中的砂浆从下部涌出而造成。

2)露筋:钢筋垫块位移、间距过大、漏放垫块、钢筋紧贴模板,或梁、板底部振捣不实,而造成露筋。

3)麻面:拆模过早或模板表面漏刷隔离剂或模板湿润不够,构件表面混凝土易黏附在模板上造成麻面脱皮。

4)孔洞:钢筋较密的部位混凝土被卡,未经振捣就继续浇筑上层混凝土,导致出现孔洞。

5)缝隙与夹渣层:施工缝处杂物清理不净或未浇底浆等原因,易造成缝隙、夹渣层。

6)现浇楼板面表面平整度偏差太大:主要原因是混凝土浇筑后,表面不用抹子认真抹平。冬期施工在覆盖保温层时,上人过早或未垫板即进行操作。

小结

钢筋混凝土楼板采用混凝土与钢筋共同制作,特点是坚固、耐久、刚度大、强度高、防火性能好。按施工方法可以分为现浇钢筋混凝土楼板和装配式钢筋混凝土楼板两大类。目前应用较多的是现浇混凝土楼板,其整体性、耐久性、抗震性好,刚度大,能适应各种形状的建筑平面。实际施工中应注意板内钢筋的排布,板内纵向钢筋的连接,尤其应注意负筋的位置。板混凝土浇筑过程中注意浇筑工艺及混凝土的养护,防止出现裂缝。

习题与思考

1.板内钢筋种类有哪些?在实际施工中构造上有哪些要求?如何排布?

2.悬挑板钢筋受力有何特点?排列要求与非悬挑板有何不同?

3.板钢筋验收有哪些要求?

4.简述现浇楼板模板的安装要求。

实训项目

如图5.26所示为板的传统表示法,请将其改为平面表示法。

已知:混凝土强度等级为 C30,一级抗震,计算其内部钢筋的下料长度。

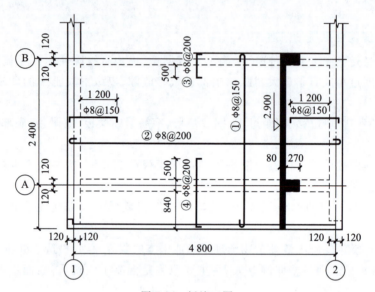

图 5.26　板施工图

6

钢筋混凝土剪力墙施工

【学习目标】

通过本项目学习,使学生能够识读剪力墙的施工图纸;掌握剪力墙钢筋的构造要求以及剪力墙钢筋下料计算;掌握剪力墙钢筋安装工艺与验收,剪力墙模板的制作与安装、拆除工艺,剪力墙混凝土浇筑工艺;并会分析剪力墙施工过程中一些常见的质量事故产生的原因与处理方法。通过知识点的掌握,学生具有简单的(梁)板施工能力和施工管理能力;最后通过知识点与能力的拓展,具备爱岗敬业、团队协作、遵守行业规范和职业道德等基本职业素养。

【内容概述】

本项目内容主要包括剪力墙施工图识读、钢筋安装、模板安装与验收和混凝土浇筑四部分,学习重点是剪力墙施工图识读、钢筋安装和模板安装,学习难点是钢筋安装。

【知识准备】

剪力墙施工是在《混凝土结构设计规范》(GB 50010—2010)、《混凝土结构工程施工规范》(GB 50666—2011)与图集 16G101-1 的基础上,完全按照最新的规范、图集标准的要求组织实施。因此,针对本部分内容的学习,同学们可参考上述规范及图集中剪力墙相关内容。

6.1 钢筋混凝土剪力墙施工图识读

剪力墙平法标注分为:列表注写方式和截面注写方式。

6.1.1 剪力墙施工图列表注写方式

剪力墙可视为由剪力墙柱、剪力墙身和剪力墙梁三类构件构成。

列表注写方式指分别在剪力墙柱表、剪力墙身表和剪力墙梁表中,对应于剪力墙平面布置图上的编号,用绘制截面配筋图并标注几何尺寸与配筋具体数值的方式,来表达剪力墙平法施工图。16G101-1 图集第 22 页给出了剪力墙列表标注方式示例。

剪力墙列表标注方式有以下规定:

1. 编号规定

将剪力墙按剪力墙柱、剪力墙身、剪力墙梁三类构件分别编号。

(1)墙柱编号

由墙柱类型代号和序号组成,规定见表 6.1。

微课
剪力墙施
工图识读

表 6.1 墙 柱 编 号

墙柱类型	代号	序号
约束边缘构件	YBZ	XX
构造边缘构件	GBZ	XX
非边缘暗柱	AZ	XX
扶壁柱	FBZ	XX

注:约束边缘构件包括约束边缘暗柱、约束边缘端柱、约束边缘翼墙、约束边缘转角墙4种(图 6.1)。构造边缘构件包括构造边缘暗柱、构造边缘端柱、构造边缘翼墙、构造边缘转角墙4种(图 6.2)。

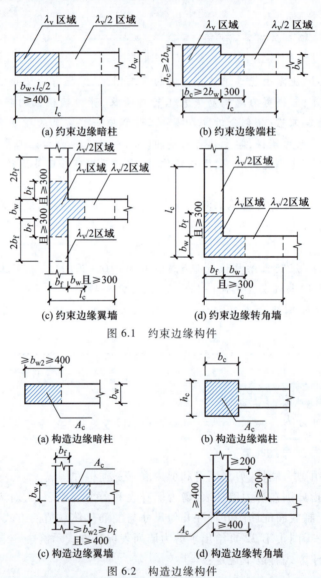

图 6.1 约束边缘构件

图 6.2 构造边缘构件

（2）墙身编号

剪力墙身表由墙身代号、序号以及墙身所配置的水平与竖向分布钢筋的排数组成,其中排数标注在括号内,表达形式为:Q××(××排),见表 6.2。

表 6.2　剪力墙身表

编号	标高	墙厚	水平分布筋	竖向分布筋	拉筋	备注
Q1（两排）	-0.110～12.260	300	φ 12@ 250	φ 12@ 250	φ 6@ 500	约束边缘构件范围
Q2（两排）	12.260～49.860	250	φ 10@ 250	φ 10@ 250	φ 6@ 500	

在平法图集中对墙身编号有以下规定：

1）在编号中，如若干墙柱的截面尺寸与配筋均相同，仅截面与轴线的关系不同时，可将其编为同一墙柱号；又如若干墙身的厚度尺寸和配筋均相同，仅墙厚与轴线的关系不同或墙身长度不同时，也可将其编为同一墙身号，但应在图中注明其与轴线的几何关系。

2）当墙身所设置的水平与竖向分布钢筋的排数为 2 时可不注。

3）分布钢筋网的排数规定。非抗震：当剪力墙厚度大于 160 mm 时，应配置双排；当其厚度不大于 160 mm 时，宜配置双排。抗震：当剪力墙厚度不大于 400 mm 时，应配置双排；当剪力墙厚度大于 400 mm，但不大于 700 mm 时，宜配置三排；当剪力墙厚度大于 700 mm 时，宜配置四排。各排水平分布钢筋和竖向分布钢筋的直径与间距宜保持一致。

4）当剪力墙配置的分布钢筋多于两排时，剪力墙拉筋两端应同时勾住外排水平纵筋和竖向纵筋，还应与剪力墙内排水平纵筋和竖向纵筋绑扎在一起。

（3）墙梁编号

墙梁编号由墙梁类型代号和序号组成，表达形式规定见表6.3。

表 6.3　墙 梁 编 号

墙梁类型	代号	序号
连梁	LL	××
连梁（对角暗撑配筋）	LL（JC）	××
连梁（交叉斜筋配筋）	LL（JX）	××
连梁（集中对角斜筋配筋）	LL（DX）	××
暗梁	AL	××
边框梁	BKL	××
连梁（跨高比不小于5）	LLK	××

2. 列表注写方式注意事项

（1）剪力墙柱表中表达的内容规定

1）标注墙柱编号和几何尺寸，绘制该墙柱的截面配筋图。

2）标注各段墙柱的起止标高，自墙柱根部往上以变截面位置或截面未变但配筋改变处为界分段标注。墙柱根部标高一般指基础顶面标高（部分框支剪力墙结构则为框支梁顶面标高）。

3）标注各段墙柱的纵向钢筋和箍筋，标注值应与表中绘制的截面配筋图对应一致。纵向钢筋注总配筋值；墙柱箍筋的标注方式与柱箍筋相同。约束边缘构件除标注阴影部位的箍筋外，还要在剪力墙平面布置图中标注非阴影区内布置的拉筋或箍筋。如图 6.3 所示为剪力墙柱列表注写示意图。

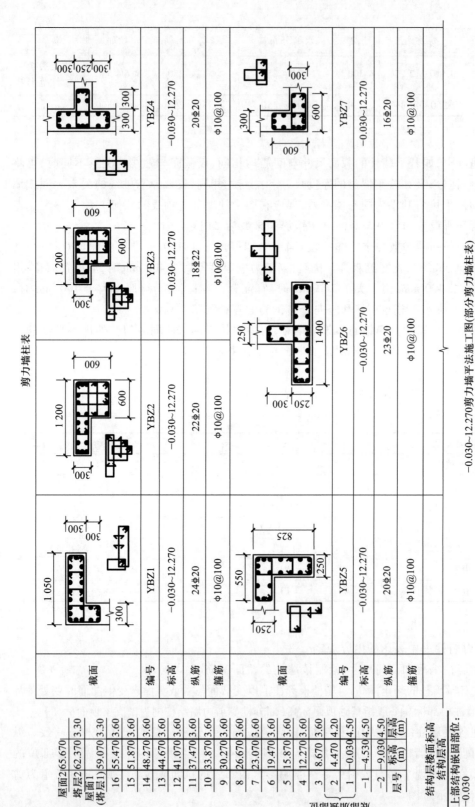

图6.3　剪力墙柱列表注写示意图

（2）剪力墙身表（表 6.4）中表达的内容规定

1）标注墙身编号（含水平与竖向钢筋的排数）。

2）标注各段墙身起止标高，自墙身根部往上以变截面位置或截面未变但配筋改变处为界分段标注。墙身根部标高一般指基础顶面标高（部分框支剪力墙结构则为框支梁的顶面标高）。

3）标注水平分布钢筋、竖向分布钢筋和拉筋的具体数值。标注数值为一排水平分布钢筋和竖向分布钢筋的规格与间距，具体设置几排已经在墙身编号后面表达。

表 6.4　剪力墙身表

编号	标高	墙厚	水平分布筋	垂直分布筋	拉筋（双向）
Q1	−0.030～30.270	300	ϕ 12@ 200	ϕ 12@ 200	ϕ 6@ 600@ 600
	30.270～59.070	250	ϕ 10@ 200	ϕ 10@ 200	ϕ 6@ 600@ 600
Q2	−0.030～30.270	250	ϕ 10@ 200	ϕ 10@ 200	ϕ 6@ 600@ 600
	30.270～59.070	200	ϕ 10@ 200	ϕ 10@ 200	ϕ 6@ 600@ 600

（3）剪力墙梁表（表 6.5）中表达的内容规定

表 6.5　剪力墙梁表

编号	所在楼层号	梁顶相对标高高差	梁截面 $b×h$	上部纵筋	下部纵筋	箍筋
LL1	3～9	0.800	350×2 000	4 ϕ 22	4 ϕ 22	ϕ 10@ 100（2）
	10～16	0.800	350×2 000	4 ϕ 20	4 ϕ 20	ϕ 10@ 100（2）
	屋面 1		250×1 200	4 ϕ 20	4 ϕ 20	ϕ 10@ 100（2）
LL2	3	−1.200	300×2 520	4 ϕ 22	4 ϕ 22	ϕ 10@ 100（2）
	4	−0.900	300×2 070	4 ϕ 22	4 ϕ 22	ϕ 10@ 100（2）
	5～9	−0.900	300×1 770	4 ϕ 22	4 ϕ 22	ϕ 10@ 100（2）
	10～屋面 1	−0.900	300×1 770	3 ϕ 22	3 ϕ 22	ϕ 10@ 100（2）
LL3	3		300×2 520	4 ϕ 22	4 ϕ 22	ϕ 10@ 100（2）
	4		300×2 070	4 ϕ 22	4 ϕ 22	ϕ 10@ 100（2）
	5～9		300×1 770	4 ϕ 22	4 ϕ 22	ϕ 10@ 100（2）
	10～屋面 1		300×1 770	3 ϕ 22	3 ϕ 22	ϕ 10@ 100（2）

1）标注墙梁编号。

2）标注墙梁所在楼层号。

3）标注墙梁顶面标高高差，系指相对于墙梁所在结构层楼面标高的高差值。高于者为正值，低于者为负值，当无高差时不注。

4）标注墙梁截面尺寸 $b×h$、上部纵筋、下部纵筋和箍筋的具体数值。

6.1.2　截面注写方式

截面注写方式是指在分标准层绘制的剪力墙平面布置图上,以直接在墙柱、墙身、墙梁上标注截面尺寸和配筋具体数值的方式来表达剪力墙平法施工图。选用适当比例原位放大绘制剪力墙平面布置图,其中对墙柱绘制配筋截面图;对所有墙柱、墙身、墙梁分别进行编号,并在相同编号的墙柱、墙身、墙梁中选择一根墙柱、一道墙身、一根墙梁进行标注。

16G101-1图集第17页给出了剪力墙截面标注方式示例,如图6.4所示。

在16G101-1图集中对截面标注方式有以下规定:

1)当连梁设有对角暗撑时[代号为LL（JC）××],标注暗撑的截面尺寸(箍筋外皮尺寸);标注一根暗撑的全部纵筋,标注×2表明有两根暗撑相互交叉。

2)当连梁设有交叉斜筋时[代号为LL（JX）××],标注连梁一侧对角斜筋的配筋值,标注×2表明对称设置;标注对角斜筋在连梁端部设置的拉筋根数、规格及直径,标注×4表示四个角都设置;标注连梁一侧折线筋配筋值,标注×2表明对称设置。

3)当连梁设有集中对角斜筋时[代号为LL（DX）××],标注一条对角线上的对角斜筋,标注×2表明对称设置。

4)当墙身水平分布钢筋不能满足连梁、暗梁及边框梁的梁侧面纵向构造钢筋的要求时,应补充注明梁侧面纵筋的具体数值;标注时,以大写字母N打头,接续标注直径与间距。其在支座内的锚固要求同连梁中受力钢筋。

【示例】　N Φ 10@ 150,表示墙梁两个侧面纵筋对称配置为:HRB400级钢筋,直径10 mm,间距为150 mm.

6.1.3　剪力墙的钢筋配料

剪力墙根据剪力墙身、剪力墙柱、剪力墙梁所在位置及功能不同,需要计算的主要钢筋见表6.6。

在框架结构的钢筋计算中剪力墙是较难计算的构件,计算剪力墙钢筋时要注意以下几点:

① 剪力墙身、墙梁、墙柱及洞口之间的关系;② 剪力墙在平面上有直角、丁字角、十字角、斜交角等各种转角形式;③ 剪力墙在立面上有各种洞口;④ 墙身钢筋可能有单排、双排、多排,且可能每排钢筋不同;⑤ 墙柱有各种箍筋组合;⑥ 连梁要区分顶层与中间层,依据洞口的位置不同计算方法也不同。

1. 剪力墙身钢筋的计算

剪力墙身钢筋包括水平筋、竖向筋、拉筋和洞口加强筋,我们以剪力墙水平筋与竖向筋为例来进行钢筋计算的介绍。

(1)墙身水平钢筋长度计算(请参考16G101-1图集)

1)墙端为暗柱,外侧钢筋连续通过时:

$$外侧钢筋=墙长-2×保护层-调整值 \tag{6.1}$$

$$内侧钢筋=墙长-2×保护层+2×15d-调整值 \tag{6.2}$$

2)墙端为暗柱,外侧钢筋不连续通过时:

$$外侧钢筋=墙长-2×保护层+0.8l_{aE}×2 \tag{6.3}$$

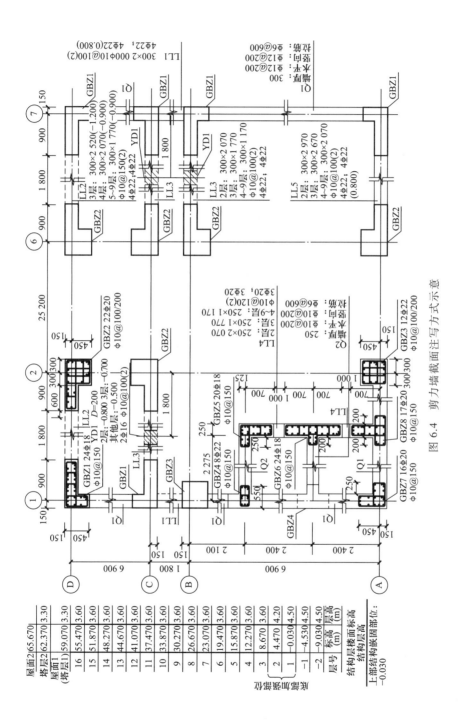

图 6.4 剪力墙截面注写方式示意

表 6.6　剪力墙需要计算的钢筋

钢筋位置		钢筋名称
剪力墙身	水平筋	外侧筋
		内侧筋
	竖向筋	基础层插筋
		中间层竖向筋
		顶层钢筋
	拉筋	拉筋
剪力墙梁	暗梁	纵筋、箍筋
	连梁	纵筋、箍筋
剪力墙柱	暗柱	纵筋、箍筋
	端柱	纵筋、箍筋

$$内侧钢筋 = 墙长 - 2 \times 保护层 + 15d \times 2 - 调整值 \tag{6.4}$$

3）墙端为端柱时：

$$外侧钢筋 = 墙长 - 2 \times 保护层 + 15d \times 2 - 调整值 \tag{6.5}$$

$$内侧钢筋 = 墙长 - 2 \times 保护层 + 15d \times 2 - 调整值 \tag{6.6}$$

4）当剪力墙端部既无暗柱也无端柱时：

$$钢筋长度 = 墙长 - 保护层 \times 2 + 10d \times 2 - 调整值 \tag{6.7}$$

（2）墙身水平筋根数计算（请参考 16G101-1 图集）

1）基础层水平筋根数

$$根数 = (基础高度 - 基础保护层 - 100)/500 + 1 \tag{6.8}$$

2）中间层及顶层水平筋根数

$$根数 = (层高 - 100)/间距 + 1 \tag{6.9}$$

（3）墙身竖向钢筋计算（请参考 16G101-1 图集第 70 页）

1）墙基础插筋长度计算（机械或焊接连接时，不计算搭接长度）

① 当 h_j（基础底面至基础顶面高度）大于 $l_{aE}(l_a)$ 时

$$基础插筋长度 = 弯折长度 6d + h_j - 保护层 - 底层钢筋直径 + 搭接长度 1.2l_{aE} \tag{6.10}$$

② 当 h_j 小于等于 $l_{aE}(l_a)$ 时

$$基础插筋长度 = 弯折长度 15d + h_j - 保护层 - 底层钢筋直径 + 搭接长度 1.2l_{aE} - 调整值 \tag{6.11}$$

2）墙中间层竖向钢筋长度

$$中间层纵筋 = 层高 + 搭接长度 1.2l_{aE} \tag{6.12}$$

3）墙顶层竖向钢筋长度

$$顶层纵筋 = 层高 - 保护层 + 12d - 调整值 \tag{6.13}$$

4）墙竖向钢筋根数计算

$$墙身竖向分布钢筋根数 = (墙身净长 - 两个竖向间距)/竖向布置间距 + 1 \tag{6.14}$$

注：墙身竖筋是从暗柱或端柱边开始布置。

2. 剪力墙梁钢筋计算

具体构造参照 16G101 图集，计算方法同框架梁。

3. 剪力墙柱钢筋计算

剪力墙柱分端柱和暗柱，其中端柱钢筋的计算方法与框架柱的计算方法相同，暗柱纵筋的计算同墙身竖向筋，具体构造参照 16G101 图集。

6.2　钢筋混凝土剪力墙钢筋的安装

6.2.1　剪力墙钢筋的安装

1. 施工准备工作

（1）材料及主要机具

1）钢筋下料完成后，核对基础成品钢筋的钢号、直径、形状、尺寸和数量与料单、料牌是否相符，如有不符，必须立即纠正。

2）拉筋和支撑筋：剪力墙内外层钢筋间应绑拉筋和支撑筋，以便固定上下左右钢筋间的距离。通常做法拉结筋只起到拉而不能起撑的作用。为了保证墙体双层钢筋位置正确，最好采用梯形支撑筋。梯形支撑筋是用两根竖筋（与墙体竖筋同直径同高度）与水平筋焊成梯形，绑在墙体两排钢筋之间起到撑的作用，支撑筋可用直径 6~10 mm 的钢筋制成，长度等于两层网片的净距（图 6.5），间距约为 1 m，相互错开排列。

3）铁丝：可采用 20~22 号铁丝（火烧丝）或镀锌铁丝（铅丝）。

4）控制混凝土保护层用的砂浆垫块、塑料卡。

5）工具：钢筋钩子、撬棍、钢筋板子、绑扎架、钢丝刷子、手推车、粉笔、尺子等。

（2）其他准备

技术、组织及人员等准备工作同梁、板、柱章节。

2. 作业条件

1）检查钢筋的出厂合格证，按规定做力学性能复试，当加工过程中发生脆断等特殊情况，还需做化学成分检验；钢筋应无老锈及油污。

微课
剪力墙钢筋的安装

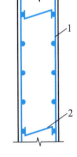

图 6.5　墙钢筋的支撑筋
1—钢筋网；2—支撑筋

2）钢筋或点焊网片应按现场施工平面图中指定位置堆放，网片立放时需有支架，平放时应垫平，垫木应上下对正，吊装时应使用网片架吊装。

3）钢筋外表面如有铁锈时，应在绑扎前清除干净，锈蚀严重侵蚀断面的钢筋不得使用。

4）检查网片的几何尺寸、规格、数量及点焊质量等，合格后方可使用。

5）应将绑扎钢筋地点清理干净。

6）弹好墙身、洞口位置线，并将预留钢筋处的松散混凝土剔凿干净。

3. 施工工艺

（1）剪力墙钢筋现场绑扎

剪力墙钢筋绑扎工艺流程如图 6.6 所示。

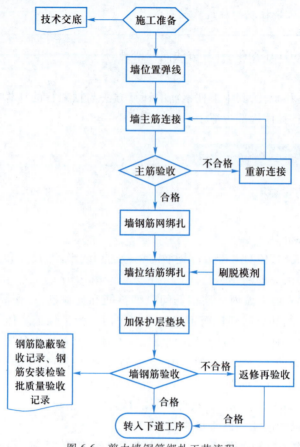

图 6.6　剪力墙钢筋绑扎工艺流程

（2）剪力墙钢筋绑扎操作要求

1）将墙身处预留钢筋调直理顺，并将表面砂浆等杂物清理干净。先立 2~4 根竖筋，并画好横筋分档标志，然后于下部及齐胸处绑两根横筋固定好位置，并在横筋上画好分档标志，然后绑其余竖筋，最后绑其余横筋。

2）双排钢筋之间应绑拉筋，拉筋直径不小于 6 mm，间距不大于 600 mm，剪力墙底部加强部位的拉筋宜适当加密。为保持两排钢筋的相对距离，宜采用绑扎定位用的梯形支撑筋，间距为 1 000~1 200 mm。

3）剪力墙水平钢筋应交错搭接，当多于两排时，中间水平分布筋端部构造同内侧水平分布筋，端部弯折段可向上或向下弯折，应符合构造要求。剪力墙内竖向钢筋，钢筋接头位置要求高低错开，位于同一连接区段竖向钢筋接头面积百分率不超过 50%。

4）剪力墙的纵向钢筋每段长度不宜超过 4 m（钢筋的直径 ≤ 12 mm）或 6 m（钢筋的直径 > 12 mm），水平段每段长度不宜超过 8 m，以利绑扎。

5）剪力墙的钢筋网绑扎。全部钢筋的相交点都要扎牢，绑扎时相邻绑扎点的铁丝扣成八字形，以免网片歪斜变形。

6）剪力墙端柱竖向钢筋连接和锚固与框架柱相同。矩形截面独立墙肢，当截面高度不大于截面厚度 4 倍时，其竖向钢筋连接和锚固要求同框架柱要求或按设计要求设置。当竖向钢筋为 HPB300 时，钢筋端头应加 180° 弯钩。

7）剪力墙的连梁沿梁全长的箍筋构造要符合设计要求,在建筑物顶层连梁伸入墙体的钢筋长度范围内,应设置间距不小于 150 mm 的构造箍筋。连梁连接与锚固应符合构造要求。

8）剪力墙洞口周围应绑扎补强钢筋,其锚固长度应符合设计要求。

9）剪力墙采用预制焊接网片时应符合《钢筋焊接网混凝土结构技术规程》(JGJ—2014)。

6.2.2　剪力墙钢筋的验收

1. 剪力墙钢筋验收的要点

1）受力钢筋的品种、规格、数量、位置等符合设计要求。

2）钢筋的连接方式、接头位置、接头数量、接头面积百分率等符合设计要求。

3）箍筋、横向钢筋的品种、规格、数量、间距等符合设计要求。

4）预埋件的规格、数量、位置等符合设计要求。

5）箍筋弯钩的弯折角度:对一般结构,不应小于 90°;对有抗震等要求的结构,应为135°。箍筋弯钩后平直部分长度:对一般结构,不宜小于箍筋的 5 倍;对有抗震等要求的结构,不宜小于箍筋直径的 10 倍。

6）钢筋安装完毕后,应检查钢筋绑扎是否牢固、间距和锚固长度是否达到要求、混凝土保护层是否符合规定。

2. 检查方法和允许偏差

钢筋安装位置检查方法和允许偏差应符合表 6.7 要求。

表 6.7　钢筋安装位置的允许偏差和检验方法

项目		允许偏差/mm	检验方法
绑扎钢筋网	长、宽	±10	钢尺检查
	网眼尺寸	±20	钢尺量连续三档,取最大值
绑扎钢筋骨架	长	±10	钢尺检查
	宽、高	±5	
受力钢筋	锚固长度	−20	尺量
	间距	±10	钢尺量两端、中间各一点,取最大值
	排距	±5	
纵向受力钢筋、箍筋的混凝土保护层厚度	基础	±10	钢尺检查
	柱、梁	±5	
	板、墙、壳	±3	
绑扎钢筋、横向钢筋		±20	钢尺量连续三档,取最大值
钢筋弯起点位置		20	钢尺检查
预埋件	中心线位置	5	
	水平高差	+3.0	钢尺和塞尺检查

注:① 检查预埋件中心线位置时,应沿纵、横两个方向量测,并取其中的较大值。

② 表中梁类、板类构件上部纵向受力钢筋保护层厚度的合格点率应达到 90% 及以上,且不得有超过表中数值 1.5 倍的尺寸偏差。

检查数量:在同一检验批内,对梁、柱和独立基础,应抽查构件数量的 10%,且不少于 3 件;对墙和板,应按有代表性的自然间抽查 10%,且不少于 3 间;对大空间结构,墙可按相邻轴线间高度 5 m 左右划分检查面,板可按纵、横轴线划分检查面,抽查 10%,且均不少于 3 面。

6.3 钢筋混凝土剪力墙模板制作与安装

微课
剪力墙模板的制作与安装

1. 施工准备

1)根据工程结构的形式及特点进行模板设计,确定竹、木胶合板模板制作的几何形状、尺寸要求,龙骨的规格、间距,选用支撑系统。

2)依据施工图纸绘制模板设计图,包括模板平面布置图、剖面图、组装图、节点大样图、零件加工图等。

3)根据模板设计要求和工艺标准,向班组进行安全、技术交底。

4)按照模板设计图或明细进行模板安装材料准备,包括配套大模板、胶合板、方木、连接件、支撑件、脱模剂等。

5)根据模板安装需要进行施工机械、施工组织及人员装备。

2. 剪力墙胶合板模板施工工艺

采用胶合板作现浇混凝土墙体的模板,是目前常用的一种模板技术,相比采用组合式模板,可以减少混凝土外露表面的接缝,满足清水混凝土的要求。

剪力墙胶合板模板施工工艺流程如图 6.7 所示。

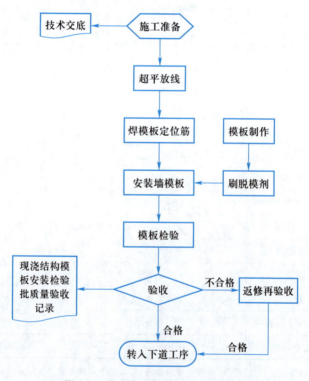

图 6.7 墙胶合板模板施工工艺流程

（1）模板制作

按图纸尺寸制作墙模板,胶合板面板外侧的立档用50×100方木,横档（又称牵杠）可用 φ48×3.5脚手钢管或方木（一般为100方木）,模板底部应留清扫口;模板的吊钩,设于模板上部,吊环应将面板和竖肋木方连接在一起。

（2）超平放线

清理墙插筋底部,弹出墙边线和墙模板安装控制线,使墙模板安装控制线与墙边线平行,两线相距150 mm。

（3）焊定位筋

在墙两侧纵筋上点焊定位筋,间距依据支模方案确定。

（4）刷脱模剂

模板安装前宜涂刷脱模剂,严禁在模板上涂废机油。

（5）安装墙模板

胶合板面板外侧的立档用50×100方木做竖楞,用φ48×3.5脚手钢管或方木（一般为100方木）做横档（又称牵杠）,两侧模板用穿墙螺栓拉结,如图6.8所示。

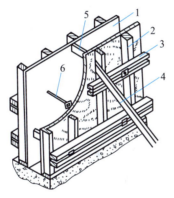

图 6.8　采用胶合板面板的剪力墙墙体模板
1—胶合板;2—立档;3—横档;4—斜撑;5—撑头;6—穿墙螺栓

1）按位置线安装门窗洞口模板和预埋件。

2）为了保证墙体的厚度准确,在两侧模板之间可用小方木撑头（小方木长度等于墙厚）,也可用φ12短钢筋（长度等于墙厚）,沿墙高和墙纵向每间隔1.2～1.5 m点焊在墙的纵筋上,以梅花形布置;防水混凝土墙要加有止水板。小方木要随着浇筑混凝土逐个取出。为了防止浇筑混凝土的墙身鼓胀,可用8～10号铅丝或直径12～16 mm的螺栓拉结两侧模板,间距不大于1 m。螺栓要纵横排列,并在混凝土凝结前经常转动,以便在凝结后取出,如墙体不高,厚度不大,亦可在两侧模板上口钉上搭头木。

3）将预先拼装好的一面墙模板按控制线就位,然后安装斜撑;再安装套管和对拉螺栓,对拉螺栓的规格和间距在模板设计时应明确规定。

4）清扫墙内杂物,再按另一侧模板调整斜撑,使模板垂直后,拧紧穿墙螺栓,最后与脚手架连接固定。

5）墙模板立缝、角缝设于木方位置,以防漏浆和错台;墙模板的水平缝背面应加木方拼接。

（6）模板检验

安装完毕后,检查一遍扣件、螺栓是否紧固,模板拼缝及下口是否严密,并进行检验。

3. 剪力墙大模板施工工艺

（1）大模板安装

大模板是采用定型化设计与工业化加工制作而成的一种工具式模板,其单块面积大,常可达一面墙的面积,因而称之为大模板。大模板主要应用于高层建筑剪力墙结构及筒体结构的墙体、大截面柱以及工业建筑大块墙体的施工。其主要特点:模板采用起重机械整体装拆吊运,施工速度快,效率高;浇筑的混凝土表面平整光滑,综合技术经济效益较好;现浇外墙的外模板可加装饰图案,减少现场装饰工程的湿作业;单块大模板的面积受起重机械起重能力的制约;大模板迎风面大,在超高层建筑中的应用受到限制。

大模板由板面结构、支撑系统和操作平台以及附件组成,如图6.9所示。

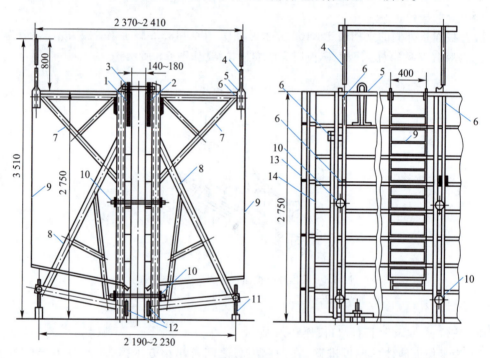

图6.9　组合式大模板的构造

1—反向模板;2—正向模板;3—上口卡板;4—活动护身栏;5—爬梯横担;6—连接螺栓;
7—操作平台三角挂架;8—三角支撑架;9—铁爬梯;10—穿墙螺栓;
11—地脚螺栓;12—板面地脚螺栓;13—反活动角模;14—正活动角模

安装工艺流程:准备工作→挂外架子→安装内横墙模板→安装内纵墙模板→安装堵头模板→安装外墙内侧模板→合模前钢筋隐检→安装外墙外侧模板→预检。

1）在下层外墙混凝土强度不低于7.5 MPa时,利用下一层外墙螺栓孔挂金属三角平台架。

2）安装内横墙、内纵墙模板。

3）在内墙模板的外端头安装活动堵头模板,它可以用木板或铁板根据墙厚制作。模板要严密,防止浇筑内墙混凝土时,混凝土从外端头部位流出。

4）先安装外墙内侧模板,按楼板上的位置线将大模板就位找正,然后安装门窗洞口模板。

5）合模板前将钢筋、水电等预埋管件进行隐检。

6）安装外墙外侧模板,模板放在金属三角平台架上,将模板就位,穿螺栓紧固校正,注意施工缝模板的连接处必须严密、牢固可靠,防止出现错台和漏浆现象。

（2）大模板拆除

1）在常温条件下,墙体混凝土强度必须达 1 MPa,冬期施工的外板内模结构、外砖内模结构,墙体混凝土强度达 4 MPa 才准拆模,全现浇结构外墙混凝土强度在 7.5 MPa,内墙混凝土强度在 5 MPa 才准拆模,拆模时应以同条件养护试块抗压强度为准。

2）拆除模板顺序与安装模板顺序相反,先拆纵墙模板后拆横墙模板,首先拆下穿墙螺栓,再松开地脚螺栓,使模板向后倾斜与墙体脱开。如果模板与混凝土墙面吸附或黏结不能离开时,可用撬棍撬动模板下口,不得在墙上口撬模板,或用大锤砸模板。应保证拆模时不晃动混凝土墙体,尤其拆门窗洞模板时不能用大锤砸模板。

3）拆除全现浇结构模板时,应先拆外墙外侧模板,再拆除内侧模板。

4）清除模板平台上的杂物,检查模板是否有钩挂兜绊的地方,调整起重设备塔臂至被拆除的模板上方,将模板吊出。

5）大模板吊至存放地点时,必须一次放稳,保持自稳角为 75°~80°,及时进行板面清理,涂刷隔离剂,防止粘连灰浆。

6）大模板应定期进行检查与维修,保证使用质量。

4. 剪力墙模板常见质量问题及验收标准

剪力墙胶合板模板验收注意事项在前面梁、板、柱章节已经详细叙述,这里主要介绍剪力墙大模板的验收及质量要求。

（1）常见质量问题及处理方法

1）墙身超厚:墙身放线时误差过大,模板就位调整不认真,穿墙螺栓没有全部穿齐、拧紧。

2）墙体厚薄不一,平整度差:防治方法是,模板设计应有足够的强度和刚度,龙骨的尺寸和间距、穿墙螺栓间距、墙体的支撑方法等在作业中要认真执行。

3）墙体烂根,模板接缝处跑浆:防治方法是,模板根部砂浆找平塞严,模板间卡固措施牢靠。

4）墙体上口过大:支模时上口卡具没有按设计要求尺寸卡紧。

5）混凝土墙体表面粘连:由于模板清理不好,涂刷隔离剂不匀,拆模过早所造成。

6）角模与大模板缝隙过大跑浆:模板拼装时缝隙过大,连接固定措施不牢靠,应加强检查,及时处理。

7）角模入墙过深:支模时角模与大楼板连接凹入过多或不牢固,应改进角模支模方法。

8）门窗洞口混凝土变形:门窗洞口模板的组装及与大模板的固定不牢固,施工时必须认真进行洞口模板设计,以保证尺寸,便于装拆。

（2）安装允许偏差（表 6.8）

表 6.8 安装允许偏差及检验方法

拼装式大模板组拼允许偏差与检验方法			
项次	项目	允许偏差/mm	检验方法
1	模板高度	+3 0	卷尺量检查
2	模板长度	0 −2	卷尺量检查
3	模板板面对角线差	≤3	卷尺量检查
4	模板板面平整度	+2 0	2 m 靠尺及塞尺量检查
5	相邻模板面板拼缝阶差	≤1	平尺及塞尺量检查
6	相邻模板面板拼缝间隙	≤1	塞尺量检查
大模板安装允许偏差与检验方法			
项次	项目		允许偏差/mm	检验方法
1	轴线位置		4	钢尺量检查
2	截面内部尺寸		±2	钢尺量检查
3	层高垂直度	全高≤5m	3	线坠及钢尺量检查
		全高>5m	5	线坠及钢尺量检查
4	相邻模板板面阶差		2	平尺及塞尺量检查
5	平直度		<4(20 m 内)	上口尺量检查,下口按模板定位线为基准检查

6.4 剪力墙混凝土浇筑

6.4.1 剪力墙混凝土的浇筑、振捣、养护

微课
剪力墙混凝土的浇筑

这里主要介绍剪力墙大模板普通混凝土浇筑、振捣、养护工艺。

1) 墙体浇筑混凝土前,在底部接槎处先浇筑 5 cm 厚与墙体混凝土成分相同的水泥砂浆或减石子混凝土。用铁锹均匀入模,不应用吊斗直接灌入模内。第一层浇筑高度控制在 50 cm 左右,以后每次浇筑高度应是振动器长度的 1.25 倍;分层浇筑、振捣。混凝土下料点应分散布置。墙体连续进行浇筑,间隔时间不超过 2 h。墙体混凝土的施工缝宜设在门洞过梁跨中 1/3 区段。当采用平模时或留在内纵横墙的交界处,墙应留垂直缝。接槎处应振捣密实。浇筑时随时清理落地灰。

2) 洞口浇筑时,使洞口两侧浇筑高度对称均匀,振动棒距洞边 30 cm 以上,宜从两侧同时振捣,防止洞口变形。大洞口下部模板应开口,并补充混凝土及振捣。

3) 振捣:插入式振捣器移动间距不宜大于振捣器作用半径的 1.5 倍,一般应小于 50 cm,门洞口两侧构造柱要振捣密实,不得漏振。每一振点的延续时间,以表面呈现浮浆和不再沉落为达到要求,避免碰撞钢筋、模板、预埋件、预埋管、外墙板空腔防水构造等,若发现有变形、移位,各有关工种应相互配合进行处理。

4) 墙上口找平:混凝土浇筑振捣完毕,将上口甩出的钢筋加以整理,用木抹子按预定标

高线将表面找平。预制模板安装宜采用硬架支模,上口找平时,使混凝土墙上表面低于预制模板下皮标高 3～5 cm。

5）拆模养护:常温时混凝土强度达到 1.2 MPa,冬期时掺防冻剂,使混凝土强度达到 4 MPa时拆模。保证拆模时墙体不粘模、不掉角、不裂缝,及时修整墙面、边角。常温及时喷水养护,养护时间不少于 7 d,浇水次数应能保持混凝土湿润。

6.4.2　剪力墙混凝土的工程质量缺陷

剪力墙混凝土在施工中常见的质量缺陷主要有以下几点:

1）墙体烂根:预制模板安装后,支模前在每边模板下口抹找平层,找平层嵌入模板不超过 1 cm,保证模板下口严密。墙体混凝土浇筑前,先均匀浇筑 5 cm 厚砂浆或减石子混凝土。混凝土坍落度要严格控制,防止混凝土离析,底部振捣应认真操作。

2）洞口移位变形:浇筑时防止混凝土冲击洞口模板,洞口两侧混凝土应对称、均匀进行浇筑、振捣。模板穿墙螺栓应紧固可靠。

3）墙面气泡过多:采用高频振捣棒,每层混凝土均要振捣至气泡排出为止。

4）混凝土与模板粘连:注意清理模板,拆模不能过早,隔离剂涂刷均匀。

5）墙体与楼板交接处易产生细微裂缝,浇筑混凝土时应在浇筑完墙板后稍停一会再浇筑楼板,或在墙板与楼板交接处再回振一次。

🔖　小结

建筑物中的竖向承重构件主要由墙体承担时,这种墙体既承担水平构件传来的竖向荷载,同时承担风力或地震作用传来的水平地震荷载,剪力墙即由此而得名(抗震规范定名为抗震墙)。剪力墙分为框架－剪力墙结构、普通剪力墙结构和框支剪力墙结构。剪力墙结构的优点是侧向刚度大,在水平荷载作用下侧移小;其缺点是剪力墙的间距有一定限制,建筑平面布置不灵活,不适合要求大空间的公共建筑,另外结构自重也较大,灵活性稍差。一般适用住宅、公寓和旅馆。剪力墙主要由剪力墙身、剪力墙柱、剪力墙梁组成,在实际施工中应注意相互之间钢筋的连接、锚固。混凝土浇筑应设计合理的施工方案,合理留设施工缝、后浇带,对于节点部位在混凝土浇筑过程中应加强混凝土的振捣,防止拆模后出现蜂窝、麻面等。

🔖　习题与思考

1. 剪力墙身中的竖向和水平钢筋该如何摆放?竖向钢筋和水平钢筋与墙中的暗梁钢筋应如何摆放?

2. 剪力墙楼板、屋面板处钢筋如何排布?剪力墙连梁、暗梁、边框梁钢筋如何排布?

3. 剪力墙边缘构件、连梁、墙身钢筋如何排布?

4. 剪力墙钢筋验收有哪些要求？

5. 简述剪力墙大模板安装工艺及具体要求。

6. 剪力墙混凝土浇筑有哪些注意事项？

实训项目

如图 6.10 所示，混凝土强度等级为 C30，一级抗震，层高 3 m，采用绑扎搭接，水平和竖直分布钢筋分别为 2 ϕ 14@ 200，计算水平分布钢筋和竖直分布钢筋（中间层）的下料长度及根数。

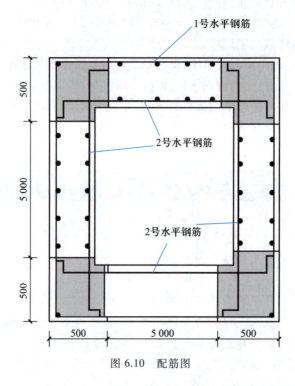

图 6.10　配筋图

7

钢筋混凝土楼梯施工

【学习目标】

掌握楼梯施工图的识读程序与楼梯钢筋配料计算;掌握楼梯钢筋安装工艺与验收,楼梯模板的制作与安装、拆除工艺,楼梯混凝土浇筑工艺;并会分析楼梯施工过程中一些常见的质量事故产生的原因与处理方法。通过知识点的掌握,使学生具有简单的楼梯施工的能力和施工管理的能力;最后通过知识点与能力的拓展,具备爱岗敬业、团队协作、遵守行业规范和职业道德等基本职业素养。

【内容概述】

本项目内容主要包括钢筋混凝土楼梯施工图识读、钢筋安装、模板安装与验收和混凝土浇筑四部分,学习重点是楼梯施工图识读、钢筋安装和模板安装,学习难点是钢筋安装。

【知识准备】

钢筋混凝土楼梯施工是在《混凝土结构设计规范》(GB 50010—2010)、《混凝土结构工程施工规范》(GB 50666—2011)与图集 16G101-2 在原规范图集部分内容作了较大调整的基础上,完全按照最新的规范、图集标准的要求组织实施。因此,针对本部分内容的学习,同学们可参考上述规范及图集中楼梯相关内容。

7.1 钢筋混凝土楼梯施工图识读

7.1.1 钢筋混凝土板式楼梯的分类

从结构形式上划分,现浇混凝土楼梯可以分为板式楼梯、梁式楼梯、悬挑楼梯和旋转楼梯等。板式楼梯的踏步段是一块斜板,这块踏步段斜板支承在高端梯梁和低端梯梁上,或者直接与高端平板和低端平板连成一体。梁式楼梯踏步段的左右两侧是两根楼梯斜梁,把踏步板支承在楼梯斜梁上,两根楼梯斜梁支承在高端梯梁和低端梯梁上,高端梯梁和低端梯梁一般都是两端支承在墙或者柱上。悬挑楼梯的梯梁一端支承在墙或者柱上,形成悬挑梁的结构,踏步板支承在梯梁上;也有的悬挑楼梯直接把楼梯踏步做成悬挑板(一端支承在墙或者柱上)。旋转楼梯一改普通楼梯两个踏步段曲折上升的形式,而采用围绕一个轴心螺旋上升的做法。旋转楼梯往往与悬挑楼梯相结合,作为旋转中心的柱就是悬挑踏步板的支座,楼梯踏步围绕中心柱形成一个螺旋向上的踏步形式。

现浇结构楼梯多以板式楼梯为主。16G101-2 标准图集只包括板式楼梯的内容,故本部

微课

板式楼梯
的分类

分内容主要介绍板式楼梯。板式楼梯所包含的构件内容一般有踏步段、层间梯梁、层间平板、楼层梯梁和楼层平板等,如图 7.1 所示。

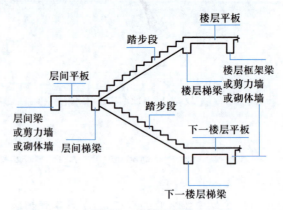

图 7.1 楼梯的组成

16G101-2 图集包含 12 种常用的现浇混凝土板式楼梯,这 12 种板式楼梯又分为"一跑楼梯"和"两跑楼梯"两类。下面以一跑楼梯为例说明。一跑楼梯的共同点:只包含踏步段一低端梯梁和高端梯梁之间的一跑矩形梯板;踏步段的每一个踏步的水平宽度相等、高度相等;设置低端梯梁和高端梯梁,但不计入"楼梯"范围;不包含层间平板和楼层平板,踏步段的钢筋只锚入低端梯梁和高端梯梁,与平板不发生联系。

民用建筑中使用最广泛的是一跑楼梯 AT。例如,普通住宅楼的楼梯间的构成,从二楼的楼层平板经过一个踏步段到达休息平台(层间平板),又经过一个踏步段到达三楼的楼层平板,这个楼梯间我们经过了两个踏步段,似乎是"两跑楼梯",但其实是两个"一跑楼梯AT",这是需要注意的第一个问题。需要注意的第二个问题是:16G101-2 标准图集的"一跑楼梯"只包含一个踏步段斜板,不包含层间平板和楼层平板,也不包含层间梯梁和楼层梯梁,这些板和梁的钢筋都要另行计算。

按照平法设计绘制的楼梯施工图,一般是由楼梯的平法施工图和标准详图两大部分构成。梯板的平法注写方式包括平面注写、剖面注写和列表注写 3 种。平台板、梯梁、梯柱的平法注写与识读可以参考 16G101-1。在楼梯施工图中要注明楼梯所选用的混凝土强度等级和钢筋级别,进而确定相应受拉钢筋的最小锚固长度和最小搭接长度;当采用机械锚固形式时,图纸应指定机械锚固的具体形式、必要的构件尺寸和质量要求;注明楼梯所处的环境类别;当选用 ATa、ATb、ATc、CTa、CTb 型楼梯时,应给出楼梯的抗震等级。

识图时按照实际情况需要做变更的情况:当选用 Ata、ATb、CTa 和 CTb 型楼梯时,应指定滑动支座的做法;当图纸中采用的做法与图集不同时,施工人员提请设计人员变更;当工程中采用与 16G101-2 的标准构造详图不同的做法时;当梯板踏步板与侧墙设计为相联或嵌入时,不论侧墙为混凝土结构或砌体结构,均由设计人员变更。

板式楼梯的代号以 AT~GT、ATa、ATb、ATc、CTa、CTb 表示,见表 7.1。

表 7.1 楼 梯 类 型

楼板代号	适用范围		是否参与结构整体抗震计算	适用条件
	抗震构造措施	适用结构		
AT	无	框架、剪力墙、砌体结构	不参与	两梯梁之间的矩形梯板全部由踏步段构成,踏步段两端均以梯梁为支座
BT				两梯梁之间的矩形梯板由低端平板和踏步段构成,两部分的一端各自以梯梁为支座
CT	无	框架、剪力墙、砌体结构	不参与	两梯梁之间的矩形梯板由踏步段和高端平板构成,两部分的一端各自以梯梁为支座
DT				两梯梁之间的矩形梯板由低端平板、踏步段和高端平板构成,高低端的一端各自以梯梁为支座
ET	无	框架、剪力墙、砌体结构	不参与	两梯梁之间的矩形梯板由低端踏步板、中位平板和高端踏步段构成,高低端踏步段的一端各自以梯梁为支座
FT				矩形梯板由楼层平板、两跑踏步段和层间平板组成,楼梯间内不设置梯梁;墙体位于平板外侧;楼层平板与层间平板均采用三边支承,另一边与踏步段相连;同一楼层内各踏步段的水平长相等,高度相等(即等分楼层高度)
GT	无	框架结构	不参与	楼梯间内不设置梯梁,矩形梯板由楼层平板、两跑踏步段和层间平板组成;楼层平板采用三边支承,另一边采用与踏步段的一端相连;层间平板采用单边支承,对边与踏步段的另一端相连,另外两相对侧边为自由边;同一楼层内各踏步段的水平长相等,高度相等(即等分楼层高度)
ATa			不参与	设滑动支座;两梯梁之间的矩形梯板全部由踏步段构成,踏步段两端均以梯梁为支座,且梯板低端支承处做成滑动支座,滑动支座直接落在梯梁上。框架结构中,楼梯中间平台通常设梯柱、梯梁,中间平台可与框架柱连接
ATb	有	框架结构	不参与	设滑动支座;两梯梁之间的矩形梯板全部由踏步段构成,踏步段两端均以梯梁为支座,且梯板低端支承处做成滑动支座,滑动支座直接落在梯梁挑板上。框架结构中,楼梯中间平台通常设梯柱、梯梁,中间平台可与框架柱连接
ATc			参与	两梯梁之间的矩形梯板全部由踏步段构成,踏步段两端均以梯梁为支座。框架结构中,楼梯中间平台通常设梯柱、梯梁,中间平台可与框架柱连接(2个梯柱形式)或脱开(4个梯柱形式)

续表

楼板代号	适用范围		是否参与结构整体抗震计算	适用条件
	抗震构造措施	适用结构		
CTa	有	框架结构、框剪结构中框架部分	不参与	带滑动支座的板式楼梯,梯板低端带滑动支座支承在梯梁上。梯段由踏步段和高端平板构成,其支承方式为梯板高端均支承在梯梁上。梯板采用双层双向配筋
CTb			不参与	带滑动支座的板式楼梯,梯板低端带滑动支座支承在梯梁上。梯段由踏步段和高端平板构成,其支承方式为梯板高端均支承在挑板上。梯板采用双层双向配筋

注:Ata、ATb、ATc、CTa、CTb 均用于抗震设计。

楼梯注写:楼梯编号由梯板代号和序号组成,如 AT××、BT××、ATa××。

AT~ET 型板式楼梯具备以下特征:AT 矩形梯板全部由踏步段构成;BT 矩形梯板由低端平板和踏步段构成;CT 矩形梯板由踏步段和高端平板构成;DT 矩形梯板由低端平板、踏步段和高端平板构成;ET 矩形梯板由低端踏步段、中位平板和高端踏步段构成,如图 7.2 所示。AT~ET 型梯板的两端分别以(低端和高端)梯梁为支座,采用该组板式楼梯的楼梯间内部既要设置楼层梯梁,也要设置层间梯梁(其中 ET 型底板两端均为楼层梯梁),以及与其相连的楼层平台板与层间平台板。AT~ET 型梯板的型号、板厚、上下部纵向钢筋及分布钢筋等内容由设计人员在图中标明。梯板上部纵向钢筋向跨内伸出的水平投影长度参考标准构造详图,图纸一般不标,只有当标准构造详图规定的水平投影长度不满足具体工程要求时,才由设计人员单独注明。

FT、GT 型板式楼梯具备以下特征:FT、GT 每个代号代表两跑踏步段和连接它们的楼层平板及层间平板。FT 型和 GT 型这类型梯板由层间平板、踏步段和楼层平板构成。

FT、GT 型梯板的支承方式:FT 型梯板一端的层间平板采用三边支承,另一端的楼层平板也采用三边支承;GT 型梯板一端的层间平板采用单边支承,另一端的楼层平板采用三边支承,如图 7.3 所示。

FT、GT 型梯板的型号、板厚、上下部纵向钢筋及分布钢筋等内容由设计人员在平法施工图中注明。FT、GT 型平台上部纵向钢筋及其外伸长度,在图上原位标注。梯板上部纵向钢筋向跨内伸出的水平投影长度参考标准构造详图,图纸一般不标明。当标准构造详图规定的水平投影长度不满足具体工程要求时,由设计人员注明。

ATa、ATb 型板式楼梯具备如下特征:ATa、ATb 型为带滑动支座的板式楼梯,梯板全部由踏步段构成,其支承方式为梯板高端均支承在梯梁上,ATa 型梯板低端带滑动支座支承在梯梁上,ATb 型梯板低端带滑动支座支承在梯梁的挑板上。ATa、ATb 型板式楼梯如图 7.4 所示。ATa 型板式楼梯滑动支座做法如图 7.5 所示。滑动支座垫板可采用聚四氟乙烯板,也可选用其他能起到有效滑动的材料。ATa、ATb 型梯板采用双层双向配筋。梯梁支承在梯柱上时,构造做法参考 16G101-1 中框架梁;支承在梁上时,构造做法参考 16G101-1 中梁做法。

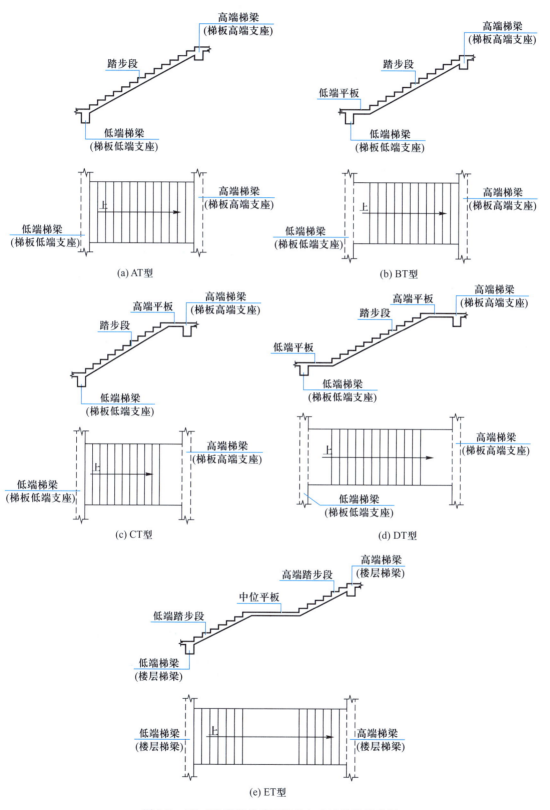

(a) AT型

(b) BT型

(c) CT型

(d) DT型

(e) ET型

图 7.2 AT~ET 型楼梯截面形状与支座位置示意图

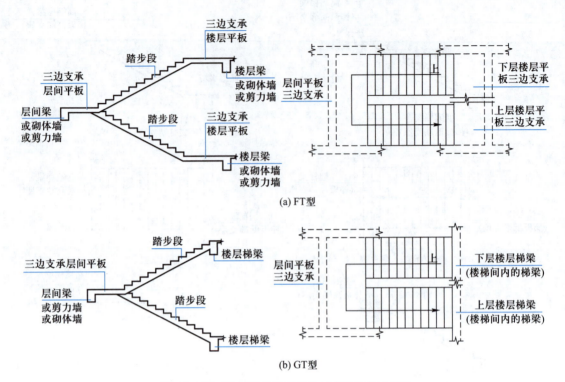

(a) FT型

(b) GT型

图 7.3　FT、GT 型楼梯截面形状与支座位置示意图

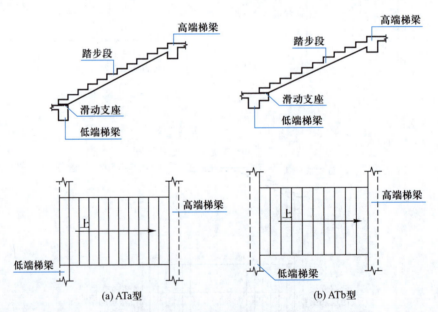

(a) ATa型　　　　　　　　　　　　(b) ATb型

图 7.4　ATa 型、ATb 型板式楼梯截面形状与支座位置示意图

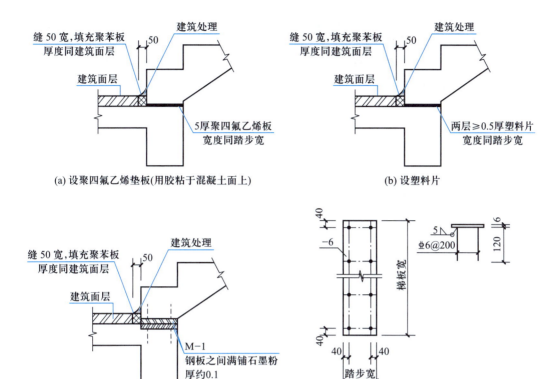

图 7.5　ATa、CTa 滑动支座做法

ATc 型板式楼梯具备如下特征：ATc 型梯板全部由踏步段构成，其支承方式为梯板梁端均支承在梯梁上，如图 7.6 所示。ATc 型楼梯休息平台与主体结构可整体连接，也可脱开连接。ATc 型楼梯梯板厚度应按计算确定，且不宜小于 140 mm；梯板采用双层配筋。ATc 型梯板两侧设置边缘构件（暗梁），边缘构件的宽度取 1.5 倍板厚；边缘构件纵筋数量，当抗震等级为一、二级时不少于 6 根，当抗震等级为三、四级时不少于 4 根；纵筋直径为 φ12 且不小于梯板纵向受力钢筋的直径；箍筋为 φ6@200。

ATc 型板式楼梯梯梁按双向受弯构件计算，当支承在梯柱上时，其构造做法参考 KL；当支承在梁上时，做法参考 L。

CTa、CTb 型板式楼梯具备以下特征：CTa、CTb 型为带滑动支座的板式楼梯，梯板由踏步段和高端平板构成，其支承方式为梯板高端均支承在梯梁上。CTa 型梯板低端带滑动支座支承在梯梁上，CTb 型梯板低端带滑动支座支承在挑板上。CTa、CTb 型板式楼梯如图 7.7 所示。CTa 型板式楼梯的滑动支座做法如图 7.5 所示，ATb、CTb 滑动支座做法如图 7.8 所示。

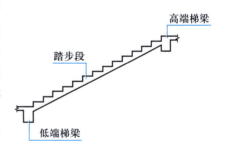

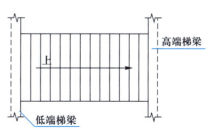

图 7.6　ATc 型板式楼梯截面形状与支座位置示意图

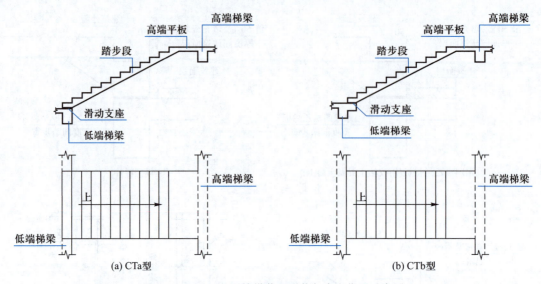

图 7.7　CTa、CTb 型楼梯截面形状与支座位置示意图

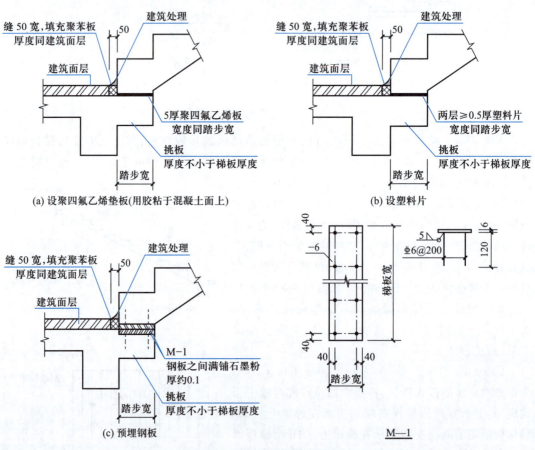

图 7.8　ATb、CTb 滑动支座做法

　　建筑专业地面、楼层平台板与层间平台板的建筑厚度经常与楼梯踏步面层厚度不同,为使建筑面层做好后的楼梯踏步等高,各型号楼梯踏步板的第一级踏步高度和最后一级踏步

高度需要相应增加或减少,施工人员可查看楼梯剖面图。如果图纸中没有,可按照图 7.9 所示做法,即必须减小最上一级踏步的高度并将其余踏步整体斜向推高,整体推高的(垂直)高度值 $\delta_1 = \Delta_1 - \Delta_2$,高度减小后的最上一级踏步高度 $h_{s2} = h_s - (\Delta_3 - \Delta_2)$。

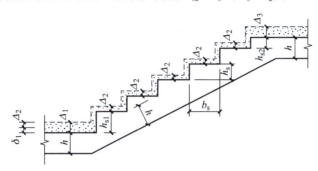

图 7.9　不同踏步位置推高与高度减小构造

7.1.2　现浇混凝土板式楼梯平法施工图平面注写方法

　　楼梯平面注写是在楼梯平面布置图上注写截面尺寸和配筋具体数值的方法来表达楼梯施工图,包括集中标注和外围标注,如图 7.10 所示。

微课
板式楼梯
平面注写

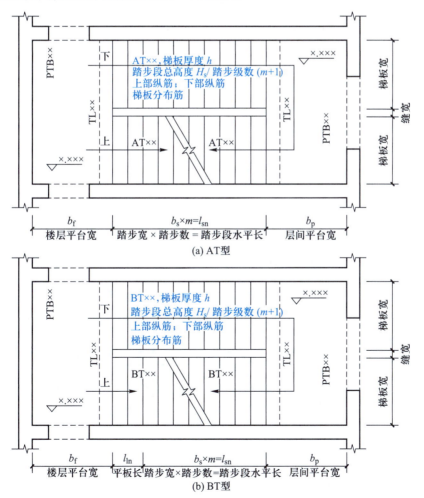

(a) AT型

(b) BT型

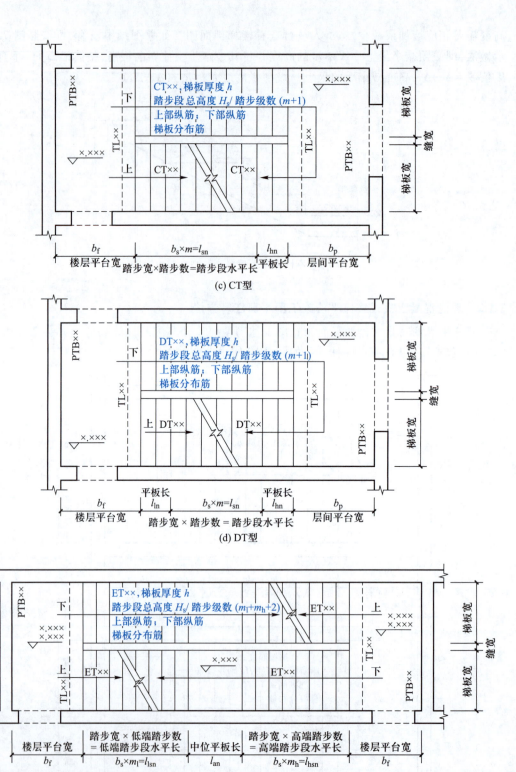

(c) CT型

(d) DT型

(e) ET型

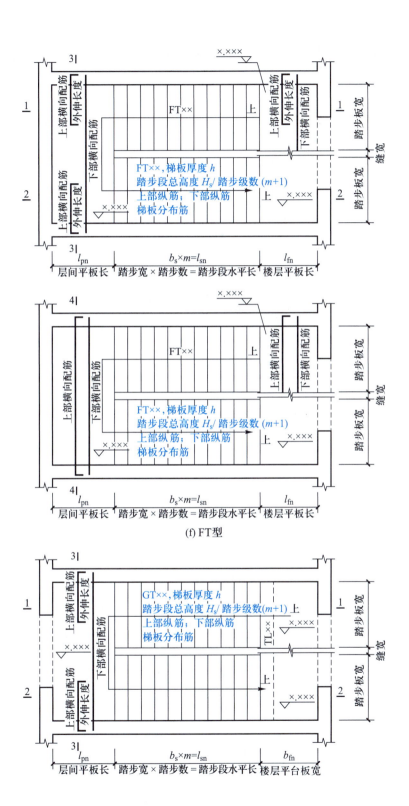

(f) FT型

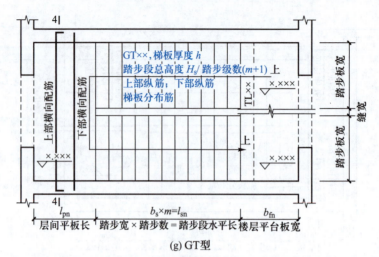

(g) GT型

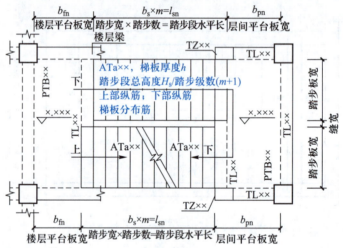

(h) ATa型

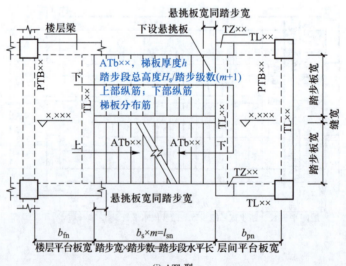

(i) ATb型

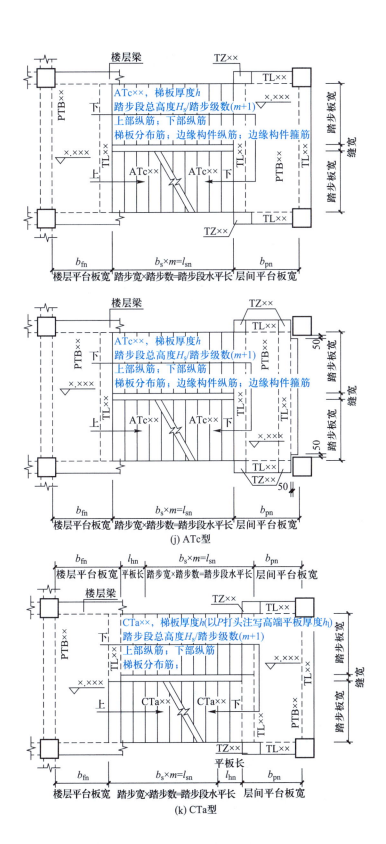

(j) ATc型

(k) CTa型

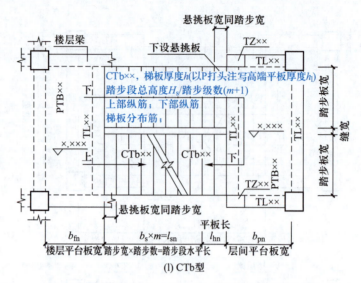

图 7.10　AT 型 ~ HT、ATa ~ CTb 型楼梯平面注写方式

1. 集中标注

楼梯集中标注的内容有 5 项,分别是:

1）楼梯板类型代号与序号。

2）梯板厚度,注写为 $h=×××$。当带平板的梯板且梯段板厚度和平板厚度不同时,可在梯段板厚度后面括号内以字母 P 打头注写平板厚度。

3）踏步段总高度和踏步级数之间用"/"分隔。

4）梯板支座上部纵筋和下部纵筋之间用";"分隔。

5）梯板分布筋,以 F 打头注写分布钢筋具体值,该项有时也在图中做统一说明。

2. 外围标注

楼梯外围标注的内容有:楼梯间的平面尺寸、楼层结构标高、层间结构标高、楼梯的上下方向、梯板的平面几何尺寸、平台板配筋、梯梁及梯柱配筋等。

> 【示例】　某施工图中楼梯平法标注为:
>
> AT1 , $h=120$（梯板类型及编号,梯板厚度）
>
> 1800/12（踏步段总高度/踏步级数）;Φ 10@ 200;Φ 12@ 150（上部纵筋;下部纵筋）;F ϕ 8@ 250（梯板分布筋）

7.1.3　现浇混凝土板式楼梯平法施工图剖面注写方法与列表注写

微课
板式楼梯
剖面注写

楼梯剖面注写方法是在楼梯平法施工图中绘制楼梯平面布置图和楼梯剖面图,注写方式分平面注写和剖面注写。平面注写内容有:楼梯间的平面尺寸、楼层结构标高、层间结构标高、楼梯的上下方向、梯板类型及编号、平台板配筋、梯梁及梯柱配筋等。剖面注写内容有:梯板集中标注、梯梁梯柱编号、梯板水平及竖向尺寸、楼层结构标高、层间结构标高等。其中梯板集中标注的内容有:梯板类型及编号、梯板厚度、梯板配筋、梯板分布筋。楼梯平面图标注也可采用列表的方式,只需将梯板编号、板厚、配筋等信息通过列表的形式来表达。楼梯剖面图注写如图 7.11 所示。列表注写见表 7.2。ATa ~ ATc 型楼梯施工图剖面注写示例如图 7.12~图 7.14 所示。CTa、CTb 型楼梯施工图剖面注写示例如图 7.15 和图 7.16 所示。

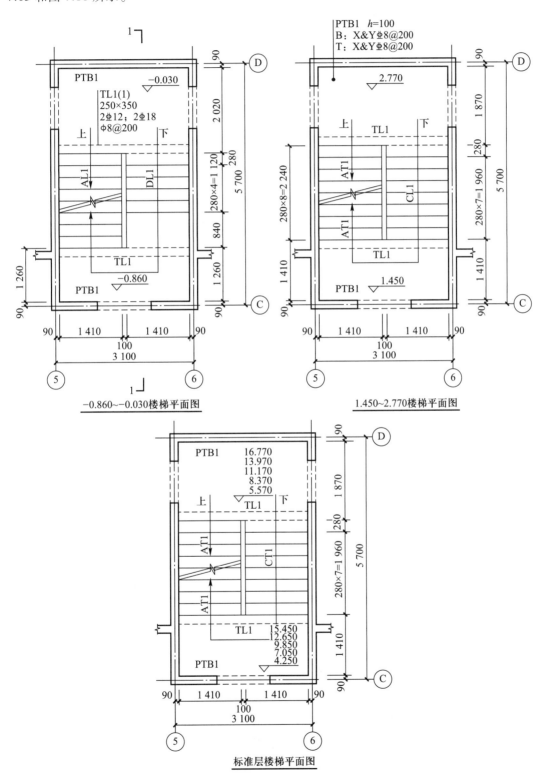

−0.860~−0.030楼梯平面图

1.450~2.770楼梯平面图

标准层楼梯平面图

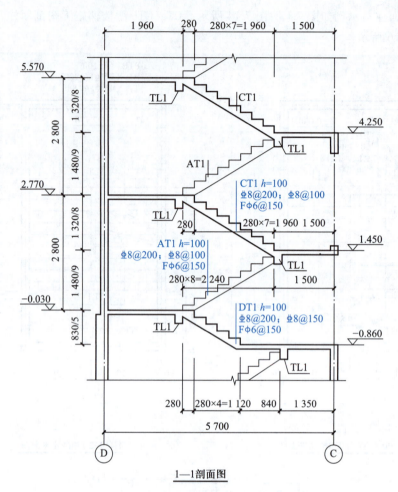

1—1剖面图

图 7.11　楼梯施工图剖面注写示例

表 7.2　楼梯施工图列表注写

梯板类型编号	踏步高度/踏步级数	板厚 h	上部纵筋	下部纵筋	分布筋
AT1	1 480/9	100	Φ 8@ 200	Φ 8@ 200	Φ 6@ 150
CT1	1 320/8	100	Φ 8@ 150	Φ 8@ 150	Φ 6@ 150
DT1	830/5	100	Φ 8@ 200	Φ 8@ 200	Φ 6@ 150

　　施工人员要注意:在看图时,楼梯间楼层平台梁板配筋可标在楼梯平面图中,也可标在梁板配筋图中。但是层间平台梁板配筋只在楼梯平面图中标注。

•7.1.4　钢筋混凝土板式楼梯内钢筋布置及下料解析

1. 各类型板式楼梯钢筋布置

　　当 AT~HT 型楼梯梯板采用 HPB300 级钢筋时,除梯板上部纵筋的跨内端头做 90° 直角弯钩外,所有末端均做 180° 弯钩。上部纵筋在有条件时可直接伸入平台板内锚固,从支座内边算起总锚固长度不小于 l_a。上部纵筋需伸到支座对边再向下弯折 15d,如图 7.17 所示。

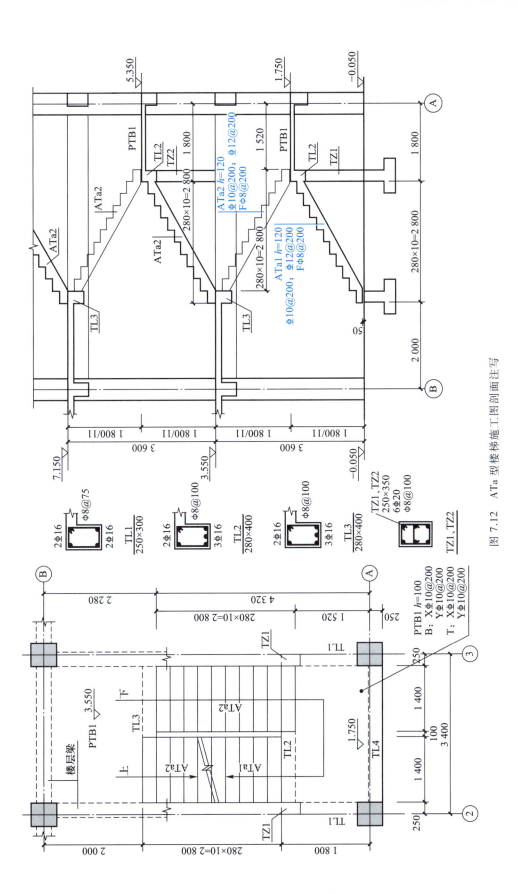

图 7.12 ATa 型楼梯施工图剖面注写

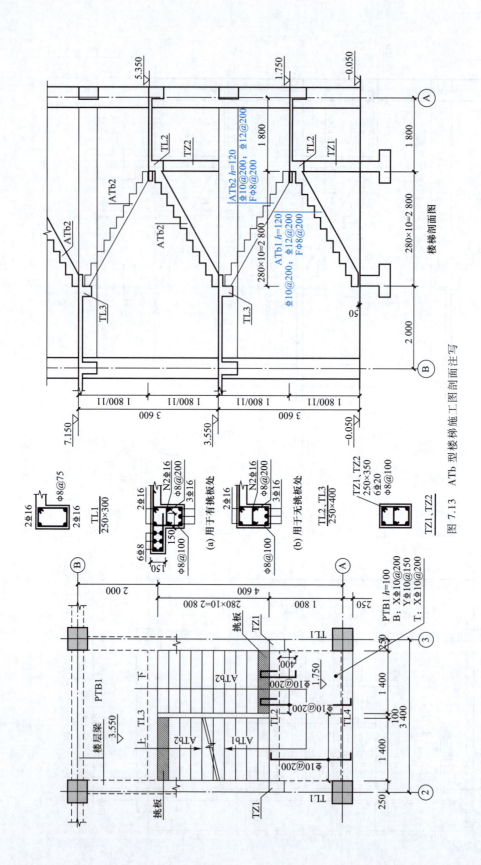

图 7.13 ATb 型楼梯施工图剖面注写

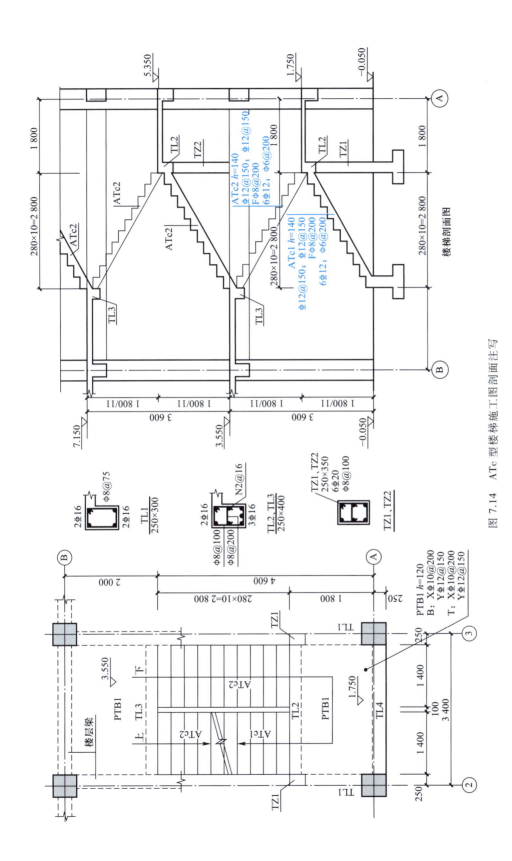

图 7.14 ATc 型楼梯施工图剖面注写

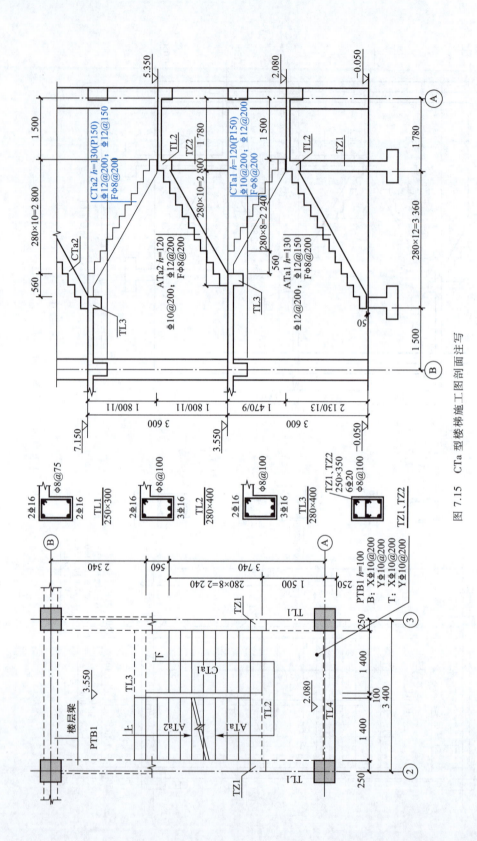

图 7.15　CTa 型楼梯施工图剖面注写

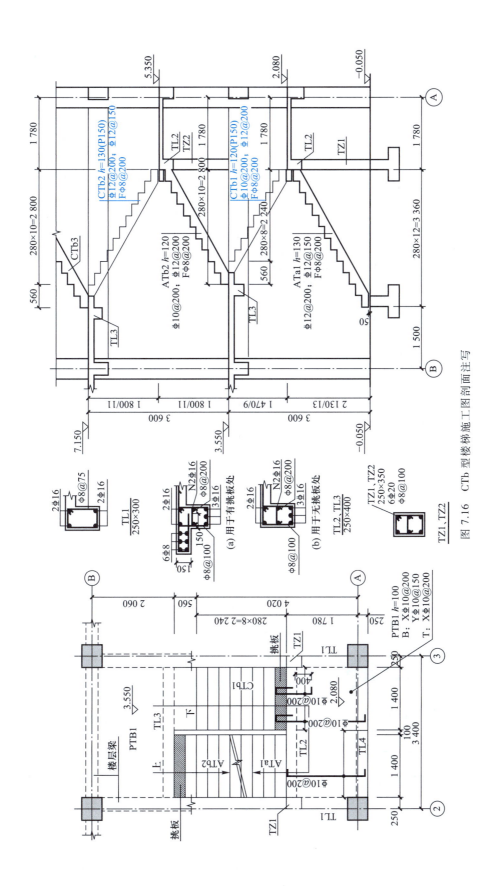

图 7.16 CTb 型楼梯施工图剖面注写

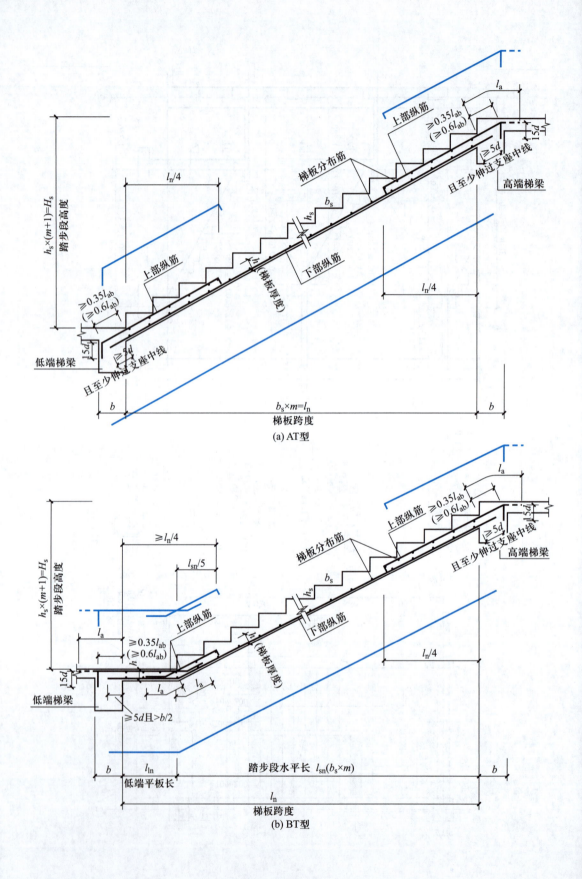

(a) AT型

(b) BT型

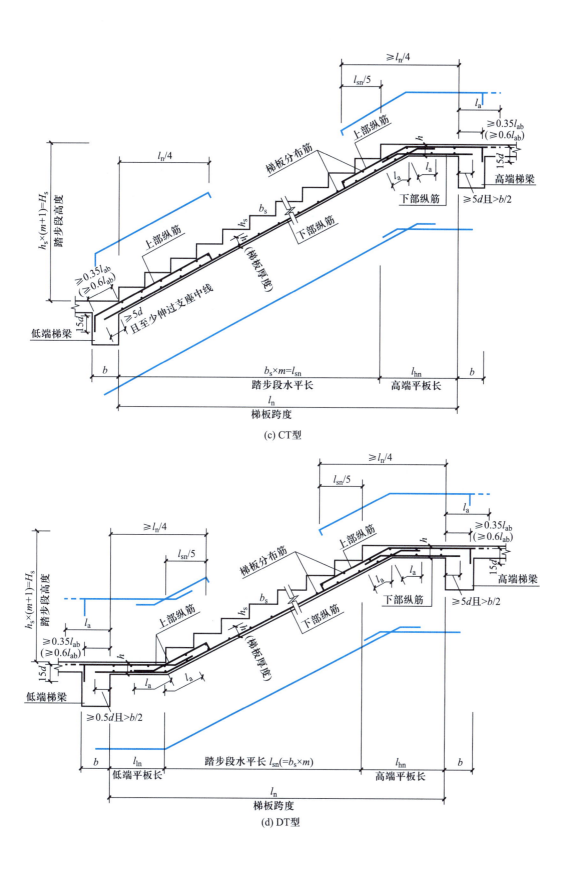

(c) CT型

(d) DT型

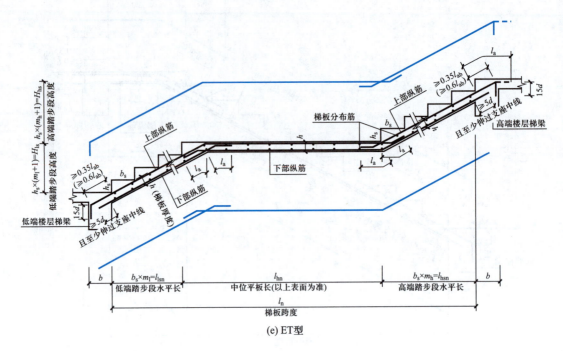

(e) ET型

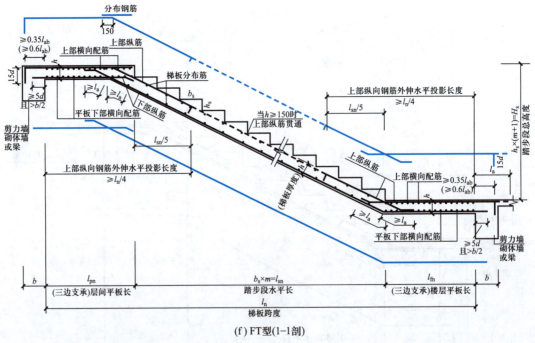

(f) FT型(1—1剖)

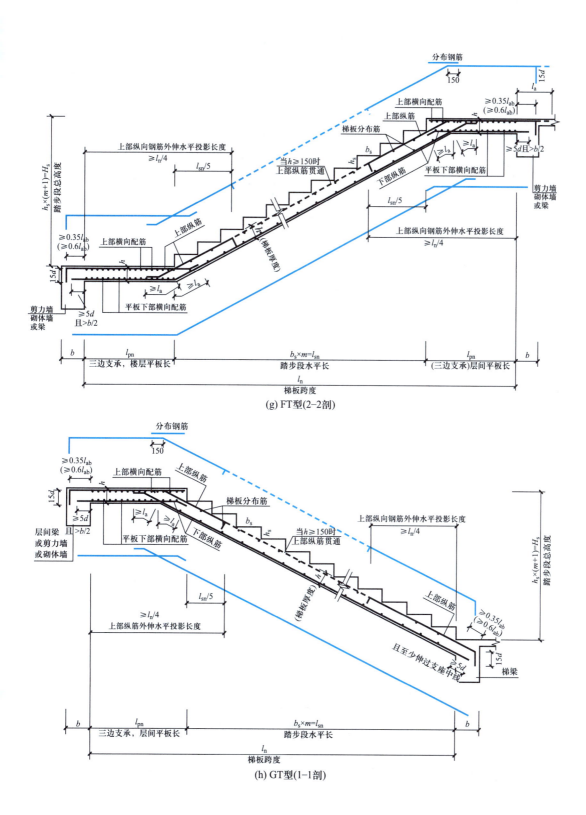

(g) FT型(2–2剖)

(h) GT型(1–1剖)

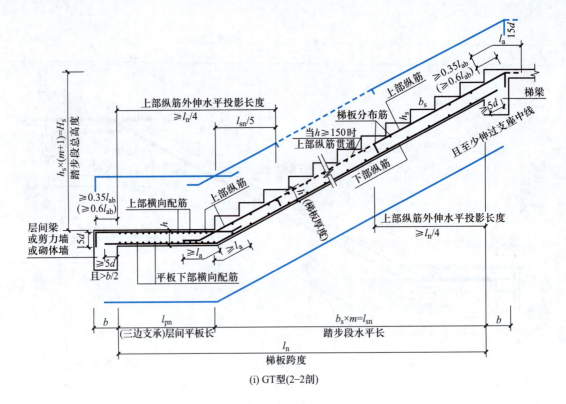

(i) GT型(2-2剖)

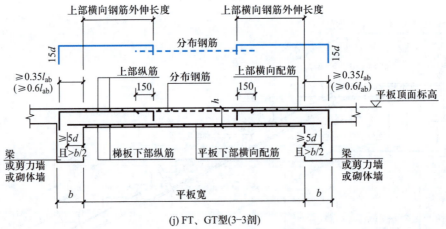

(j) FT、GT型(3-3剖)

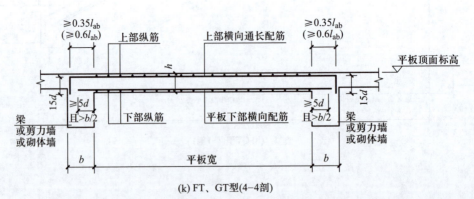

(k) FT、GT型(4-4剖)

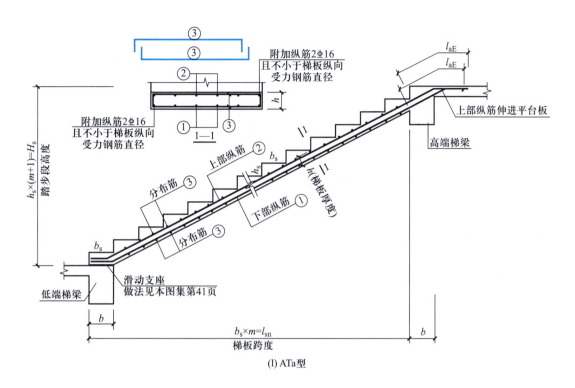

(l) ATa型

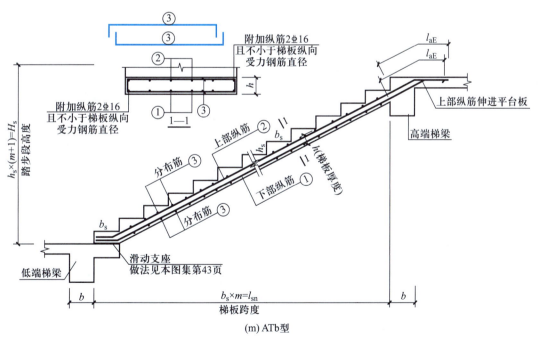

(m) ATb型

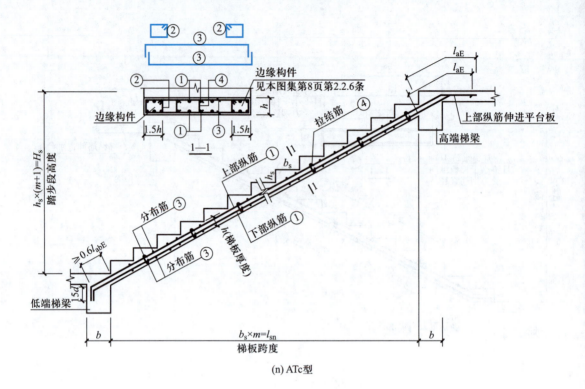

(n) ATc型

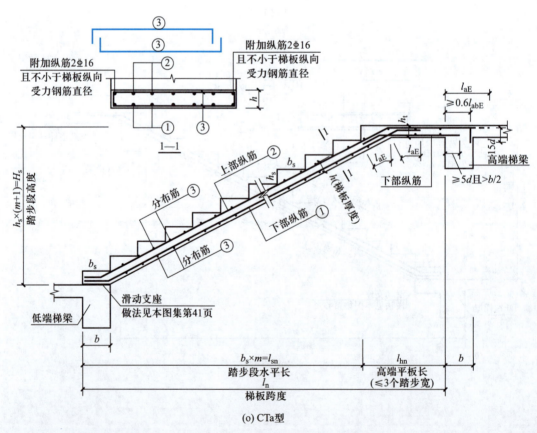

(o) CTa型

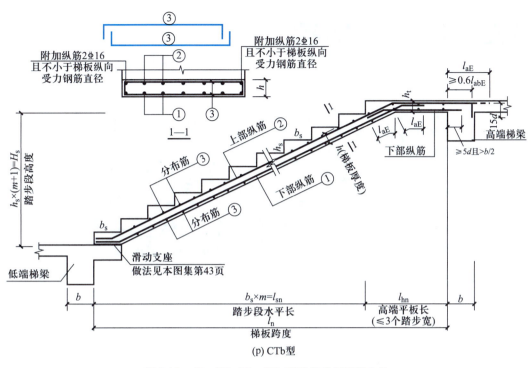

图 7.17　AT~GT、ATa~CTb 型楼梯梯板配筋构造

2. 各类楼梯第一跑与基础连接构造

各类楼梯第一跑与基础连接构造如图 7.18 所示。

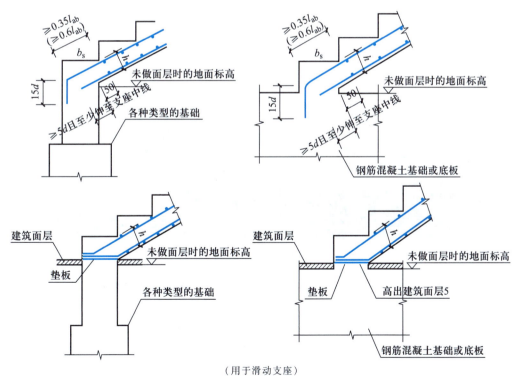

图 7.18　楼梯第一跑与基础连接构造

7.2　钢筋混凝土楼梯模板制作与安装

目前楼梯支模形式有两种,如图 7.19 所示。

微课
楼梯模板
的制作与
安装

(1)工具式定型钢模。图 7.19(a)为刚拆除下来的楼梯钢模。

(a) 定型楼梯钢模板　　　　　　　(b) 楼梯木模板

图 7.19　楼梯模板

优点:安拆速度快、截面尺寸能保证。

缺点:投入成本大,只能用于标准层楼梯;安拆不方便且拆模时易造成棱角损坏。

(2)木模。图 7.19(b)为已浇筑完成的木模支设的楼梯。

优点:截面尺寸灵活多变。

缺点:易变形截面尺寸不能保证,安装、拆除工序复杂,周转次数少,一般 3~4 次。

7.2.1　楼梯模具制作

平台梁和平台模板的构造与有梁板模板基本相同。楼梯段模板是由底模、搁栅、牵杠、牵杠撑、外帮板、踏步侧板、反三角木等组成,如图 7.20 所示。

图 7.20　楼梯段模板示意

梯段侧板的宽度至少要等于梯段板厚度及踏步高,长度按梯段长度确定。反三角木是由若干三角木块钉在方块上,三角木块两直角边长分别等于踏步的高和宽,圆木断面直径为 120 mm,每一梯段反三角木至少要配一块,楼梯较宽时可多配。反三角木用横楞及立木支吊。

7.2.2　楼梯模板安装和验收要求

1. 楼梯模板的安装

先立平台梁、平台板的模板以及梯基的侧板。在平台梁和梯基侧板上钉托木,将搁栅支于托木上,搁栅的间距为 400～500 mm,断面宽为 50～100 mm。搁栅下立牵杠及牵杠撑,牵杠撑断面宽为 100 mm,牵杠撑间距为 1.0～1.2 m,其下垫通长垫板。牵杠应与搁栅相垂直,牵杠撑之间应用拉杆相互拉结。然后在搁栅上铺梯段底板,底板纵向应与搁栅相垂直。在底板上画梯段宽度线,依线立外帮板,且梯段两侧都应设外帮板,外帮板可用夹木或斜撑固定。梯段中间加设反三角木,在反三角木与外帮板之间逐块钉踏步侧板,踏步侧板一端钉在外帮板的木档上,另一端钉在反三角木的侧面上。

2. 施工要点

要注意梯步高度应均匀一致,最下一步及最上一步的高度必须考虑到楼地面最后的装修厚度,防止由于装修厚度不同而形成梯步高度不协调。

7.2.3　楼梯模板的拆除

楼梯侧模拆除:在混凝土强度能保证其表面及棱角不因拆除模板而受损后,方可拆除。

当混凝土强度超过设计强度的 75% 时(通过同条件试块试压提供数据),填写拆模申请,经批准后方可组织房间内顶板模拆除。阳台及跨度大于 8 m 房间的顶板模板必须待混凝土达到设计强度 100% 时,方可拆除,拆除顶柱水平拉杆,调节顶柱螺丝,依次拆除主次龙骨及面板。拆下的模板及时清理干净,集中收集,码放整齐。

已拆除模板及支架的结构,在混凝土达到设计强度等级后方允许承受全部使用荷载;当施工荷载所产生的效应比使用荷载的效应更不利时,必须经核算后加设临时支撑。在拆除跨度大于 8 m 的顶板模板时必须先将跨中模板支撑好后,方可拆除其他顶板模板。

1. 楼梯模板拆除的一般要点

1)拆装模板的顺序和方法,应按照模板设计的规定进行。若无设计规定时,应遵循先支后拆,后支先拆;先拆不承重的模板,后拆承重部分的模板;自上而下,支架先拆侧向支撑,后拆竖向支撑等原则。

2)模板工程作业组织,支模与拆模应由一个作业班组执行作业。其好处是,支模就考虑拆模的方便与安全,拆模时,人员熟知情况,易找拆模关键点位,对拆模进度、安全、模板及配件的保护都有利。

2. 拆除工艺施工要点

1)拆除支架部分水平拉杆和剪刀撑,以便作业。而后拆除梁侧模板,以使两相邻模板断连。

2)下调支柱顶翼托螺杆后,用钢钎轻轻撬动模板,或用木锤轻击,拆下第一块,然后逐块逐段拆除。切不可用铁锤或撬棍猛击乱撬。每块模板拆下时,或用人工托扶放于地上,或将支柱顶翼托螺杆再下调相等高度,在原有木楞上适量搭设脚手板,以托住拆下的模板。严禁使拆下的模板自由坠落至地面。

3)拆除梁底模板的方法大致与楼板模板相同,但拆除跨度较大的梁底模板时,应从跨中开始下调支柱顶翼托螺杆,然后向两端逐根下调。拆除梁底模支柱时,亦从跨中向两端作业。

7.2.4 楼梯模板的工程质量事故分析

楼梯模板工程质量事故常见现象:楼梯侧帮露浆、麻面、底部不平。

原因分析:① 楼梯底模采用钢模板,遇有不能满足模数配齐情况时,以木模板相拼,楼梯侧帮模也用木模板制作,易形成拼缝不严密,造成跑浆;② 底板平整度偏差过大,支撑不牢靠。

防治与治理措施:① 侧帮在梯段可用 2 mm 厚钢模板和 8 号槽钢点焊连接成型,每步两块侧帮必须对称使用,侧帮与楼梯立帮用 U 形卡连接;② 底模应平整,拼缝要严密,符合施工规范,若支撑杆细长比过大,应加剪刀撑撑牢。

7.3 钢筋混凝土楼梯钢筋加工与绑扎

7.3.1 楼梯钢筋下料、安装

微课
楼梯钢筋
加工与绑
扎

一、楼梯钢筋下料

在实际工程中楼梯有很多种,这里只讲最简单的 AT 型楼梯,AT 型楼梯要计算的钢筋量如图 7.21 所示。

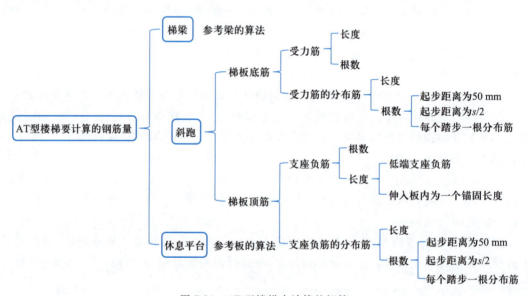

图 7.21　AT 型楼梯内计算的钢筋

楼梯钢筋的计算原理:楼梯的休息平台和楼梯梁钢筋可参考板和梁的算法。这里只讲解楼梯斜跑钢筋的算法。

1. 梯板底筋

(1) 受力筋

1) 长度计算:AT 型楼梯第一斜跑受力筋长度按图 7.22 进行计算。

根据图 7.22 我们推导出受力筋的长度计算公式,见表 7.3。

2) 根数计算:楼梯受力筋根数根据图 7.23 进行计算。

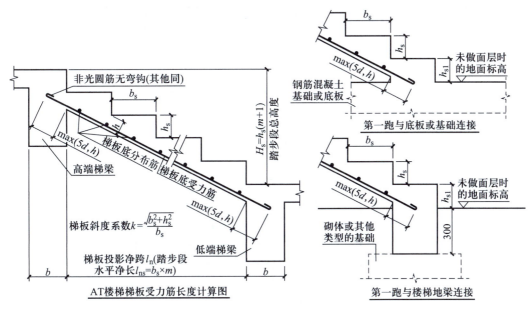

图 7.22 AT 型楼梯梯板受力钢筋计算简图

表 7.3 AT 型楼梯第一跑梯板底受力筋长度计算表

梯板底受力筋长度=梯板投影净长×斜度系数+伸入左端支座内长度+伸入右端支座内长度+弯钩×2（弯钩仅光圆钢筋有）

梯板投影净长	斜度系数	伸入左端支座内长度	伸入右端支座内长度	弯钩
l_n	$k = \sqrt{b_s^2 + h_s^2}/b_s$	$\max(5d, h)$	$\max(5d, h)$	$6.25d$

梯板底受力筋长度 $= l_n \times k + \max(5d, h) \times 2 + 6.25d \times 2$（弯钩仅光圆钢筋有）

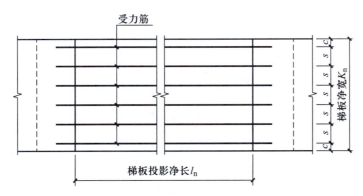

图 7.23 楼梯梯段受力钢筋根数计算简图

根据图 7.23 可以推导出楼梯斜跑梯板受力筋根数计算公式,见表 7.4。

表 7.4　楼梯斜跑梯板受力筋根数计算表

梯板受力筋根数 =（梯板净宽−保护层×2）/受力筋间距+1		
梯板净宽	保护层	受力筋间距
K_n	c	s
梯板受力筋根数 =$(K_n-2c)/s+1$（取整）		

（2）受力筋的分布筋

1）长度计算：楼梯斜跑梯板分布筋长度根据图 7.24 进行计算。

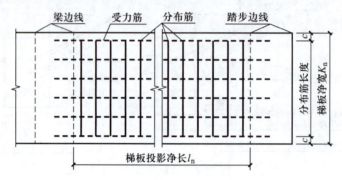

图 7.24　梯板受力筋分布筋长度计算简图

根据图 7.24 推导出楼梯斜跑梯板底受力筋的分布筋长度计算公式，见表 7.5。

表 7.5　梯板底受力筋的分布筋长度计算表

分布筋长度 = 梯板净宽−保护层×2+弯钩×2		
梯板净宽	保护层	弯钩
K_n	c	$6.25d$
分布筋长度 =$K_n-2c+6.25d×2$		

2）根数计算：梯板分布筋根数根据图 7.25 进行计算。

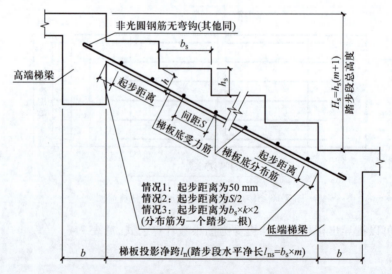

图 7.25　梯板受力筋的分布筋根数计算简图

根据图 7.25 推导出楼梯斜跑梯板分布筋根数计算公式,见表 7.6。

表 7.6　楼梯斜跑梯板分布筋根数计算表

起步距离判断	梯板分布筋根数 =（梯板投影净跨×斜度系数−起步距离×2）/分布筋间距+1			
	梯板投影净跨	斜度系数	起步距离	分布筋间距
起步距离为 50 mm	l_n	k	50 mm	s
	梯板分布筋根数 =（$l_n×k−50×2$）/$s+1$（取整）			
起步距离为 $s/2$	l_n	k	$s/2$	s
	梯板分布筋根数 =（$l_n×k−S$）/$s+1$（取整）			
起步距离为 $b_s×k/2$	l_n	k	$b_s×k/2$	s
	梯板分布筋根数 =（$l_n×k−b_s×k$）/$s+1$（取整）			

2. 梯板顶筋

（1）支座负筋

1）长度计算:楼梯支座负筋长度根据图 7.26 进行计算。

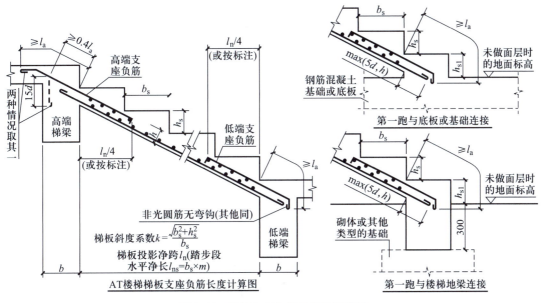

图 7.26　梯板支座负筋长度计算简图

2）根数计算:楼梯支座负筋根数根据图 7.27 进行计算

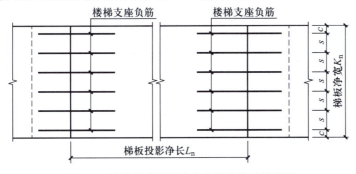

图 7.27　楼梯斜跑梯板支座负筋根数计算简图

根据图 7.27 可以推导出楼梯斜跑梯板受力筋根数计算公式,见表 7.7。

表 7.7   楼梯斜跑梯板支座负筋根数计算表

梯板受力筋根数＝(梯板净宽−保护层×2)/受力筋间距+1		
梯板净宽	保护层	受力筋间距
K_n	c	s
梯板受力筋根数＝$(K_n-2c)/s+1$(取整)		

（2）支座负筋的分布筋

1）长度计算:楼梯斜跑梯板分布筋长度根据图 7.28 进行计算。

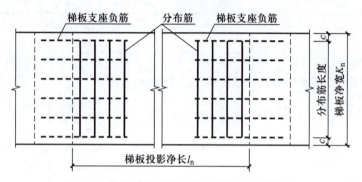

图 7.28   梯板支座负筋的分布筋长度计算简图

根据图 7.28 推导出楼梯斜跑梯板分布筋长度计算公式,见表 7.8。

表 7.8   楼梯斜跑梯板分布筋长度计算表

分布筋长度＝梯板净宽−保护层×2+弯钩×2		
梯板净宽	保护层	弯钩
K_n	c	$6.25d$
分布筋长度＝$K_n-2c+6.25d×2$		

2）根数计算:梯板分布筋根数根据图 7.29 进行计算。

根据图 7.29 推导出楼梯斜跑梯板分布筋根数计算公式,见表 7.9。

下面以 AT 楼梯为例,具体介绍楼梯板钢筋的配置,如图 7.30 所示。

（1）梯板下部纵筋

梯板下部纵筋位于 AT 踏步段斜板的下部,其计算依据为梯板净跨度 l_n;梯板下部纵筋两端分别锚入高端梯梁和低端梯梁。其锚固长度满足 $\geq 5d$ 且 $\geq h$;在具体计算中,可以取锚固长度 $a=\max(5d,h)$。

根据上述分析,梯板下部纵筋的计算过程如下:

1）下部纵筋以及分布筋长度的计算:

梯板下部纵筋的长度 $l=l_n×$斜坡系数 $k+2×a$;分布筋长度＝$b_n-2×$保护层

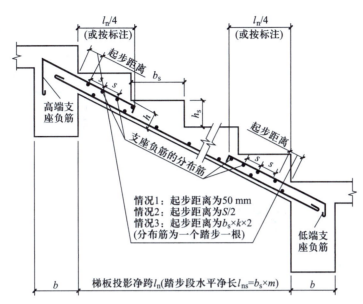

图 7.29 梯板支座负筋的分布筋根数计算简图

表 7.9 楼梯斜跑梯板支座负筋的分布筋根数计算表

起步距离判断	梯板单个支座负筋的分布筋根数=(支座负筋伸入板内直线投影长度×斜度系数-起步距离×2)/支座负筋的分布筋间距+1				备注
	支座负筋伸入板内直线投影长度	斜度系数	起步距离	支座负筋的分布筋间距	
起步距离为 50 mm	$l_n/4$(或按标注长度)	k	50 mm	s	这里只计算了一个支座负筋的分布筋根数
	梯板分布筋根数=($l_n/4$(或按标注长度)×k-50×2)/S+1(取整)				
起步距离为 $S/2$	$l_n/4$(或按标注长度)	k	$s/2$	s	
	梯板分布筋根数=($l_n/4$(或按标注长度)×k-S)/S+1(取整)				
起步距离为 $b_s×k/2$	$l_n/4$(或按标注长度)	k	$b_s×k/2$	s	
	梯板分布筋根数=($l_n/4$(或按标注长度)×k-$b_s×k$)/s+1(取整)				

2）下部纵筋以及分布筋根数的计算：

梯板下部纵筋的根数=(b_n-2×保护层)/间距+1；分布筋的根数=(l_n×斜坡系数 k-50×2)/间距+1

（2）梯板低端扣筋

梯板低端扣筋位于踏步段斜板的低端；扣筋的一端扣在踏步段斜板上，直钩长度为 h_1；扣筋的另一端锚入低端梯梁内，弯锚长度为 l_a（弯锚部分由锚入直段长度和直钩长度 l_2 组成）；扣筋的延伸长度水平投影长度为 $l_n/4$。

根据上述分析，梯板低端扣筋的计算过程如下：

1）低端扣筋以及分布筋长度的计算：

$l_1=[l_n/4+(b$-保护层)]×斜坡系数 k；$l_2=l_a-(b$-保护层)×斜坡系数 k；$h_1=h$-保护层；分

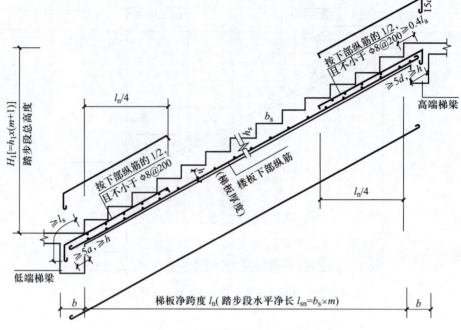

图 7.30　楼梯板钢筋构造示意

布筋 = b_n − 2×保护层

2）低端扣筋以及分布筋根数的计算：

梯板低端扣筋的根数 = (b_n − 2×保护层)/间距 + 1；分布筋的根数 = (l_n/4×斜坡系数 k)/间距 + 1

（3）梯板高端扣筋

梯板高端扣筋位于踏步段斜板的高端，扣筋的一端扣在踏步段斜板上，直钩长度为 h_1，扣筋的另一端锚入高端梯梁内，锚入直段长度 ≥ 0.4l_a，直钩长度 l_2 为 15d，扣筋的延伸长度水平投影长度为 l_n/4。

根据上述分析，梯板高端扣筋的计算过程如下：

高端扣筋以及分布筋长度的计算：

h_1 = h − 保护层；l_1 = l_n/4×斜坡系数 k + 0.4l_a；l_2 = 15d

分布筋 = b_n − 2×保护层

高端扣筋以及分布筋根数的计算：

梯板高端扣筋根数 = (b_n − 2×保护层)/间距 + 1；分布筋的根数 = (l_n/4×斜坡系数 k)/间距 + 1。

【案例应用】

【例 7.1】　根据图 7.31（AT 楼梯钢筋平法表示），计算楼梯钢筋的下料长度。

解：楼梯平面图的 AT 标注（楼梯间的两个一跑楼梯都标注为"AT7"）

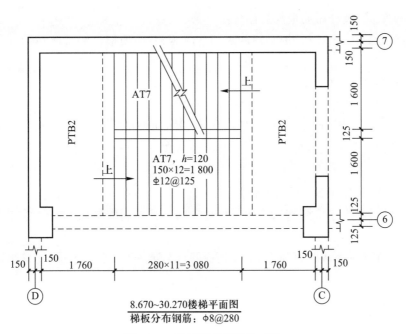

8.670~30.270楼梯平面图
梯板分布钢筋：Φ8@280

图 7.31 AT 型楼梯平法施工图

AT7　　　$h = 120$　　　$150 \times 12 = 1800$　　　Φ12@125

楼梯平面图的尺寸标注：

梯板净跨度尺寸 $280 \times 11 = 3\,080$（mm）；梯板净宽度尺寸 $1\,600$ mm；楼梯井宽度 125 mm；楼层平板宽度 $1\,760$ mm；层间平板宽度 $1\,760$ mm

混凝土强度等级为 C25（$l_a = 34d$），梯板分布筋为Φ8@280，梯梁宽度 $b = 200$ mm

（1）斜坡系数 k 的计算

斜坡系数 $k = \sqrt{(b_s^2 + h_s^2)}/b_s = 1.134$

（2）梯板下部纵筋的计算

1）下部纵筋以及分布筋长度的计算：

$a = \max(5d, h) = \max(5 \times 12, 120) = 120$（mm）

下部纵筋长度 $l = l_n \times k + 2 \times a = 3\,733$ mm；分布筋长度 $= b_n - 2 \times$ 保护层 $= 1\,570$ mm

2）下部纵筋以及分布筋根数的计算：

下部纵筋根数 $= [b_n - 2 \times$ 保护层$]/$间距 $+1 = 14$ 根；分布筋根数 $= (l_n \times k - 50 \times 2)/$间距 $+1 = 14$ 根

（3）梯板低端扣筋的计算

1）低端扣筋以及分布筋长度的计算：

$l_1 = (l_n/4 + 175) \times k = 1\,072$ mm；$l_2 = l_a - 175 \times k = 34d - 175 \times k = 210$ mm；$h_1 = h -$ 保护层 $= 105$ mm。

低端扣筋的每根长度 $= 1\,072 + 2\,106 + 105 = 1\,387$（mm）；分布筋长度 $= b_n - 2 \times$ 保护层 $= 1\,570$ mm

2）低端扣筋以及分布筋根数的计算：

低端扣筋根数 = $(b_n - 2 \times$ 保护层$)/$间距 $+1 = 14$ 根；分布筋根数 = $(l_n/4 \times$ 斜坡系数 $k)/$间距 $+1 = 5$ 根

（4）梯板高端扣筋的计算

1）高端扣筋以及分布筋长度的计算：

$h_1 = h -$ 保护层 $= 105\ \text{mm}$；$l_1 = l_n/4 \times k + 0.4 l_a = 1\ 036\ \text{mm}$；$l_2 = 15d = 180\ \text{mm}$。

高端扣筋的每根长度 $= 105 + 1\ 036 + 180 = 1\ 321(\text{mm})$；分布筋长度 $= b_n - 2 \times$ 保护层 $= 1\ 570\ \text{mm}$。

2）高端扣筋以及分布筋根数的计算：

高端扣筋根数 = $(b_n - 2 \times$ 保护层$)/$间距 $+1 = 14$ 根；分布筋的根数 = $(l_n/4 \times$ 斜坡系数 $k)/$间距 $+1 = 5$ 根

上面只计算了一跑 AT7 的钢筋，一个楼梯间有两跑 AT7，就把上述的钢筋数量乘以 2。

二、楼梯钢筋安装工艺

（1）工艺流程

板式楼梯钢筋绑扎的工艺流程：弹放钢筋位置线→布放钢筋→绑扎梁钢筋→绑扎板钢筋→垫混凝土垫块。

（2）操作要点

1）画线。按设计要求，先把楼梯梯段板受力钢筋和横向分布钢筋的位置弹放在其模板上，上下楼梯平台梁箍筋位置标到平台梁模板上。

2）布放钢筋。先将梯段板纵向钢筋按弹放好的位置线放好，然后将上下楼梯平台梁的箍筋和纵向钢筋在模板内穿好。

3）绑扎梁钢筋。根据画线位置，按梁钢筋的绑扎方法和要求，绑扎好上下梁的钢筋。

4）绑扎板钢筋。楼梯梯段板是斜的，为了保证纵向钢筋不向下移，可以先在上下平台梁边各先绑扎一根横向分布钢筋，再逐点绑扎好其他横向分布钢筋，这样梯段板的板底钢筋就绑扎完成了。绑扎上部负弯矩钢筋和负弯矩钢筋的分布钢筋，并把交叉点全部绑牢。

5）垫混凝土垫块。分别垫上梁板混凝土垫块，楼梯梯段板垫块厚度比楼梯梁垫块厚度稍薄一些，注意不要垫反了。

7.3.2　楼梯钢筋工程验收

楼梯钢筋绑扎结束后，正式浇筑混凝土之前要作为隐蔽验收项目检验钢筋工程质量是否符合要求，检验的项目主要有：楼梯踏步段受力筋锚固长度、位置与数量；梯梁内受力钢筋与箍筋、休息平台内部钢筋长度与数量；楼梯斜段与梯梁内钢筋的保护层厚度。

7.3.3　楼梯钢筋工程质量事故分析与处理

某工程中楼梯施工时发现钢筋规格、级别用错，加工制作发生差错。受力钢筋的规格、级别用错，没有经过检验的不合格钢筋混用到结构中，或者钢筋代换中出现差错；钢筋下料计算错误或成型、切断尺寸长短不一。钢筋安装后因规格、级别、尺寸不合格，锚固长度不足，使得结构或构件出现裂缝或坍塌。

1. 原因分析

施工管理混乱,没有严格的检查制度。进入现场的钢筋无质量证明书,甚至有的企业偷工减料,采办一些小冶金厂生产的材料质量不稳定的伪劣产品;操作工不经培训即上岗,不懂钢筋的级别,将钢筋强度等级弄错;或工地没有配料单,操作工责任心不强,使下料长度失控,时长时短;施工时缺乏设计图纸中要求的钢筋类别,需要进行钢筋代换,仅考虑等面积代换或等强度代换,不考虑构件裂缝及变形的要求,最终造成质量事故。

2. 处理方法

发现不合格钢筋必须立即更换,以确保结构安全。

3. 预防措施

《混凝土结构工程施工质量验收规范》(GB 50204—2002)明确指出:钢筋进场时,应按现行国家标准《钢筋混凝土用热轧带肋钢筋》GB 1499等的规定抽取试件做力学性能检验,其质量必须符合有关标准的规定。产品应有合格证、出厂检验报告和进场复验报告。当发现有钢筋脆断、焊接性能不良或力学性能显著不正常等现象时,应及时对该批钢筋进行化学成分检验或其他专项检验。施工现场必须建立健全的质量检验制度,每道工序都要有检查,应严格按设计图纸的要求制作出钢筋配料单。钢筋应先经过调直、除锈后再下料。重要的受力钢筋要先放好实样,将成型的钢筋核对无误后方可大批制作成型,同一规格的钢筋应统一挂牌,标明钢筋的级别、种类、直径等,运输、堆放、吊装时要有专人负责。需要进行钢筋代换时,宜首先征得设计单位的认可,综合考虑钢筋代换后构件的强度、变形、裂缝及抗震要求等因素。认真做好钢筋的隐蔽工程验收记录。

7.4 钢筋混凝土楼梯浇筑

1. 准备工作

1)浇筑混凝土的模板、钢筋、预埋件及管线等全部安装完毕,经检查符合设计要求,并办完隐、预检手续。

微课
楼梯混凝土的浇筑

2)对模板内杂物进行清除,在浇筑前同时对木模板进行浇水湿润,以免木模板吸收混凝土中的水分,影响混凝土浇筑后的正常硬化。

2. 浇筑要点

楼梯段混凝土自上而下浇筑。先振实底板混凝土,达到踏步位置与踏步混凝土一起浇筑,不断连续向上推进,并随时用木抹子(木磨板)将踏步上表面抹平。

施工缝位置:楼梯混凝土宜连续浇筑完成,多层建筑的楼梯,根据结构情况可留设于楼梯平台板跨中或楼梯段1/3范围内。

📖 小结

现浇钢筋混凝土楼梯是将楼梯段、平台和平台梁现场浇筑成一个整体,其整体性好,抗震性强。其按构造的不同又分为板式楼梯和梁式楼梯两种。板式楼梯是一块斜置的板,其两端支承在平台梁上,平台梁支承在砖墙上。梁式楼梯是指在楼梯段两侧设有斜梁,斜梁搭置在平台梁上。荷载由踏步板传给斜梁,再由斜梁传给平台梁。

习题与思考

1. 简述我国工业与民用建筑常采用的楼梯类型。
2. 楼梯主要包括哪些钢筋?简述各自的构造要求。
3. 简述楼梯模板的施工工艺。
4. 目前我国现浇钢筋混凝土楼梯模板施工有哪些新工艺?
5. 简述楼梯混凝土施工工艺。
6. 简述楼梯混凝土施工过程中常见的质量通病与防治措施。

实训项目

请手工计算一号教学楼一层楼梯(AT型):① 斜跑的底部受力筋长度与根数;② 斜跑的底部分布筋的长度与根数;③ 斜跑的支座负筋的长度与根数;④ 斜跑的支座分布筋的长度与根数。

8

高层建筑施工

【学习目标】

掌握高层建筑起重体系方案的选择,掌握塔式起重机种类和特点,了解施工电梯的种类、特点及适用范围,掌握混凝土泵车的种类、工作原理、特点及停放位置;最后通过知识点与能力的拓展,具备爱岗敬业、团队协作、遵守行业规范和职业道德等基本职业素养。

【内容概述】

通过本项目学习,使学生能够识读筏型基础的施工图纸,能够正确处理筏型基础钢筋的构造要求,正确实施高层建筑钢筋、模板和混凝土的施工以及起重设备和脚手架的操作。

【知识准备】

高层施工的主要特点:① 垂直运输量大、运距高;② 结构、水电、装修齐头并进,交叉作业多,安全隐患多;③ 工期紧张;④ 施工人员上下频繁,人员流通量大;⑤ 确保质量、工期、效益顺利实现的关键之一是选择合理的垂直运输机械并合理运用。

8.1 高层建筑垂直运输

8.1.1 高层建筑施工中常用垂直运输设备的特点

高层建筑施工的垂直运输设备,主要有塔式起重机、施工外用电梯、混凝土泵和其他垂直运输辅助设备(如龙门架、井架提升架)等。

塔式起重机既能垂直运输,又能水平运输,工作范围大,是高层建筑施工的关键设备之一。高层建筑施工时,常用附着式和爬升式起重机。因为这类起重机可随着建筑物施工层次的升高而相应地升高。塔式起重机虽然有很多优点,但一次投资大,台班费用高,因此,在一栋高层建筑施工中,常常以其他辅助设备来配合塔式起重机进行垂直运输。

施工外用电梯一般是人货两用的施工电梯,高层建筑施工中使用比较广泛,主要用来运输施工人员、零星材料和工具、非承重墙体材料和装饰材料。

在钢筋混凝土结构高层建筑施工中,混凝土的垂直运输量十分巨大,一个楼层通常在数百立方米以上,为加快施工速度,正确选择混凝土运输设备十分重要。混凝土的运输可用塔式起重机和料斗、混凝土泵、井架(龙门架)起重机,其中以混凝土泵的运输速度最快,可连续运输,而且可直接进行浇筑。通常采用混凝土泵配以布料杆或布料机,一次连续完成混凝土的垂直运输和水平运输,效率高、劳动力省、费用低。

微课
塔吊基本知识

井架提升架是以钢结构井式框架配以卷扬机为动力的垂直运输设备。它不能进行水平运输,一次提升量有限,但投资小、台班费用低、占地面积不大,可作为垂直运输的辅助设备。

8.1.2 高层建筑运输体系的组成及特点

目前我国高层建筑工程最常用的结构形式钢筋混凝土结构,其施工过程需要运输的材料主要是模板(滑模、爬模除外)、钢筋和混凝土,另外还有墙体材料、装饰材料以及施工人员的上下。

高层建筑施工运输体系主要有以下几种:

1)塔式起重机+施工电梯。

2)塔式起重机+混凝土泵+施工电梯。

3)塔式起重机+快速提升机(或井架起重机)+施工电梯。

第一种起重运输体系具有垂直运输高度大、幅度大,垂直与水平能同时交叉立体作业等优点。但一次性机械投资费用大,且受环境影响大(如大风、雨雪),同时由塔式起重机运输全部材料、设备,其作业量较大。

第二种采用混凝土泵车与塔式起重机具有很大的优越性。首先,混凝土运输作业是连续的,输送效率高;其次,占用场地小,现场文明;此外,作业安全,大风等环境因素对它的影响小。但设备投资大,机械使用台班费高。

第三种方法机械成本低,一次性投资少,制作简便,但需在楼层搭设高速架车道,用手推车输送,劳动量大,机械化程度低。这种输送方法目前已较少采用。1993 年建成的上海国际饭店(地上 22 层),便是用井架起重机完成全部建筑材料及制品的垂直运输。

8.1.3 选择起重运输体系时应注意的问题

1. 运输能力要能满足规定工期的要求

高层建筑施工的工期在很大程度上取决于垂直运输的速度,如一个标准层的施工工期确定后,则需选择合适的机械、配备足够的数量以满足要求。

2. 机械费用低

高层建筑施工因用的机械较多,所以机械费用较高,在选择机械类型和进行配备时,应力求降低机械费用,这对于中、小城市中的非大型建筑施工企业尤为重要。

3. 综合经济效益好

因为机械费用的高低有时不能绝对反映经济效益,如机械化程度高,机械费用也会提高,但却能加快施工速度、降低劳动消耗,因此对于机械的选用和其配套要考虑综合经济效益,要全面地进行技术经济比较。

从目前一些高层建筑施工时选用的起重运输机械的现状及发展趋势来看,采用塔式起重机加混凝土泵加施工电梯方案者会愈来愈多。

8.1.4 塔式起重机类型、选择、适用条件

1. 塔式起重机的组成

塔式起重机又称塔机或塔吊。塔式起重机的结构特点是有一个直立的塔身,起重臂安装在垂直塔身的上部,它是高层、超高层建筑施工的主要施工机械之一。随着现代新工艺、新技术的不断广泛使用,塔式起重机的性能和参数会不断提高。

塔式起重机由金属结构部分、机械传动部分、电气控制与安全保护部分以及外部支承设施组成。金属结构部分包括行走台车架、支腿、底架平台、塔身、套架、回转支承、转台、驾驶室、塔帽、起重臂架、平衡臂架、绳轮系统以及支架等。机械传动部分包括起升机构、行走机构、变幅机构、回转机构、液压顶升机构、电梯卷扬机构以及电缆卷筒等。电器控制与安全保护部分包括电动机、控制器、动力线、照明灯、各安全保护装置以及中央集电环等。外部支承设施包括轨道基础及附着支撑等。

2. 塔式起重机的分类

塔式起重机可按构造特点和起重能力等进行分类。

（1）按行走机构划分

分为自行式塔式起重机、固定式塔式起重机。

自行式塔式起重机能够在固定的轨道上、地面上开行。其特点是能靠近工作点，转移方便，机动性强。常见的有轨道行走式、轮胎行走式、履带行走式等。

固定式塔式起重机没有行走机构，能够附着在固定的建筑物或建筑物的基础上，随着建筑物或构筑物的上升不断地上升。

（2）按起重臂变幅方法划分

分为起重臂变幅式塔式起重机和起重小车变幅式塔式起重机。前者起重臂与塔身铰接，变幅时可调整起重臂的仰角，常见的变幅结构有电动和手动两种；后者起重臂是不变（或可变）横梁，下弦装有起重小车，变幅简单，操作方便，并能负载变幅，如图 8.1、图 8.2 所示。

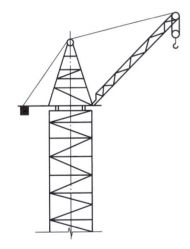

图 8.1 起重臂变幅式塔式起重机简图

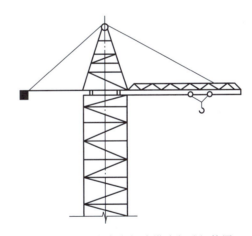

图 8.2 起重小车变幅式塔式起重机简图

（3）按回转方式划分

分为上塔回转塔式起重机和下塔回转塔式起重机。前者塔尖回转，塔身不动，回转机构在顶部，结构简单，但起重机重心偏高，塔身下部要加配重，操作室位置较低，不利于高层建筑施工；后者塔身与起重臂同时旋转，回转机构在塔身下部，便于维修，操作室位置较高，便于施工观测，但回转机构较复杂。

（4）按起重能力划分

分为轻型塔式起重机、中型塔式起重机和重型塔式起重机。一般情况下，起重量为 0.5~3 t 的为轻型塔式起重机，起重量为 3~15 t 的为中型塔式起重机，起重量为 15~40 t 的起重机为重型塔式起重机。

（5）按塔式起重机使用架设的要求划分

分为固定式、轨道式、附着式和内爬式塔式起重机。

固定式塔式起重机将塔身基础固定在地基基础或结构物上，塔身不能行走。

轨道式塔式起重机又称轨道行走式塔式起重机，简称为轨行式塔式起重机，在轨道上可以负荷行驶。

附着式塔式起重机每隔一定间距通过支撑将塔身锚固在构筑物上。

内爬式塔式起重机设置在建筑物内部（如电梯井、楼梯间等），通过支撑在结构物上的爬升装置，使整机随着建筑物的升高而升高。

3. 塔式起重机的特点

塔式起重机一般具有下列特点：

1）起重量、工作幅度和起升高度较大。

2）360°全回转，并能同时进行垂直、水平运输作业。

3）工作速度快。塔式起重机的操作速度快，可以大大地提高生产率。国产塔式起重机的起升速度最快为 120 m/min，变幅小车的运行速度最快可达 45 m/min；某些进口塔式起重机的起升速度已超过 200 m/min，变幅小车的运行速度可达 90 m/min。另一方面，现代塔式起重机具有良好的调速性和安装微动性，可以满足构件安装就位的需要。

4）一机多用。为了充分发挥起重机的性能，在装置方面，配备有抓斗、拉铲等装置，做到一机多用。

5）起重高度能随安装高度的升高而增高。

6）机动性好，不需要其他辅助稳定设施（如缆风绳），能自行或自升。

7）驾驶室（操纵室）位置较高，操纵人员能直接（或间接）看到作业全过程，有利于安全生产。

4. 塔式起重机的主要性能参数

塔式起重机的主要性能参数包括起重力矩、起重量、起升高度、工作幅度等。选用塔式起重机进行高层建筑施工时，首先应根据施工对象确定所要求的参数。

（1）工作幅度

工作幅度，又称回转半径或工作半径，即塔式起重机回转中心线至吊钩中心线的水平距离。幅度又包括最大幅度与最小幅度两个参数。高层建筑施工选择塔式起重机时，首先应考察该塔式起重机的最大幅度是否能满足施工需要。

（2）起重量

起重量是指塔式起重机在各种工况下安全作业所容许的起吊重物的最大重量。起重量包括所吊重物和吊具的质量。它是随着工作半径的加大而减少的。

（3）起重力矩

初步确定起重量和工作幅度参数后，还必须根据塔式起重机技术说明书中给出的资料，核查是否超过额定起重力矩。所谓起重力矩（单位 kN·m）指的是塔式起重机的幅度与相应于此幅度下的起重量的乘积，能比较全面和确切地反映塔式起重机的工作能力。

（4）起升高度

起升高度是指自轨面或混凝土基础顶面至吊钩中心的垂直距离，其大小与塔身高度及臂架构造形式有关。一般应根据构筑物的总高度、预制构件或部件的最大高度、脚手架构造尺寸及施工方法等综合确定起升高度。

5. 塔式起重机的布置

在编制施工组织设计、绘制施工总平面图时,合适的塔式起重机安设位置应满足下列要求:

1)塔式起重机的幅度与起重量均能很好地适应主体结构(包括基础阶段)施工需要,并留有充足的安全余量。

2)要有环形交通道,便于安装辅机和运输塔式起重机部件的卡车和平板拖车进出施工现场。

3)应靠近工地电源变电站。

4)工程竣工后,仍留有充足的空间,便于拆卸塔式起重机并将部件运出现场。

5)在一个栋号同时装设两台塔式起重机的情况下,要注意其工作面的划分和相互之间的配合,同时还要采取妥善措施防止相互干扰。

8.1.5 外部附着式塔式起重机

附着式塔式起重机是固定在建筑物近旁混凝土基础上的起重机械,为上回转、小车变幅或俯仰变幅起重机械,如图 8.3 所示。塔身由标准节组成,相互间用螺栓连接,它可以借助顶升系统随着建筑施工进度而自行向上接高。为了减少塔身的设计高度,规定每隔 20 m 左右将塔身与建筑物用锚固装置连接起来,以保证塔身的刚度和稳定性。附着式塔式起重机一般高度为 70~100 m,特点是适合狭窄工地施工。

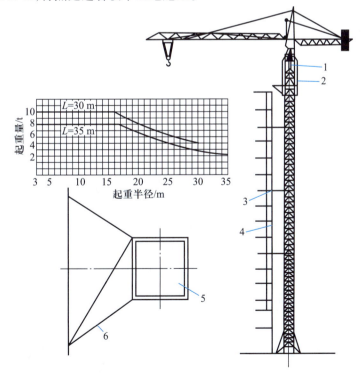

图 8.3 QT4-10 型塔式起重机

1—液压千斤顶;2—顶升套架;3—锚固装置;4—建筑物;5—塔身;6—附着杆

1. 附着式塔式起重机基础

附着式塔式起重机底部应设钢筋混凝土基础,其构造做法有独立整体式(见图 8.4)和分块式(见图 8.5)两种。采用整体式混凝土基础时,塔式起重机通过专用塔身基础节和预埋地脚螺栓固定在混凝土基础上;采用分块式混凝土基础时,塔身结构固定在行走架,而行走架的 4 个支座则通过垫板支在 4 个混凝土上。基础尺寸应根据地基承载力和防止塔吊倾覆的需要确定。

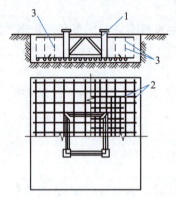

图 8.4 独立整体式钢筋混凝土基础

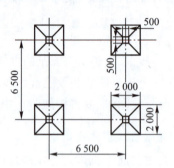

图 8.5 分块式钢筋混凝土基础

在高层建筑深基础施工阶段,如需在基坑边附近构筑附着式塔式起重机基础时,可采用灌注桩承台式钢筋混凝土基础。在高层建筑综合体施工阶段,如需在地下室顶板或裙房屋顶楼板上安装附着式塔式起重机时,应对安装塔吊处的楼板结构进行验算和加固,并在楼板下面加设支撑(至少连续两层)以保证安全。

2. 附着式塔式起重机的锚固

附着式塔式起重机在塔身高度超过限定自由高度时,应加设附着装置与建筑结构拉结。一般说,设置 2~3 道锚固即可满足施工需要。第一道锚固装置在距塔式起重机基础表面 30~40 m,自第一道锚固装置向上,每隔 16~20 m 设一道锚固装置。在进行超高层建筑施工时,不必设置过多的锚固装置,可将下部锚固装置抽换到上部使用。

附着装置由锚固环和附着杆组成。锚固环由两块钢板或型钢组焊成的 U 形梁拼装而成。锚固环宜设置在塔身标准节对接处或有水平腹杆的断面处,塔身节主弦杆应视需要加以补强。锚固环必须箍紧塔身结构,不得松脱。附着杆由型钢、无缝钢管等组成,也可以是型钢组焊的桁架结构。安装和固定附着杆时,必须用经纬仪对塔身结构的垂直度进行检查。如发现塔身偏斜时,可通过调节螺母来调整附着杆的长度,以消除垂直偏差。锚固装置应尽可能保持水平,附着杆最大倾角不得大于 10°。附着杆布置形式如图 8.6 所示。

固定在建筑上的锚固支座,可套装在柱子上或埋设在现浇混凝土墙板里,锚固点应紧靠楼板,其距离以不大于 20 cm 为宜。墙板或柱子混凝土强度应提高一级,并应增加配筋。在墙板上设锚固支座时,应通过临时支撑与相邻墙板相连,以增强墙板刚度。

3. 附着式塔式起重机的顶升接高

附着式塔式起重机可借助塔身上端的顶升机构,随着建筑施工进度而自行向上接高。自升液压顶升机构主要由顶升套架、长行程液压千斤顶、顶升横梁及定位销组成。液压千斤顶装在塔身上部结构的底端承座上,活塞杆通过顶升横梁支撑在塔身顶部。需要接高时,利

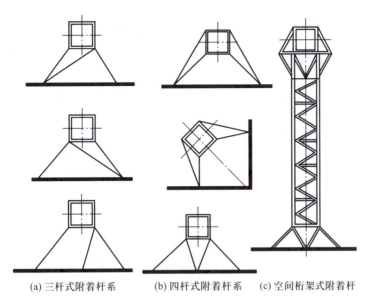

(a) 三杆式附着杆系　　(b) 四杆式附着杆系　　(c) 空间桁架式附着杆

图 8.6　附着杆的布置形式

用塔顶的行程液压千斤顶,将塔顶上部结构(起重臂等)顶高,用定位销固定;千斤顶回油,推入标准节,用螺栓与下面的塔身连成整体,每次可接高 2.5 m。其顶升过程如图 8.7 所示。

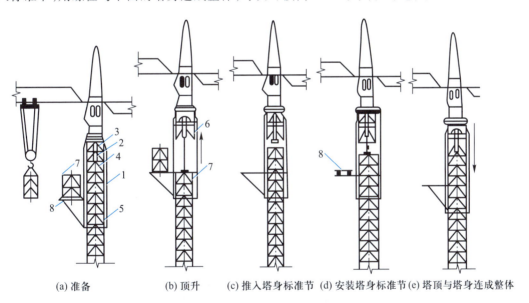

(a) 准备　　　(b) 顶升　　(c) 推入塔身标准节 (d) 安装塔身标准节 (e) 塔顶与塔身连成整体

图 8.7　附着式自升式起重机的顶升过程

1—顶升套架;2—液压千斤顶;3—支承座;4—顶升横梁;5—定位销;6—过渡节;7—标准节;8—摆渡小车

8.1.6　内爬式塔式起重机

内爬式塔式起重机将塔身支撑在建筑结构的梁、板上或电梯井壁的预留孔洞内,利用自身装备的液压顶升系统随建筑结构的升高而向上爬升。对于高度在 100 m 以上的超高层建筑,可优先考虑用内爬式塔式起重机。

与外部附着式塔式起重机相比,其优点是:内爬式一般布置在建筑物内部,所以其幅度可以做得小一些,即吊臂可以做短,不占用建筑物外围空间;由于是利用建筑物向上爬升,爬升高度不受限制,塔身也短不少。因此整体结构轻,造价低。其缺点是:塔吊要全部压在建筑物上,建筑结构需要增强,增加了建筑造价;爬升必须与施工进度相互协调,并且只能在施工间歇进行;司机直接看到吊装过程;更为麻烦的是,施工结束后,需要用屋面起重机或其他设备将塔吊各部件一个一个拆下来,放在竣工的建筑物顶部,然后再放到地面,屋顶为了支撑这些设备又需要加强。

内爬式塔式起重机的 3 个爬升框架分别安置在 3 个不同楼层上,最下面的框架用作支撑底架,承受塔式起重机全部荷载并传递给建筑结构。上面两套框架用作爬升导向架和交替用作定位及支撑底架。爬升时,必须使塔式起重机上部保持前后平衡。爬升之前,应将爬升框架、支撑梁及爬梯等安置好,有关的楼层结构应进行支撑加固。爬升后,塔式起重机下面楼板的开孔应及时封闭。

内爬式塔式起重机露出结构外的自由高度一般为 3 个楼层,每次爬升 1~2 个楼层高度,建筑物的嵌固长度与露出结构的自由高度和其重量有关,但最少不得少于 8 m。如图 8.8 所示为内爬式塔式起重机的爬升过程。

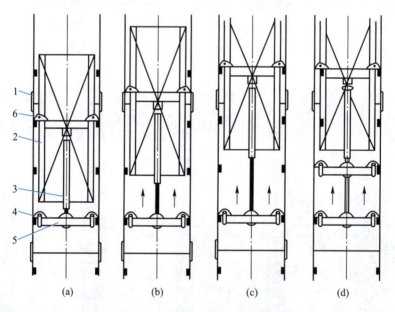

图 8.8　液压爬升机构的爬升过程
(a)、(b)下支腿支承在踏步上,顶升塔身;(c)、(d)上支腿支承在踏步上缩回活塞杆,将活动横梁提起
1—爬梯;2—塔身;3—液压缸;4—支腿;5—活动横梁;6—支腿

内爬式塔式起重机的拆除工序复杂且是高空作业,困难较多,必须周密布置和细致安排。拆除所采用的设备主要有附着式重型塔式起重机,或屋面吊,或人字拔杆,视具体情况选用。内爬式塔式起重机的拆除顺序和安装相反,拆除过程步骤:① 开动液压顶升机组,降落塔吊,使起重臂落至屋顶层;② 拆卸平衡重并逐块下放到地面运走;③ 拆卸起重臂,将臂架解体并分节下放到地面运走;④ 拆卸平衡臂,解体并分节下放到地面运走;⑤ 拆卸塔帽并下放到地面运走;⑥ 拆卸转台、司机室并下放到地面运走;⑦ 拆卸支撑回转装置及乘坐并下

放到地面运走;⑧ 逐节顶升塔身标准节,拆卸、下放到地面并运走。

8.1.7 塔式起重机的选用

塔式起重机的选用要综合考虑建筑物的高度;建筑物的结构类型;构件的尺寸及质量;施工进度、施工流水段的划分和工程量;现场的平面布置和周围环境条件等各种情况,同时要兼顾装、拆重机的场地和建筑结构满足塔架锚固、爬升的要求。

首先,根据施工对象确定所要求的参数,包括工作幅度(回转半径)、起重量、起重力矩和吊钩高度等;再根据塔式起重机的技术性能,选定塔式起重机的型号。

其次,根据施工进度、施工流水段的划分及工程量和所需吊次、现场的平面布置,确定塔式起重机的配量台数、安装位置等。

选用塔式起重机应注意以下 5 点:

1) 在确定塔式起重机形式及高度时,应考虑塔身锚固点与建筑物相对应的位置以及塔式起重机平衡臂是否影响臂架正常回转等问题。

2) 在多台塔式起重机作业条件下,应处理好相邻塔式起重机的高度差,以防止两塔碰撞,应使彼此工作互不干扰。

3) 在考虑塔式起重机安装的同时,应考虑塔式起重机的顶升、接高、锚固以及完工后的落塔、拆运等事项。如起重臂和平衡臂是否落在建筑物上,辅机停车位置及作业条件、场内运输道路有无阻碍等。

4) 在考虑塔式起重机安装时,应保证顶升套架的安装位置(即塔架引进平台或引进轨道应与臂架同向)及锚固环的安装位置正确无误。

5) 应注意外脚手架的支搭形式与挑出建筑物的距离,以免与下回转式起重机转台尾部回转时发生碰撞。

8.1.8 施工电梯

施工电梯又称外用施工电梯,是一种安装于建筑物外部,供运送施工人员和建筑器材的垂直提升机械,如图 8.9 所示。采用施工电梯输送施工人员上下楼层,可节省工时、减轻工人体力消耗,提高劳动生产效率。因此,施工电梯被认为是高层建筑施工不可缺少的关键设备之一。

微课
施工电梯
的分类

1. 施工电梯的分类

施工电梯按施工电梯的动力装置可分为电动与电动-液压两种,电动-液压驱动电梯工作速度比电动机驱动电梯工作速度快,可达 96 m/min。

施工电梯按用途可划分为载货电梯、载人电梯和人货两用电梯。载货电梯一般起重能力较大,起升速度快,而载人电梯或人货两用电梯对安全装置要求高一些。目前,在实际工程中用得比较多的是人货两用电梯。

施工电梯按施工电梯的驱动形式可分为钢索曳引、齿轮齿条曳引和星轮滚道曳引 3 种形式。其中,钢索曳引是早期产品,星轮滚道曳引的传动形式较新颖,但载重能力较小。目前用得比较多的是齿轮齿条曳引这种结构形式。

(1) 齿轮齿条驱动施工电梯

齿轮齿条驱动施工电梯由塔架(又称立柱,包括基础节、标准节、塔顶天轮架节)由吊厢、地面停机站、驱动机组、安全装置、电控柜站、门机电联锁盒、电缆、电缆接收筒、平衡重、安装

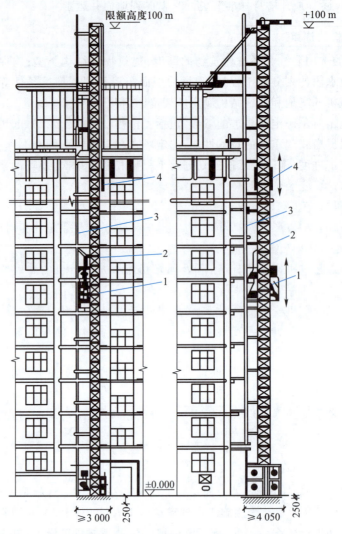

图 8.9　建筑施工电梯
1—吊笼;2—小吊杆;3—安装杆;4—平衡箱

小吊杆等组成,如图 8.10 所示。塔架由钢管焊接格构式矩形断面标准节组成,标准节之间采用套柱螺栓连接。其特点是:刚度好、安装迅速;电机、减速机、驱动齿轮、控制柜等均装设在吊厢内,检查、维修、保养方便;采用高效能的锥鼓式限速装置,当吊厢下降速度超过 0.65 m/s 时,吊厢会自动制动,从而保证不会发生坠落事故;可与建筑物拉结,并随建筑物施工进度而自升接高,升运高度可达 100~150 m。

齿轮齿条驱动施工电梯按吊厢数量可分为单吊厢式和双吊厢式,吊厢尺寸一般为 3 m×1.3 m×2.7 m;按承载能力,施工电梯可分为两级(一级载重量为 1 t 或载乘员 11~12 名;另一级载重量为 2 t 或载乘员 24 名)。

(2)绳轮驱动施工电梯

绳轮驱动施工电梯是近年来开发的新产品,由三角形断面钢管塔架、底座、单吊厢、卷扬机、绳轮系统及安全装置等组成,如图 8.11 所示。其特点是结构轻巧、构造简单、用钢量少、造价低、能自升接高。吊厢平面尺寸为 2.5 m×1.3 m,可载货 1 t 或载员 8~10 名。因此,绳轮驱动施工电梯在高层建筑施工中运用逐渐扩大。

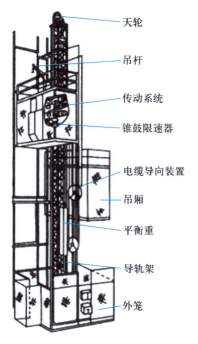

图 8.10 齿轮齿条驱动施工电梯图

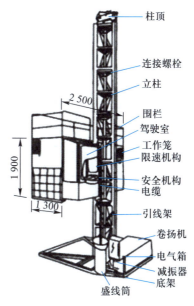

图 8.11 绳轮驱动施工电梯

2. 施工电梯的选择和使用

(1) 选择

现场施工经验表明,为减少施工成本,20 层以下的高层建筑采用绳轮驱动施工电梯,25~30 层以上的高层建筑选用齿轮齿条驱动施工电梯。高层建筑施工电梯的机型选择,应根据建筑体型、建筑面积、运输总量、工期要求以及施工电梯的造价与供货条件等确定。

微课
施工电梯
的选择和
使用

(2) 使用

1) 确定施工电梯位置。施工电梯安装的位置应尽可能满足:① 有利于人员和物料的集散;② 各种运输距离最短;③ 方便附墙装置安装和设置;④ 接近电源,有良好的夜间照明,便于司机观察。

2) 加强施工电梯的管理。施工电梯全部运转时间中,输送物料的时间只占运送时间的 30%~40%,在高峰期,特别在上下班时刻,人流集中,施工电梯运量达到高峰。如何解决好施工电梯人货矛盾,是一个关键问题。

3. 施工电梯基础及附墙装置的构造做法

(1) 施工电梯基础的构造做法

电梯的基础为带有预埋地脚螺栓的现浇钢筋混凝土。一般采用配筋为 8 号钢筋(双向,间距为 250 mm)的 C30 混凝土,地基土的地基承载力应不小于 0.15 N/mm。某电梯基础的外形尺寸实例为:长 2 600 mm(单笼,双笼 4 000 mm、宽 3 500 mm、厚 200 mm。

施工电梯基础顶面标高有 3 种:高于地面、与地面齐平、低于地面,以与地面齐平的做法最为可取,方便施工人员出入,减少发生工伤事故的可能性。

（2）施工电梯的附墙装置

为了保证导轨架的稳定性,当电梯架设到一定的高度时,每隔一定的间距必须把立柱导轨架与建筑物用附墙支撑和预埋件连接起来。附墙支撑装置由槽钢连接架、1 号支架、2 号支架、3 号支架和立管架构成,如图 8.12 所示。立管与底笼立管连接。当立管架与墙面距离大于 1 m 时,可再增加一排立管(用扣件钢管搭设)。附墙支撑的间距在产品使用说明书上都有规定。在最后一个锚固处之上立柱的允许高度,即再需增加新的锚固处之前,至少使电梯再爬升 2~3 层。自由高度:单笼电梯为 15 m,双笼电梯为 12 m。

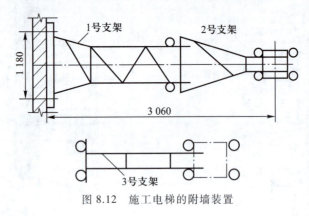

图 8.12　施工电梯的附墙装置

8.1.9　混凝土泵

采用混凝土泵浇筑商品混凝土,是钢筋混凝土现浇结构高层建筑施工中最为常见的混凝土浇筑方式。

1. 混凝土搅拌运输车

混凝土搅拌运输车由混凝土集中搅拌站将商品混凝土装运到施工现场,并卸入预先准备好的料斗里,再由混凝土泵或塔式起重机输送到浇筑部位。混凝土搅拌运输车运输过程中,同时对混凝土进行不停地搅动,使混凝土免于在运输途中产生离析和初凝,并进一步改善混凝土拌和物的和易性和均匀性,从而提高混凝土的浇筑质量。混凝土搅拌运输车公称容量在 2.5 m^3 以下者为轻型;4~6 m^3 者属于中型;8 m^3 以上者为大型。实践表明,容量 6 m^3 的搅拌运输车经济效果最好。

混凝土搅拌运输车主要由底架、搅拌筒、发动机、静液驱动系统、加水系统、装料及进料系统、卸料溜槽、卸料振动器、操作平台、操纵系统及防护设备组成,如图 8.13 所示。

选择混凝土搅拌运输车时,应特别注意以下几点技术性能:

1)装、卸料快,有利于提高生产率。6 m^3 搅拌运输车的装料时间一般需 40~60 s,卸料时间为 90~180 s。

2)注意搅拌筒的质量。搅拌筒的造价约占混凝土搅拌运输车整车造价的 1/2,搅拌筒的筒壁及搅拌叶片必须采用耐磨、耐锈蚀的优质钢材制作,并应有适当厚度。

3)安全防护装置齐全。

4)操作简单,性能可靠。

5)便于清理,保养量小。

使用时应注意下列事项:

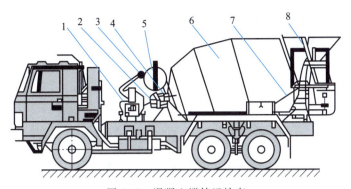

图 8.13　混凝土搅拌运输车
1—泵连接组件；2—减速机总成；3—液压系统；4—机架；
5—供水系统；6—搅拌系统；7—操纵系统；8—进出料装置

1）混凝土搅拌运输车在装料前，应先排净筒内的积水及杂物。

2）应事先对混凝土搅拌运输车行经路线，如桥涵、洞口、架空管线及库门口的净高和净宽等设施进行详细了解，以利通行。

3）混凝土搅拌运输车在运输途中，搅拌筒应以低速转动，到达工地后，应使搅拌筒全速（14~18 r/min）转动 1~2 min，并待搅拌筒完全停稳不转后，再进行反转出料。

4）一般情况下，混凝土搅拌运输车运送混凝土的时间不得超过 1 h，具体情况随天气的变化采取不同的措施进行处理，如添加缓凝剂可适当增加混凝土的运输时间。

5）工作结束后，应按要求用高压水冲洗搅拌筒内外及车身表面，并高速转动搅拌筒5~10 min，然后排放干净搅拌筒里的水分。

6）注意安全，不得将手伸入转动中的搅拌筒内，也不得将手伸入主卸料溜槽与接长卸料溜槽的连接部位，以免发生安全事故。

2. 混凝土泵

混凝土泵是在压力推动下沿管道输送混凝土的一种设备。它能连续完成高层建筑的混凝土的水平运输和垂直运输，配以布料杆还可以进行较低位置的混凝土的浇筑。近几年来，在高层建筑施工中泵送商品混凝土应用日益广泛，主要原因是泵送商品混凝土的效率高，质量好，劳动强度低。

微课
混凝土泵
和泵车

（1）混凝土泵的分类

混凝土泵按驱动方式分为活塞式泵和挤压式泵，目前用得较多的是活塞式泵；按混凝土泵所使用的动力可分为机械式活塞泵和液压式活塞泵，目前用得较多的是液压式活塞泵；液压式活塞泵按推动活塞的介质又分为油压式和水压式两种，现在用得较多的是油压式；按混凝土泵的机动性分为固定式和移动式，所谓移动式是指混凝土泵装在行走式轮胎可牵引移动的汽车上，而后者是指装在载重汽车底盘上的混凝土泵。

（2）活塞式混凝土泵的工作原理

活塞式混凝土泵如图 8.14 所示。它是利用柱塞的往复运动将混凝土吸入和排出。泵工作时，搅拌好的混凝土装入受料斗 6，吸入端片阀 7 移开，排出端片阀 8 关闭，活塞 4 在液压作用下带动活塞 2 左移，混凝土在自重及其真空吸力作用下，进入混凝土缸 1。然后，液压系统中压力油的进出方向相反，活塞右移，同时吸入端片阀关闭，压出端片阀移开，混凝土被压入管道 9 中,输送到浇筑地点。混凝土泵的出料是脉冲式的,有两个缸体交替出料,通过 Y 形输料管 9,送入同一输送管,因而能连续稳定地出料。

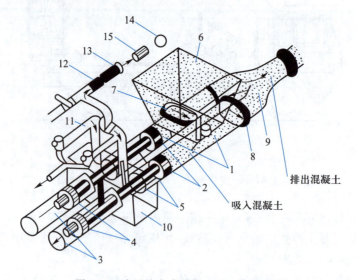

图 8.14　液压柱塞式混凝土泵工作原理图

1—混凝土缸;2—混凝土活塞;3—液压缸;4—液压活塞;5—活塞杆;6—料斗;7—吸入端水平片阀;8—排出端竖直片阀;
9—Y 形输料管;10—水箱;11—水洗装置换向阀;12—水洗高压软管;13—水洗法兰;14—海绵球;15—清洗活塞

混凝土输送管有直管、弯管、锥形管和浇筑软管等,一般由合金钢、橡胶和塑料等材料制成,常用混凝土输送管的管径为 100~150 mm。直径以 3 m 标准长度管为主管,弯管角度有数种,以适应管道改变方向。当两种不同直径的输送管需要连接时,中间用锥形管过渡,一般长度为 1 m。在管道的出口都接有软管,以便在不移动输送管的情况下扩大布料范围,如图 8.15 所示。

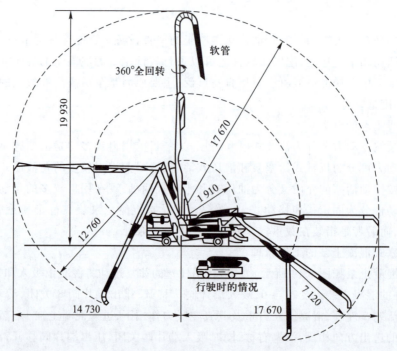

图 8.15　三折叠式布料车浇筑范围

泵送混凝土工艺对混凝土的配合比提出了要求:

1)粗骨料:碎石最大粒径与输送管最大内径之比不大于1:3;卵石最大粒径与输送管最大内径之比不宜大于1:2.5。

2)砂:以天然砂为宜,砂率宜控制在40%~50%,通过0.315 mm筛孔的砂不少于15%。

3)水泥:最少水泥用量为300 kg/m³,坍落度宜为80~180 mm,对不同泵送高度,入泵时混凝土的坍落度可参考表8.1选用。混凝土内宜适量掺入外加剂。泵送轻骨料混凝土原材料选用及配合比,应通过试验确定。

表8.1 不同泵送高度混凝土坍落度选用值

泵送高度/m	30以下	30~60	60~100	100以上
坍落度/mm	100~140	140~160	160~180	180~200

3.混凝土泵车

混凝土泵车是将混凝土泵安装在汽车底盘上,利用柴油发动机的动力,通过动力分动箱将动力传给液压泵,然后带动混凝土泵进行工作。混凝土通过布料杆,可送到一定的高度与距离。对于一般的建筑物施工,这种混凝土泵有独特的优越性,它移动方便、输送幅度与高度适中、可节省一台起重机,在施工中很受欢迎,如图8.16所示。

图8.16 DC-S15B型混凝土泵车

在泵送混凝土施工过程中,混凝土泵车的停放位置不仅影响输送管的配置,也影响到能否顺利进行泵送施工。混凝土泵车的布置应考虑下列条件:

1)力求距离浇筑地点近,使所浇筑的基础结构在布料杆的工作范围内,尽量少移动泵车即能完成浇筑任务。

2)多台泵或泵车同时浇筑时,选定的位置要使其各自承担的浇筑量接近,最好能同时浇筑完毕。

3)混凝土泵或泵车的停放地点要有足够的场地,以保证运输商品混凝土的搅拌运输供料方便,最好能有供3台搅拌运输车同时停放和卸料的场地条件。

4）停放位置最好接近供水和排水设施，以便于清洗混凝土泵或泵车。

4. 混凝土布料杆

微课

混凝土布
料杆

混凝土布料杆是完成输送、布料、摊铺混凝土浇筑入模的一种设备。混凝土布料杆大致可分为汽车式布料杆（亦称混凝土泵车布料杆）和独立式布料杆两大类。

汽车式布料杆由折叠式臂架与泵送管道组成。施工时是通过布料杆各节臂架的俯、仰、屈、伸，将混凝土泵送到臂架有效幅度范围内的任意一点。泵车的臂架形式主要有连接式、伸缩式和折叠式 3 种。连接式臂架由 2~3 节组合而安置在汽车上，当到达施工现场时再进行组装。伸缩式臂架不需要另行安装，可由液压力一节节顶出，这种布料杆的优点是特别适合在狭窄施工场地上施工，缺点是只能做回转和上下调幅运动。折臂式的最大特点是运动幅度和作业范围大，使用方便，应用得最广泛，但成本较高。其结构如图 8.17 所示。

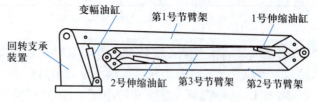

图 8.17 折臂式泵车臂架

独立式布料杆根据它的支承结构形式，大致分为 4 种形式：移置式布料杆、管柱式机动布料杆、装在塔式起重机上的布料杆。

移置式布料杆由底架支腿、转台、平衡臂、平衡重、臂架、水平管、弯管等组成。泵送混凝土主要是通过两根水平管送到浇筑地点，整个布料杆可用人力推动围绕回转中心转动 360°，而且第二节泵管还可用人推动，以第一节管端弯管为轴心回转 300°。这种移置式布料杆优点是：构造简单、加工容易、安装方便、操作灵活、造价低、维修简便；转移迅速，甚至可用塔式起重机随着楼层施工升运和转移，可自由地在施工楼面流水作业段转移；独立性强，无须依赖其他的构件。其缺点是：工作幅度、有效作业面积较小；上楼要借助于塔式起重机，给施工带来不便。

管柱式机动布料杆由多节钢管组成的立柱、三节式臂架、泵管、转台、回转机构、操作平台、爬梯、底座等构成。在钢管立柱的下部设有液压爬升机构，借助爬升套架梁，可在楼层电梯井、楼梯间或预留孔筒中逐层向上爬升。管柱式机动布料杆可做 360°回转，最大工作幅度为 17 m，最大垂直输送高度为 16 m，有效作业面积为 900 m。一般情况下，这种布料杆适合于塔形高层建筑和筒仓式建筑施工，受高度限制较少，但由于立管固定依附在构筑物上，水平距离受到一定的限制。装在塔式起重机上的布料杆，最大特点是借助于塔式起重机。按照塔式起重机的形式不同可分为装在行走式塔式起重机上的布料杆和装在爬升式塔式起重机上的布料杆。前者机动性好，布料作业范围较大，但输送高度受限制；后者可随塔式起重机的自升而不断升高，因而输送高度较大，但由于塔身是固定的，故使用的幅度受到限制。

8.1.10 脚手架工程

脚手架是高层建筑施工必须使用的重要设施，是为保证高处作业安全、顺利进行施工而搭设的工作平台或作业通道。在结构施工、装修施工和设备管道的安装施工中，都需要按照操作要求搭设脚手架。我国对脚手架施工安全的要求已经比较完善，目前此方面的规范有：

《建筑施工扣件式钢管脚手架安全技术规范》(JGJ 130—2011)、《建筑施工碗扣式钢管脚手架安全技术规范》(JGJ 166—2016)、《建筑施工工具式脚手架安全技术规范》(JGJ 202—2010)、《建筑施工门式钢管脚手架安全技术标准》(JGJ/T 128—2019)、《建筑施工木脚手架安全技术规范》(JGJ 164—2008)、《液压升降整体脚手架安全技术规程》(JGJ 183—2009)、《建筑施工承插型盘扣式钢管支架安全技术规程》(JGJ 231—2010)。

1. 施工方案相关要求

1)脚手架搭设前应根据工程的特点和施工工艺确定搭设方案,内容应包括:基础处理、搭设要求、杆件间距及连墙杆设置位置、连接方法,并绘制施工详图及大样图。外架专项施工方案包括计算书及卸荷方法等必须经企业技术负责人审批并签字盖章。

2)脚手架的搭设高度超过规范规定的要求计算。

① 扣件式钢管脚手架搭设尺寸符合规范要求时,相应杆件可不再进行设计计算,但连墙件及立杆地基承载力等仍应根据实际荷载进行设计计算并绘制施工图。

② 当搭设高度在 25~50 m 时,应对脚手架整体稳定性从构造上进行加强,如纵向剪刀撑必须连续设置,增加横向剪刀撑,连墙杆的强度相应提高,间距缩小。

③ 当搭设高度超过 50 m 时,可采用双立杆加强或采用分段卸荷,沿脚手架全高分段将脚手架与梁板结构用钢丝绳吊拉,将脚手架的部分荷载传给建筑物承担;或采用分段搭设,将各段脚手架荷载传给由建筑物伸出的悬挑梁、架承担,并经设计计算。

④ 对脚手架进行的设计计算必须符合脚手架规范的有关规定,并经项目技术负责人审批。

3)脚手架的施工方案应与施工现场搭设的脚手架类型相符,当现场因故改变脚手架类型时,必须重新修改脚手架方案并经审批后,方可施工。(当脚手架搭设尺寸中的步距、立杆纵距、立杆横距和连墙件间距有变化时,除计算底层立杆段外,还必须对出现最大步距或最大立杆纵距、立杆横距、连墙件间距等部位的立杆段进行验算。)

4)悬挑式脚手架必须编制专项施工方案。方案应有设计计算书(包括对架体整体稳定性、支撑杆件的受力计算),有针对性较强的、较具体的搭设拆卸方案和安全技术措施,并画出平面图、立面图以及不同节点详图。

5)吊篮脚手架施工必须有专项施工方案,内容应包括吊篮和挑梁锚固、配重等抗倾覆装置的设计计算以及挑梁的锚固施工详图和相应的安全技术措施。

6)脚手架搭设前,施工负责人应按照施工方案要求,结合施工现场作业条件和人员情况,做详细的交底(相同类型的脚手架重复施工超过 1 个月要进行重复交底),并有专人指挥。脚手架搭设人员必须是经过按现行国家标准(GB 5036)考核合格的专业架子工。

7)悬挑脚手架的安全防护及管理:悬挑脚手架在施工作业前除须有设计计算书外,还应有含具体搭设方法的施工方案。当设计施工荷载小于常规取值,即按三层作业、每层 2 kN/m² ,或按二层作业、每层 3 kN/m² 时,除应在安全技术交底中明确外,还必须在架体上挂上限载牌。

悬挑脚手架应实施分段验收,对支承结构必须实行专项验收。

架体除在施工层上下三步的外侧设置 1.2 m 高的扶手栏杆和 18 cm 高的挡脚板外,外侧还应用密目式安全网封闭。在架体进行高空组装作业时,除要求操作人员使用安全带外,还应有必要的防止人、物坠落的措施。

8)附着升降脚手架的施工安全要求:附着升降脚手架的加工制作、安装、使用、拆卸和

管理等,应符合《建筑施工附着升降脚手架管理暂行规定》(建建[2000]230号)的规定。其施工安全要求如下:

使用前,应根据工程结构特点、施工环境、条件及施工要求编制"附着升降脚手架专项施工组织设计",并根据有关要求办理使用手续,备齐相关文件资料。

施工人员必须经过专业培训。

组装前,应根据专项施工组织设计要求,配备合格人员,明确岗位职责,并对有关施工人员进行安全技术交底。

附着升降脚手架所用各种材料、工具和设备应具有质量合格证、材质单等质量文件。使用前应按相关规定对其进行检验,不合格产品严禁投入使用。

附着升降脚手架在每次升降以及拆卸前应根据专项施工组织设计要求对施工人员进行安全技术交底。

整体式附着升降脚手架的控制中心应设专人负责操作,禁止其他人员操作。

附着升降脚手架在首层组装前应设置安装平台,安装平台应有保障施工人员安全的防护设施,安装平台的水平精度和承载能力应满足架体安装的要求。

2. 脚手架安装安全技术

高层建筑施工作业的必须设备就是脚手架,这是高空作业的安全设施,又由于其高度大、荷载大、外部影响因素多,因此高层建筑的脚手架的搭设必须按工程特点和施工要求专门进行设计计算。

(1)钢管脚手架的立杆及基础

1)脚手架立杆基础应符合以下要求:

① 搭设高度在25 m以下时,可素土夯实找平,上面铺5 cm厚木板,长度为2 m时垂直于墙面放置,长度大于3 m时平行于墙面放置。

② 搭设高度在25~50 m时,应根据现场地基承载力情况设计基础做法或采用回填土分层夯实达到要求时,可用枕木支垫,或在地基上加铺20 cm厚道碴,其上铺设混凝土板,再仰铺12~16号槽钢。

③ 搭设高度超过50 m时,应进行计算并根据地基承载力设计基础做法,或于地面下1 m深处采用灰土地基,或浇筑50 cm厚混凝土基础,其上采用枕木支垫。

④ 当脚手架基础下有设备基础、管沟时,在脚手架使用过程中不应开挖,否则必须采取加固措施。

2)扣件式钢管脚手架的底座有可锻铸铁底座与焊接底座两种,搭设时应将木垫铺平,放好底座,再将立杆放入底座内,不准将立杆直接置于木板上,否则将改变垫板受力姿态。底座下设置垫板有利于荷载传递,试验表明:标准底座下加设木垫板(板厚5 cm,板长≥2 m),可将地基土的承载能力提高5倍以上。当木板长度大于2跨时,将有助于克服两立杆间的不均匀沉陷。

3)脚手架基础地势较低时,应考虑周围设有排水措施(立杆基础外侧设置截面不小于20 cm×20 cm的排水沟,并在外侧设80 cm宽以上混凝土路面),木脚手架立杆埋设回填土后应留有土墩高出地面,以防下部积水。

(2)架体与建筑物拉结

1)脚手架高度在7 m以下时,可采用设置抛撑方案以保持脚手架的稳定(抛撑的下脚一定要固定牢固）。当搭设高度超过 7 m 不便设抛撑时，应与建筑物进行连接。

① 脚手架与建筑物连接不但可以防止因风荷载而发生的向内或向外倾翻事故，同时可以作为架体的中间约束，减小立杆的计算长度，提高承载能力，保证脚手架的整体稳定性。

② 连墙杆的间距应按规定设置。当脚手架搭设高度较高需要缩小连墙杆间距时，减少垂直间距比缩小水平间距更为有效。

③ 连墙杆应靠近节点并从底层第一步大横杆处开始设置。

④ 连墙杆宜靠近主节点设置，距主节点不应大于 30 cm。

2）连墙杆必须与建筑结构部位连接，以确保承载能力。

① 连墙杆位置应在施工方案中确定，并绘制做法详图，不得在作业中随意设置。严禁在脚手架使用期间拆除连墙杆。（应作为重点检查的内容。）

② 连墙杆与建筑物连接做法可做成柔性连接或刚性连接。连墙件必须采用可承受拉力和压力的构造。采用拉筋必须配用顶撑，顶撑应可靠地顶在混凝土圈梁、柱等结构部位。拉筋应采用两根以上直径 4 mm 的钢丝拧成一股，使用时不应少于 2 股；亦可采用直径不小于 6 mm 的钢筋，限制脚手架里外两侧变形。严禁使用仅有拉筋的柔性连墙件。

③ 对高度 24 m 以上的双排脚手架，必须采用刚性连墙件与建筑物可靠连接。

3）立杆间距与剪刀撑。

① 木竹脚手架步距不大于 1.8 m，立杆纵距不大于 1.5 m，横距不大于 1.3 m，架子总高度不得超过 25 m；钢管脚手架步距底部高度不大于 2 m，其余不大于 1.8 m，立杆纵距不大于 1.8 m，横距不大于 1.5 m。如搭设高度超过 25 m 须采用双立杆或缩小间距的方法搭设，超过 50 m 应进行专门设计计算；架子转角处立杆间距应符合搭设要求。

② 脚手架外侧设置剪刀撑，由脚手架端头开始按水平距离不超过 9 m 设置一排剪刀撑，剪刀撑杆件与地面成 45°~60°角，自下而上、左右连续设置。设置时与其他杆件的交叉点应互相连接（绑扎），并应延伸到顶部大横杆以上。竹脚手架剪刀撑底部斜杆应深埋超过 30 cm。

③ 高度在 24 m 以下的单、双排脚手架，均必须在外侧立面的两端各设置一组剪刀撑，由底部至顶部随脚手架的搭设连续设置；中间部分可间断设置，各组剪刀撑间距不大于 15 m。高度在 25 m 以上的双排脚手架，在外侧立面必须沿长度和高度连续设置剪刀撑。

④ 剪刀撑斜杆应与立杆和伸出的小横杆进行连接，底部斜杆的下端应置于垫板上。剪刀撑斜杆的接长均采用搭接，搭接长度不应小于 1 m，并应等间距设置 3 个旋转扣件固定横向剪刀撑。脚手架搭设高度超过 24 m 时，为增强脚手架横向平面的刚度，可在脚手架拐角处及中间沿纵向每隔 6 跨，在横向平面内加设斜杆，使之成为"之"字形。遇操作层时可临时拆除，转入其他层时应及时补设。一字型、开口型双排脚手架的两端均必须设置横向斜撑，中间宜每隔 6 跨设置一道之字撑。

4）脚手板与防护栏杆。

① 25 m 以下建筑物的外脚手架除操作层以及操作层的上下层、底层、顶层必须满铺外，还应在中间至少满铺一层。25 m 以上建筑物的外架应层层铺设脚手板。装饰阶段必须层层满铺脚手板。

② 满铺层脚手板必须垂直墙面横向铺设，满铺到位，不留空位，不能满铺处必须采取有效防护措施。脚手片须用不细于 18 号铅丝双股并绑扎不少于 4 点，要求绑扎牢固，交接处

平整,无探头板。脚手片完好无损,破损的要及时更换。

③ 脚手架外侧必须用建设主管部门认证的合格的密目式安全网封闭,且应将安全网固定在脚手架外立杆里侧,不宜将网围在各杆件的外侧。安全网应用不小于 18 号铅丝张挂严密。

④ 脚手架外侧栏杆上杆离地高度为 1.05~1.2 m,下杆离地高度为 0.5~0.6m,并设 18 cm高的挡脚板或设防护立网。脚手架的高度,里立杆低于檐口 50 cm,平屋面外立杆高于檐口 1~1.2 m,坡屋面高于 1.5 m 以上。

5)小横杆设置。

① 小横杆应紧靠立杆用扣件与大横杆扣牢。设置小横杆的作用有三:一是承受脚手板传来的荷载;二是增强脚手架横向平面的刚度;三是约束双排脚手架里外两排立杆的侧向变形,与大横杆组成一个刚性平面,缩小立杆的长细比,提高立杆的承载能力。当遇作业层时,应在两立杆中间再增加一道小横杆,以缩小脚手板的跨度,当作业层转入其他层时,中间处小横杆可以随脚手板一同拆除,但交点处小横杆不应拆除。

② 双排脚手架搭设的小横杆,必须在小横杆的两端与里外排大横杆扣牢,否则双排脚手架将变成两片脚手架,不能共同工作,失去脚手架的整体性。(小横杆要探出扣件 10 cm以上。)

③ 单排脚手架小横杆的设置位置与双排脚手架相同。不能用于半砖墙、18 cm 墙、轻质墙、土坯墙等稳定性差的墙体,小横杆在墙上的搁置长度不应小于 18 cm,小横杆入墙过小会影响支点强度,另外单排脚手架产生变形时,小横杆容易拔出。

6)架体内封闭。脚手架的架体里立杆距墙体净距一般不大于 20 cm,如大于 20 cm 的必须铺设站人片,站人片设置平整牢固;脚手架施工层里立杆与建筑物之间应进行封闭;施工层以下外架每隔 3 步以及底部应用密目网或其他措施进行封闭。

7)脚手架材质。

① 钢管脚手架应选用外径 48 mm,壁厚 3.5 mm 的 A3 钢管,表面平整光滑,无锈蚀、裂纹、分层、压痕、划道和硬弯,新用钢管有出厂合格证。搭设架子前应进行保养、除锈并统一涂色,颜色应力求美观。

② 搭设竹脚手架的竹竿要求挺直、质地坚韧,不得使用青嫩、枯脆、腐烂、虫蛀及裂纹连通两节以上的竹竿。竹竿有效部分小头直径必须符合:① 立杆、大横杆、顶撑、剪刀撑等不小于 75 mm;② 小横杆不得小于 90 mm;③ 搁栅、栏杆不得小于 60 mm。

③ 钢管脚手架搭设使用的扣件应符合建设部《钢管脚手扣件标准》要求,有扣件生产许可证,规格与钢管匹配,采用可锻铸铁,不得有裂纹、气孔、缩松、砂眼等锻造缺陷,贴和面应平整,活动部位灵活,夹紧钢管时开口处最小距离不小于 5 mm。

④ 竹脚手架绑扎用的铅丝无锈蚀,双股并联捆扎;底排立杆及扫地杆均漆红白相间色。

⑤ 木脚手板应用 5 cm 厚的杉木或松木板,宽度为 20~30 cm,长度不超过 6 m。凡腐朽、扭曲、破裂的或有大横透节疤及多节疤的,严禁使用。距板两端 8 cm 处应用镀锌铁丝箍绕 2~3 圈或用铁皮钉牢。

8)通道。

① 外脚手架应设置上下走人斜道,附着搭设在脚手架的外侧,不得悬挑。斜道的设置应为来回上折形,坡度不大于 1:3,宽度不得小于 1.5 m。斜道立杆应单独设置,不得借用脚手

架立杆,并应在垂直方向和水平方向每隔一步或一个纵距设一连接。

② 斜道两侧及转角平台外围均应设 1.05~1.2 m 上层栏杆、0.5~0.6 m 中间栏杆和 18 cm 高踢脚杆,并用合格的密目式安全网封闭;斜道侧面及平台外侧应设置剪刀撑。

③ 斜道脚手片应采用横铺,每隔 20~30 cm 设一防滑条,防滑条的间距不得大于 30 cm,防滑条宜采用 40 mm×60 mm 方木,并用多道铅丝绑扎牢固,斜道和进出通道的栏杆、踢脚杆统一漆红白相间色。

④ 外架与各楼层之间应设置进出通道,坡度不大于 1∶3,通道宜采用木板铺设,两边设 1.05~1.2 m 上层栏杆、0.5~0.6 m 中间栏杆和 18 cm 高踢脚杆,并固定牢固。

9) 卸料平台。

① 外脚手架吊物卸料平台和井架卸料平台应有单独的设计计算书和搭设方案;吊物卸料平台、井架卸料平台应按照设计方案搭设,应与脚手架、井架断开,有单独的支撑系统。

② 卸料平台要求采用厚 4 cm 以上木板统一铺设,并设有防滑条。外架吊物卸料平台应采用型钢做支撑,预埋在建筑物内,不得采用钢管搭设,吊物卸料平台必须设置限载牌。井架卸料平台可以由钢管从基础上搭设,但基础必须采用混凝土,地立杆垫型钢或木板。

③ 卸料平台临边防护到位,设置 1.05~1.2 m 上层栏杆、0.5~0.6 m 中间栏杆和 18 cm 高踢脚杆,四周采用密目式安全网封闭

10) 交底和验收。

① 脚手架搭设前应对架子工进行安全技术交底,交底内容要有针对性,交底双方履行签字手续。

② 脚手架搭设后应组织分段验收,办理验收手续。验收表中应写明验收的部位,内容量化,验收人员履行验收签字手续。验收不合格的,应在整改完毕后重新填写验收表。脚手架验收合格并挂合格牌后方可使用。

③ 脚手架应进行定期检查和不定期检查,并按要求填写检查表,检查内容量化,履行检查签字手续。对检查出的问题应及时整改,项目部每半月至少检查一次。

3. 脚手架拆除安全技术

1) 拆除前应编制安全措施并进行安全技术交底,参加交底人员均应签字。架子拆除时,应划分作业区,周围设围栏或竖立警戒标志,地面设专人指挥,严禁非作业人员入内。

2) 拆除的高处作业人员,必须戴安全帽,系安全带,扎裹腿,穿软底鞋。

3) 拆除顺序应遵循由上而下,后搭先拆的原则。即先拆栏杆、脚手板、剪刀撑、斜撑,后拆小横杆、大横杆、立杆和底座,并按一步一清的原则依次进行,要严禁上下同时进行拆除作业。

4) 拆立杆时,应先抱住立杆再拆开最后两个扣,拆除大横杆、斜撑、剪刀撑时,应先拆中间扣,然后托住中间,再解端头扣。

5) 连墙点应随拆除进度逐层拆除,拆抛撑前,应设置临时支撑,然后再拆抛撑。

6) 拆除架子区域应设置围栏和警示标志;由专职架子工拆除,并由专人统一指挥,严禁上下同时拆除,当解开与另一人有关的结扣时,应先通知对方,以防坠落,在拆架过程中,不得中途换人,如必须换人,应将拆除情况交代清楚后方可离开。

7) 在大片架子拆除前应将预留的斜道、上料平台、通道小飞跳等,先行加固,以便拆除

后能确保其完整、安全和稳定。

8）拆除时如附近有外电线路,要采取隔离措施,严禁架杆接触电线。

9）拆除时不应碰坏门窗、玻璃、水落管、房檐瓦、地下明沟等物品。

10）拆下的材料应用绳索拴住,利用滑轮徐徐下运,严禁抛掷,运至地面的材料应按指定地点,随拆随运,分类堆放,当天拆当天清,拆下的扣件或铁丝要集中回收处理。

11）拆除烟囱、水塔外架时,严禁架料碰缆风绳,同时拆至缆风绳处方可解除该处缆风绳,不准提前解除。

8.2　高层建筑钢筋工程

1. 梁板式筏形基础的制图规则及平面表示

（1）梁板式筏形基础的分类

梁板式筏形基础分为高板位梁板式筏形基础、低板位梁板式筏形基础和中板位梁板式筏形基础。高板位梁板式筏形基础是指梁与板顶面一平的筏形基础;低板位梁板式筏形基础是指梁与板底面一平的筏形基础;中板位梁板式筏形基础是指板底面、顶面与梁底面、顶面不平的筏形基础。

（2）梁板式筏形基础构件的类型与编号（见表8.2）

表 8.2　梁板式筏形基础构件编号

构件类型	代号	序号	跨数及有无外伸
基础主梁（柱下）	JZL	××	(××)或(××A)或(××B)
基础次梁	JCL	××	(××)或(××A)或(××B)
梁板筏形基础平板	LPB	××	

注:① (××A)为一端有外伸,(××B)为两端有外伸,外伸不计入跨数。如 JZL7(5B)表示第 7 号基础主梁,5 跨,两端有外伸。

② 对于梁板式筏形基础平板,其跨数以及是否外伸分别在 X、Y 两向的贯通纵筋之后表达。

（3）基础主梁与次梁的标注

基础主梁与基础次梁的平面注写,分为集中标注与原位标注两部分内容,基础主梁与基础次梁的集中标注应在第一跨引出,规定如下。

1）注写基础梁的编号,见表8.2。

2）注写基础梁的截面尺寸以 $b×h$ 表示梁截面宽度与高度;当为加腋梁时,用 $b×hYc_1×c_2$ 表示,其中 c_1 表示腋长,c_2 表示腋高。

3）注写基础梁的钢筋:① 当具体设计采用一种箍筋间距时,仅需注写钢筋级别、直径、间距与肢数（写在括号内）即可;② 当设计采用两种或三种箍筋间距时,先注写梁两端的第一种或第一、二种箍筋,并在前面加注箍筋道数,再依次注写跨中部的第二种或第三种箍筋（不需加注箍筋道数）,不同箍筋配置用"/"相分隔。

（4）基础主梁与基础次梁标注说明（表8.3）

表 8.3 基础主梁与基础次梁标注说明

集中标注说明(集中标注应在双向均为第一跨引出)

注写形式	表达内容	附加说明
BPB××	基础平板编号,包括代号和序号	为平板式基础的基础平板
h=××××	基础平板厚度	
X:B φ××@ ×××; 　T φ××@ ×××;(×、×A、 ×B) Y:B φ××@ ×××; 　T φ××@ ×××;(×、×A、 ×B)	X 向底部与顶部贯通纵筋强度 等级、直径、间距;(总长度、跨数及 有无外伸) Y 向底部与顶部贯通纵筋强度等 级、直径、间距;(总长度、跨数及有 无外伸)	底部纵筋就有 1/2 至 1/3 贯通全 跨,注意与非贯通纵筋组合设置的 具体要求,详见制图规则,顶部纵筋 应全跨贯通,用"B"引导底部贯通 纵筋,用"T"引导奇峰部贯通纵筋。 (×A):一端有外伸;(×B):两端均 有外伸;无外伸则仅注跨数(×)。 图面从左至右为 X 向,从下至上为 Y 向

板底部附加非贯通筋的原位标注说明(原位标注应在基础梁下相同配筋跨的第一跨下注写)

注写形式	表达内容	附加说明
⊗φ××@×××(×、×A、×B) 　　　　　　　　　×××× 　　—柱中线	底部附加非贯通纵筋编号、强度 等级、直径、间距,(相同配筋横向 布置的跨数及是否布置到外伸部 位);自梁中心线分别向两边跨内 的延伸长度值	当向两侧对称延伸时,可只在一 侧注延伸长度值。外伸部位一侧的 延伸长度与方式按标准构造,设计 不注。相同非贯通纵筋只可注写一 处,其他仅在中粗虚线上注写编号。 与贯通纵筋组合设置时的具体要 求详见相应制图规则
修正内容原位注写	某部位与集中标注不同的内容	一经原位注写,原位标注的修正 内容取值优先

(5)梁板式筏形基础平板标注说明(表 8.4)

表 8.4 梁板式筏形基础平板标注说明

集中标注说明(集中标注应在双向均为第一跨引出)

注写形式	表达内容	附加说明
LPB××	基础平板编号,包括代号和序号	为梁板式基础的基础平板
h=××××	基础平板厚度	
X:B φ××@ ×××; 　T φ××@ ×××;(×、×A、 ×B) Y:B φ××@ ×××; 　T φ××@ ×××;(×、×A、 ×B)	X 向底部与顶部贯通纵筋强度 等级、直径、间距,(总长度;跨数及 有无外伸) Y 向底部与顶部贯通箍筋强度等 级、直径、间距,(总长度;跨数及有 无外伸)	底部纵筋应有 1/2 至 1/3 贯通全 跨,注意与非贯通纵筋组合设置的 具体要求,详见制图规则,顶部纵筋 应全跨贯通,用"B"引导底部贯通 纵筋,用"T"引导顶部贯通纵筋。 (×A):一端有外伸;(×B):两端均 有外伸;无外伸则仅注跨数(×)。 图面从左至右为 X 向,从下至上为 Y 向

续表

板底部附加非贯通筋的原位标注说明（原位标注应在基础梁下相同配筋跨的第一跨下注写）		
注写形式	表达内容	附加说明
$\otimes\Phi\times\times@\times\times\times(\times、\times A、\times B)$　　××××　基础梁	底部附加非贯通纵筋编号、强度等级、直径、间距（相同配筋横向布置的跨数及有无布置到外伸部位）；自梁中心线分别向两边跨内的延伸长度值	当向两侧对称延伸时，可只在一侧注延伸长度值。外伸部位一侧的延伸长度与方式按标准构造，设计不注，相同非贯通纵筋可只注写一处，其他仅在中粗虚线上注写编号。与贯通纵筋组合设置时的具体要求详见相应制图规则
修正内容原位注写	某部位与集中标注不同的内容	一经原位注写，原位标注的修正内容取值优先

2. 平板筏形基础的制图规则与平面表示

（1）平板筏形基础平板标注说明（表8.5）

表 8.5　平板筏形基础平板标注说明

集中标注说明（集中标注应在双向均为第一跨引出）		
注写形式	表达内容	附加说明
BPB××	基础平板编号，包括代号和序号	为平板式基础的基础平板
$h=\times\times\times\times$	基础平板厚度	
$X:B\phi\times\times@\times\times\times;$　　$T\phi\times\times@\times\times\times;(\times、\times A、$　$\times B)$　$Y:B\phi\times\times@\times\times\times;$　　$T\phi\times\times@\times\times\times;(\times、\times A、$　$\times B)$	X 向底部与顶部贯通纵筋强度等级、直径、间距；（总长度、跨数及有无外伸）　Y 向底部与顶部贯通纵筋强度等级、直径、间距；（总长度、跨数及有无外伸）	底部纵筋应有 1/2 至 1/3 贯通全跨，注意与非贯通纵筋组合设置的具体要求，详见制图规则，顶部纵筋应全跨贯通，用"B"引导底部贯通纵筋，用"T"引导奇峰部贯通纵筋。（×A）：一端有外伸；（×B）：两端均有外伸；无外伸则仅注跨数（×）。图面从左至右为 X 向，从下至上为 Y 向

板底部附加非贯通筋的原位标注说明（原位标注应在基础梁下相同配筋跨的第一跨下注写）		
注写形式	表达内容	附加说明
$\otimes\Phi\times\times@\times\times\times(\times、\times A、\times B)$　　××××　柱中线	底部附加非贯通纵筋编号、强度等级、直径、间距（相同配筋横向布置的跨数及是否布置到外伸部位）；自梁中心线分别向两边跨内的延伸长度值	当向两侧对称延伸时，可只在一侧注延伸长度值。外伸部位一侧的延伸长度与方式按标准构造，设计不注。相同非贯通纵筋可只注写一处，其他仅在中粗虚线上注写编号。与贯通纵筋组合设置时的具体要求详见相应制图规则
修正内容原位注写	某部位与集中标注不同的内容	一经原位注写，原位标注的修正内容取值优先

（2）平板筏形基础的其他标注内容

1）当在基础平板周边侧面设置纵向构造钢筋时,应在图中注明。

2）应注明基础平板边缘的封边方式与配筋。

3）当基础平板外伸变截面高度时,注明外伸部位的h_1/h_2,其中h_1为板根部的截面高度,h_2为板尽端截面高度。

4）当基础平板厚度>2 m 时,应注明设置在基础平板中部的水平构造钢筋网。

5）当在平板中采用拉筋时,注明拉筋的配置及布置方式。

（3）柱下板带及跨中板带标注说明（表8.6）

表 8.6　柱下板带及跨中板带标注说明

集中标注说明（集中标注应在第一跨引出）		
注写形式	表达内容	附加说明
ZXB××(×B) 或 KZB×× (×B)	柱下板带或跨中板带编号,具体包括:代号、序号、(跨数及外伸状况)	(×A):一端有外伸;(×B):两端均有外伸;无外伸则仅注跨数(×)
$b=$××××	板带宽度(在图注中应注明板厚)	板带宽度取值与设置部位应符合规范要求
Bϕ××@ ×××; Tϕ××@ ×××	底部贯通纵筋强度等级、直径、间距;顶部贯通纵筋强度等级、直径、间距	底部纵筋应有1/2至1/3贯通全跨,注意与非贯通纵筋组合设置的具体要求,详见制图规则

板底部附加非贯通纵筋原位标注说明		
注写形式	表达内容	附加说明
  ⊗ϕ××@××× ×××× 柱下板带: ⊗ϕ××@××× ×××× 跨中板带: ⊗ϕ××@××× ××××	底部非贯通纵筋编号、强度等级、直径、间距;自柱中线分别向两边跨内的延伸长度值	同一板带中其他相同非贯通纵筋可仅在中粗虚线上注写编号。向两侧对称延伸时,可只在一侧注延伸长度值。向外伸部位的延伸长度与方式按标准构造,设计不注。与贯通纵筋组合设置时的具体要求详见相应制图规则
修正内容原位注写	某部位与集中标注不同的内容	一经原位注写,原位标注的修正内容取值优先

3. 筏形基础的构造详图

（1）基础梁纵筋构造（图8.18）

1）下部非通长筋伸入跨内的长度为$l_0/3$且$\geqslant a$。

顶部贯通纵筋,在其连接区内搭接、机械连接或对焊连接。同一连接区段内接头面积百分率不应大于 50%

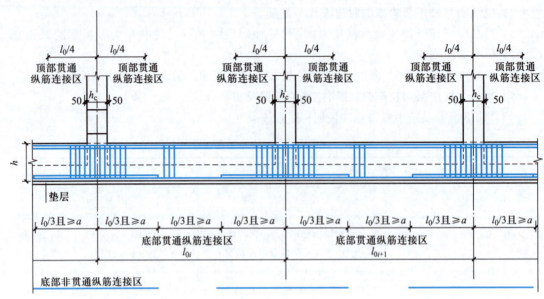

图 8.18　基础梁纵向钢筋构造

2) 节点区内的箍筋按梁端箍筋设置。

3) 梁端第一个箍筋距支座边的距离为 50 mm。

4) 当纵筋采用搭接,在搭接区域内的箍筋间距取 $5d$、100 mm 的最小值,其中 d 为纵筋的最小直径。

5) 不同配置的底部通长筋,应在相邻两跨中配置较小一跨的跨中连接区域连接。

6) 当底部筋多于两排时,从第三排起非通长筋伸入跨内的长度由设计注明。

(2) 基础梁的箍筋构造(图 8.19)

1) 当具体设计采用三种箍筋时,第一种配置最高的箍筋按设计注写的总道数设置在跨两端,其次向跨内按设计注写的总道数设置第二种配置次高的箍筋,最后将第三种箍筋设置在跨中范围。

2) 当具体设计未注明时,基础主梁与基础次梁的外伸部位以及基础主梁端部节点内按第一种箍筋设置。

(3) 附加箍筋构造(图 8.20)

(4) 附加吊筋构造(图 8.21)

(5) 侧面纵筋和拉筋构造(图 8.22)

(6) 基础次梁钢筋构造(图 8.23)

(7) 基础次梁端部外伸构造(图 8.24)

(8) 基础次梁标高变化节点构造(图 8.25)

(9) 支座两侧梁宽度不同构造(图 8.26)

(10) 梁板式筏形基础外伸构造(图 8.27)

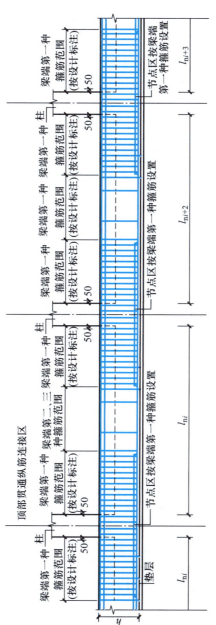

图 8.19 基础梁箍筋构造

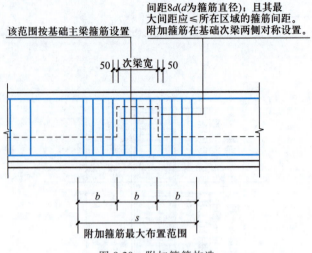

图 8.20　附加箍筋构造

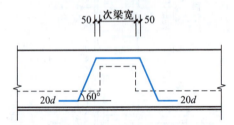

图 8.21　附加吊筋构造

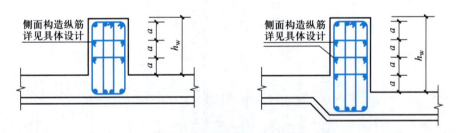

图 8.22　侧面纵筋和拉筋构造

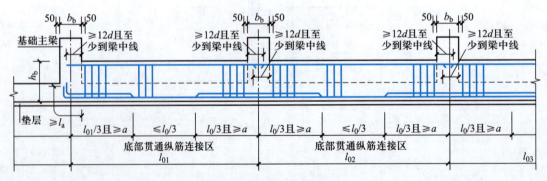

图 8.23　基础次梁钢筋构造

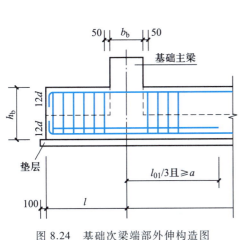

图 8.24 基础次梁端部外伸构造图

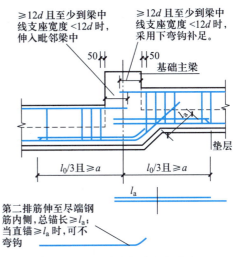

图 8.25 基础次梁标高变化节点

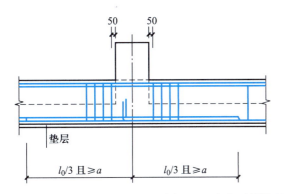

图 8.26 支座两侧梁宽度不同构造

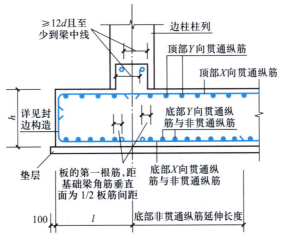

图 8.27 梁板式筏形基础外伸构造

（11）**梁板式筏形基础的无外伸构造**（图 8.28）

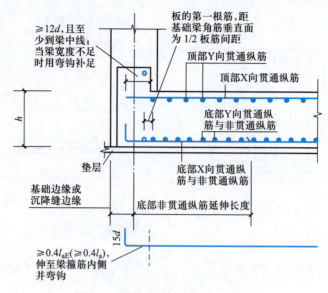

图 8.28　梁板式筏形基础无外伸构造

（12）**梁板式筏形基础标高变化构造**（图 8.29）

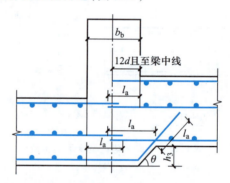

图 8.29　梁板式筏形基础标高变化构造

（13）**平板式筏形基础外伸构造**（图 8.30）

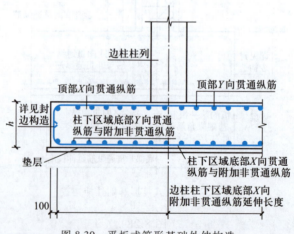

图 8.30　平板式筏形基础外伸构造

（14）**平板式筏形基础无外伸构造**（图 8.31）

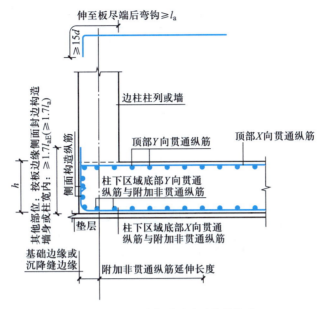

图 8.31 平板式筏形基础无外伸构造

（15）**平板式筏形基础板底顶均有高差构造**（图 8.32）

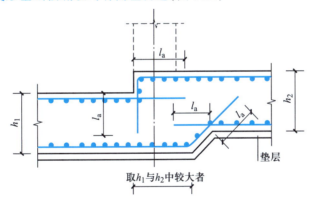

图 8.32 平板式筏形基础板底顶均有高差构造

（16）**平板式筏形基础标高变化构造**（图 8.33～图 8.35）

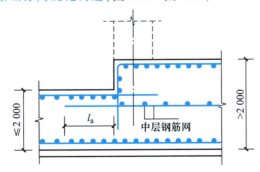

图 8.33 平板式筏形基础标高构造（一）

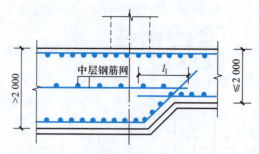

图 8.34 平板式筏形基础标高构造(二)

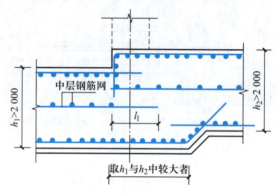

图 8.35 平板式筏形基础标高构造(三)

8.3 高层建筑模板系统

模板是混凝土结构构件成型的一个十分重要的组成部分。现浇混凝土结构用模板工程的造价约占钢筋混凝土工程总造价的 30%,总用工量的 50%。采用先进的模板技术,对于提高工程质量,加快施工速度,提高劳动生产率,降低工程成本和实现文明施工,都具有十分重要的意义。

8.3.1 模板工程的组成和基本要求

模板是使新浇筑混凝土成型并养护,使之达到一定强度以承受自重的临时性结构并能拆除的模型板。模板工程是新浇筑混凝土的支承系统,包括模板、支撑以及紧固件。模板与混凝土直接接触,它主要使混凝土具有构件所要求的形状和承受一定的荷载。支撑是保证模板形状和位置并承受模板、钢筋、新浇筑混凝土的自重及施工荷载的临时性结构。

1. 模板及其支撑系统的基本要求

1) 要保证结构和构件各部分的形状、尺寸及相互位置的正确性。

2) 具有足够的强度、刚度和稳定性,能可靠地承受新浇筑混凝土的重量和侧压力,以及施工过程中所产生的荷载。

3) 构造简单,装拆方便,并便于钢筋的绑扎、混凝土的浇筑及养护等。

4) 接缝严密,不得漏浆。

5) 选用要因地制宜,就地取材,周转次数要多,损耗要小,成本要低,技术要先进。

模板工程的施工工艺一般包括模板的选材、选型、设计、制作、安装、拆除和修整。

对初涉足模板工程的施工技术人员,在了解模板工程基本构造的基础上,应根据上述基本要求,进行模板工程的材料选择、结构计算等,最后做出整个模板工程的合理施工方案。

2. 模板的种类

模板按所用的材料不同,可分为木模板、钢模板、钢木模板、胶合板模板、压型钢模板、组合钢模板、复合材料模板、塑料模板、玻璃钢模板等。按施工工艺不同可分为组合式模板、大模板、滑升模板、爬升模板、永久性模板以及飞模、模壳、隧道模等。按结构类型可分为基础模板、柱模板、墙模板、梁和楼板模板、楼梯模板等。

8.3.2 大模板施工方法

大模板由面板、次肋、主肋、支撑桁架及稳定装置组成(图 8.36)。面板要求平整、刚度好;板面须喷涂脱模剂以利脱模。两块相对的大模板通过对销螺栓和顶部卡具固定;大模板存放时应打开支撑架,将板面后倾一定角度,防止倾倒伤人,采用大模板可节省模板装、拆时间。

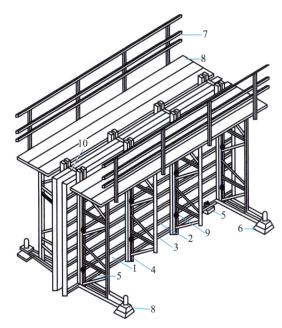

图 8.36 大模板构造示意图

1—面板;2—次肋;3—支撑桁架;4—主肋;5—调整水平用的螺旋千斤顶;
6—调整垂直用的螺栓千斤顶;7—栏杆;8—脚手板;9—穿墙螺栓;10—卡具

8.3.3 爬升模板施工方法

爬升模板是在混凝土墙体浇筑完毕后,利用提升装置将模板自行提升到上一个楼层,再浇筑上一层墙体混凝土的垂直移动式模板。爬升模板由模板、提升架和提升装置3部分组成。爬升模板采用整片式大平模,由面板及肋组成,不需要支撑系统;提升设备采用电动螺杆提升机、液压千斤顶或倒链。既保持大模板优点,又保持了滑膜利用自身小型设备使模板自行向上爬升而不依赖塔式起重机的优点。爬升模板适用于高层建筑墙体、电梯井壁等混凝土施工。

8.3.4　滑升模板施工方法

滑升模板是随着混凝土的浇筑而沿建筑结构或构件表面向上垂直移动的模板,由模板系统、操作平台系统、液压提升系统和控制系统组成(图 8.37)。施工时,在建筑物或构筑物的底部,按照其平面,沿结构周边安装高 1.2 m 左右的模板和操作平台,随着向模板内不断分层浇筑混凝土,利用液压提升设备使模板不断向上滑升,使结构连续成型,逐步完成混凝土浇筑工作。

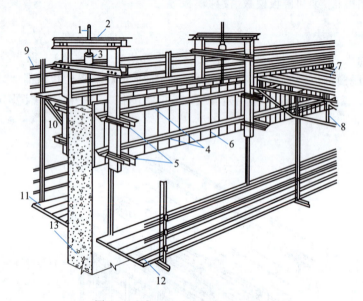

图 8.37　液压滑升模板组成示意图

1—支撑杆;2—提升架;3—液压千斤顶;4—围圈;5—围圈支托;6—模板;7—操作平台;
8—平台桁架;9—栏杆;10—外挑三脚架;11—外吊手架;12—内吊手架;13—混凝土墙体

液压滑升模板适用于烟囱、筒仓、剪力墙、筒体等施工,也可用于现浇框架结构施工。采用液压滑升模板可节约大量模板,节省劳动力,减轻劳动强度,降低工程成本,加快施工进度,提高施工机械化程度;但耗钢量大,一次投资费用较多。

8.4　高层建筑的混凝土工程

8.4.1　大体积混凝土的定义与特点

大体积混凝土为一次浇筑量≥1 000 m³ 或混凝土结构实体最小尺寸≥2 m,且混凝土浇筑需研究温度控制措施的混凝土。日本建筑学会标准(JASS5)规定:"结构断面最小厚度在 80 cm 以上,同时水化热引起混凝土内部的最高温度与外界气温之差预计超过 25 ℃的混凝土,称为大体积混凝土"。美国混凝土学会(ACI)规定:"任何就地浇筑的大体积混凝土,其尺寸之大,必须要求解决水化热及随之引起的体积变形问题,以最大限度减少开裂"。不能以截面尺寸来简单判断是否为大体积混凝土,实际施工中,有些混凝土厚度达到 1 m,但也不属于大体积混凝土的范畴,有些混凝土虽然厚度未达到 1 m,但水化热却较大,不按大体积混凝土的技术标准施工也会造成结构裂缝。

大体积混凝土结构厚实,混凝土量大,工程条件复杂(一般都是地下现浇钢筋混凝土结构),施工技术要求高,混凝土水化热较大(预计超过 25 ℃),易使结构物产生温度变形。大体积混凝土除了最小断面和内外温度有一定的规定外,对平面尺寸也有一定限制。因为平面尺寸过大,约束作用所产生的温度力也愈大,如采取控制温度措施不当,温度应力超过混凝土所能承受的拉力极限值时,则易产生裂缝。混凝土裂缝按产生的原因可分为两类:一是结构裂缝,是由外荷载引起的,包括常规结构计算中的主要应力以及其他结构次应力造成的受力裂缝;二是材料型裂缝,由非受力变形变化引起的,如由温度、湿度、收缩、膨胀、不均匀沉降等因素引起,这种裂缝的形成是一个渐进的过程,与环境的变化、约束的状态等因素有关。

8.4.2 大体积混凝土施工技术与浇筑方案

1. 大体积混凝土的浇筑方法

高层建筑基础工程的大体积混凝土数量多,很多工业设备的基础亦达数千立方米乃至一万立方米以上。对于这些大体积混凝土的浇筑,最好采用集中搅拌站供应商品混凝土,搅拌车运送到施工现场,大体积混凝土浇筑后水化热量大,水化热积聚在内部不易散发,而混凝土表面又散热很快,形成较大的内外温差,温差过大易在混凝土表面产生裂纹;在浇筑后期,混凝土内部又会因收缩产生拉应力,当拉应力超过混凝土当时龄期的极限抗拉强度时,就会产生裂缝,严重时会贯穿整个混凝土基础。

(1)浇筑方案

高层建筑或大型设备的基础,基础的厚度、长度及宽度也大,往往不允许留施工缝,要求一次连续浇筑。施工时应分层浇筑、分层捣实,但又要保证上下层混凝土在初凝前结合好,可根据结构大小、混凝土供应情况采用如下 3 种方式,如图 8.38 所示。

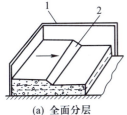 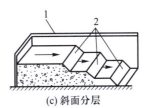

(a) 全面分层　　　　　　(b) 分段分层　　　　　　(c) 斜面分层

图 8.38　大体积混凝土基础浇筑方案
1—模板;2—新浇筑的混凝土

第一层全面浇筑完毕,在初凝前回来浇筑第二层,施工时从短边开始,沿长边逐层进行。适用于平面尺寸不大的基础。

浇筑工作从浇筑层的下端开始,逐渐上移。适用于基础的长度超过厚度的 3 倍的基础。

混凝土从底层开始浇筑,进行一定距离后回来浇筑第二层,依次向前浇筑以上各层。适用于厚度不大而面积或长度较大的基础。

(2)大体积混凝土施工措施

常用的大体积混凝土施工措施有:选用低水化热的水泥,如矿渣水泥、火山灰或粉煤灰水泥;掺缓凝剂或缓凝型减水剂,也可掺入适量粉煤灰等外掺料;采用中粗砂和大粒径、级配良好的石子,尽量减少混凝土的用水量;降低混凝土入模温度,减少浇筑层厚度,降低混凝土浇筑速度,必要时在混凝土内部埋设冷却水管,用循环水来降低混凝土温度;加强混凝土的保湿、保温,采取在混凝土表面覆盖保温材料或蓄水养护,减少混凝土表面的热扩散;与设计方协商,设置"后浇带"。

2. 水下混凝土的浇筑方法

水下混凝土的浇筑目前常用"导管法"(图8.39),是利用导管输送混凝土使之与水隔离,依靠管中混凝土的自重,压管口周围的混凝土在已浇筑的混凝土内部流动、扩散,以完成混凝土的浇筑工作。

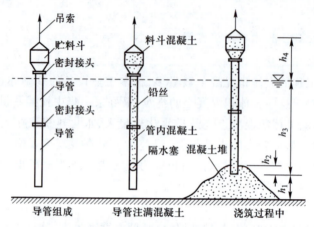

图 8.39 水下浇筑混凝土施工示意导管法

(1)工作程序

导管安放(下部距底面约10 cm)→在料斗及导管内灌入足量混凝土→剪断球塞吊绳(混凝土冲向基底向四周扩散,并包住管口,形成混凝土堆)→在料斗内持续灌入混凝土、管外混凝土面不断被管内的混凝土挤压顶升→边灌入混凝土、边逐渐提升导管(保证导管下端始终埋入混凝土内)→直至混凝土浇筑高程高于设计标高→清除强度较低的表面混凝土至设计标高。

(2)注意事项

必须保证第一次浇筑的混凝土量能满足将导管埋入最小埋置深度 h_1,其后应能始终保持管内混凝土的高度;严格控制导管提升高度,只能上下升降,不准左右移动,以免造成管内返水事故发生。

导管直径的选择:水深小于3 m可选 $\Phi250$,施工覆盖范围约4 m²;水深3~5 m可选 $\Phi300$,施工覆盖范围为5~15 m²;水深5 m以上者可选 $\Phi300~500$,施工覆盖范围为15~50 m²;当面积过大时,可用多根导管同时浇筑。

当混凝土水下浇筑深度在10 m以内时,导管埋入混凝土的最小深度为0.8 m,当混凝土水下浇筑深度在10~20 m时,导管埋入混凝土的最小深度为1.1~1.5 m。

● 8.4.3 大体积混凝土防止早期裂缝的措施

针对以上混凝土裂缝产生的原因,结合×××职业技术学院崇文楼主教学楼(下称教学楼

A区)工程项目实际情况,主要采取了以下防治措施,重点是防止混凝土的温度裂缝和收缩裂缝。

严格控制原材料质量。给商品混凝土生产厂家提出严格控制混凝土原材料的质量和技术标准。选用低水化热的水泥,优选掺合料,粗细骨料含泥量低。细致分析混凝土集料的配合比,控制水灰比,减少坍落度,合理掺加减水剂。选用低水化热的火山灰硅酸盐水泥,并建有冲洗台,专人冲洗、专人检查、建立台账,严格控制沙石等骨料的含泥量,并根据含水量及时调整配合比,减少了裂缝发生的因素。

合理安排大体积混凝土的施工时段。控制浇筑温度必须从降低混凝土出机温度入手,其目的是降低大体积混凝土的总热能和减小结构的内外温差。降低混凝土出机温度最有效的方法是降低石子和沙子的温度,由于夏季气温较高,为防止太阳的直接照射,要求商品混凝土供应商在砂、石堆场搭设简易遮阳装置,还需向骨料喷射水雾或使用前作淋水冲洗。在控制混凝土的浇筑温度方面,通过计算混凝土的工程量,做到合理安排施工流程及机械配置,调整浇筑时间为当天气温较低时为主。夏季施工时尽可能安排在早晨、傍晚或夜间,以免因暴晒而影响大体积混凝土的浇筑质量。

混凝土浇筑安排在夜间,可以最大限度地降低混凝土入模温度,加强混凝土的振捣,使用二次振捣技术,利用平板振动器振捣,提高混凝土密实度。

采用"三掺"技术:一掺 UEA 膨胀剂,以 10%～12% 内掺(替代水泥率)水泥中可拌成补偿收缩混凝土。通过 UEA 产生的前期膨胀以补偿混凝土干缩,后期微膨胀以补偿冷缩;二掺粉煤灰,在保证混凝土强度的基础上加入粉煤灰,粉煤灰的掺入使得混凝土的力学性能、水泥水化程度得以提高,微观结构致密,孔隙分布有所改善;三掺缓凝减水剂,缓凝减水剂是一种能延长混凝土凝结时间的外加剂,使新拌混凝土在较长时间内保持塑性,以调节新拌混凝土的凝结时间。

教学楼 A 区施工时,混凝土中掺加适量的 UEA 膨胀剂(10%)。以起到微膨胀作用,从而调节收缩变形产生的混凝土裂缝。掺加水泥重量 0.5%～3% 的缓凝剂,以调节混凝土的凝结时间;掺加适量的减水剂;为提高混凝土的可泵性减少水泥用量,降低水化热,同时掺入 20% 的粉煤灰避免混凝土裂缝的出现。

控制混凝土的入模温度。教学楼 A 区工程基础施工时正值夏季,浇筑混凝土入模温度高,与水化热相叠加后,混凝土内部温度加高。为了有效控制水热的释放速度,控制混凝土入模温度。采取措施:一是采用搭设凉棚存放砂、石等混凝土原材料;二是冷水冲浇砂、石子,关键要冲透,即沙石的温度降到 25 ℃ 以下;三是布置输送管道距离要短,注意减少拐角,在管路支架上设管套,减少由于管路输送增加摩擦而产生热值。最终将浇筑温度控制在 28 ℃ 以内,使实际入模温度略低于大气温度 1～3 ℃,从而推迟水化热峰值出现,时间为 2 d 左右。

布置测温点。测温点应沿浇筑的高度,布置在底部、中部和表面,垂直测点间距一般为 500～800 mm;平面则应布置在边缘与中间,平面测点间距一般为 2.5～5 m。采用预留测温孔洞方法测温时,一个测温孔只能反映一个点的数据。注意:不应采取通过沿孔洞高度变动温度计的方法来测竖孔中不同高度位置的温度。

制订测温制度测温时,在混凝土温度上升阶段每 2 h 测一次,温度下降阶段每 4 h 测一次,同时测大气温度。所有测温点均编号,进行混凝土内部不同深度和表面温度的测量。实际测温时混凝土中心温度最高为 79 ℃,混凝土表面温度为 56 ℃,大气温度为 34 ℃。测温工作由经过培训、责任心强的专人进行。

测温工具的选用。为了及时控制混凝土内外温差,以及校验计算值与实测值的差别,随时掌握混凝土的温度动态,宜采用热电偶或半导体液晶显示温度计。采用热电偶测温时,还应配合普通温度计,以便进行校验。

合理的振捣方法。为保证混凝土密实度,采用行列式或梅花式进行振捣。在每次浇筑时设 5 台振捣棒,2 台在浇筑点,2 台在振捣流淌部分,1 台在后面补振。振距为 500 mm。振捣上层混凝土时,振捣棒应插入下层混凝土至少 50 mm,使上下层结合成一体,振捣时间在 20~30 s,待出现反浆后,混凝土不下沉为准,以防过振和漏振。振捣密实后,用木抹子或长木刮平,压实 2~3 遍,然后在面层撒 10 mm 厚的一层粒砂。

采用蓄水方式进行保湿保温养护,并在混凝土覆盖一层塑料布并在局部喷涂混凝土养护剂。混凝土养护剂又称混凝土养生液,是一种涂膜高分子材料,喷洒在混凝土表面后固化,形成一层致密的薄膜,使混凝土表面与空气隔绝,大幅度降低水分从混凝土表面蒸发损失,从而利用混凝土中自身的水分最大限度地完成水化作用,达到养护的目的。覆盖一层纤维进行保温,同时根据温差情况及时对混凝土上表面覆盖厚度进行增减。

混凝土内外温差及混凝土表面与大气温差均不得超过 25 ℃。当发现内外温差 $\Delta T =$ 25 ℃ 时应即刻增加覆盖,当 $\Delta T < 20$ ℃ 时,可拆除部分覆盖,以加速降温。此项工作需反复进行,应注意速率不大于 2 ℃/d。

为了防止大体积混凝土产生裂缝,除了可以在施工过程中采取措施外,在改善边界约束和构造设计方面也可以采取一些预防措施。

设置后浇带。当大体积混凝土结构尺寸过大时,为防止水热化的大量积聚,在进行结构设计时,可在适当位置设置后浇带,将大体积混凝土分成若干块浇筑,在施工后期再将分块的混凝土连成一个整体,这样可以降低混凝土每次浇筑的蓄热量,同时也可放松约束程度。

设置温度配筋。在结构的孔洞周围、变截面处以及底板、顶板与墙的转角处,由于温度变化和混凝土收缩,会产生应力集中,进而导致混凝土开裂。为此,可在孔洞周围增配斜向钢筋或钢筋网片,使混凝土在变截面处由突变改为缓变,以改善大体积混凝土中应力集中的现象。同时增配一定数量的抗裂钢筋,防止裂缝的出现。

设置滑动、缓冲层。混凝土由于边界存在约束才会产生温度应力,如果在与外界约束的接触面上设置滑动层,则可有效减少周围结构的约束。在水平面设置滑动层,以减少约束作用;在垂直面、键槽部位设置缓冲层,以消除嵌固作用。

建立健全现场管理。大体积混凝土施工测温是必不可少的一项工作,加强混凝土表面保温、保湿来减少内外温度不超过规范的 25℃ 是控制裂缝的有效措施。

👓 小结

高层建筑结构施工时,涉及很多关键问题,包括塔吊爬升、核心筒爬(提、顶)模、高性能混凝土超高泵送、测量、钢结构安装焊接、机电安装、大体积混凝土浇筑、深基坑、幕墙等很多关键技术。

塔吊爬升、核心筒爬（提、滑）模、高性能混凝土泵送问题解决得好坏,直接关系到项目的顺利与否;其他问题,与常规项目基本没有区别。

布置原则1:数量最少,满足作业半径、工期等要求(受堆料场地、吊重等的限制)。

布置原则2:尽量选择在墙体较厚处布置塔吊,减少对墙体的加固。

布置原则3:尽量避开墙体开洞处,减少对墙体的加固(如果可能,电梯井位置核心筒开洞最少)。

布置原则4:塔式起重机支架的预埋件尽量布置在楼层处(平面抗侧刚度大、减少加固、一般爬升高度在18~22 m之间。

习题与思考

1. 高层建筑施工中,最常用的起重运输体系是什么?
2. 根据塔式起重机在工地上的使用架设要求有哪些基本类型?
3. 对高层建筑施工用塔式起重机的一般要求是什么?
4. 何谓塔式起重机的起重量?
5. 简述塔式起重机选用步骤。
6. 塔式起重机基础布置在水泥围护墙上时,为确保水泥围护墙的安全,应做哪些工作?
7. 附着式塔式起重机的附着装置在安装和固定时有何要求?
8. 如何确定内爬式起重机塔身下部在楼层内嵌固的长度?
9. 高层建筑垂直运输机械在施工过程中最繁忙的是哪种机械?
10. 外用电梯的合理布置位置在哪里?
11. 对于混凝土泵的分配阀有哪些要求?
12. 混凝土泵的主要参数有哪些?
13. 如何选用混凝土泵?
14. 选择垂直运输机械时应考虑的主要因素有哪些?

实训项目

××工程A标段垂直运输施工方案

一、塔机选型及布置方案

1. 工程概况

重庆英利国际广场A标段工程由重庆市英利七牌坊置业有限公司投资兴建,由四川华西集团有限公司承建施工,工程位于重庆市渝中区大坪正街及大坪支路与大坪循环道交汇路段的西侧,结构形式为框架-剪力墙结构,工程建筑面积约300 000 m²,由地下室、裙楼及3栋塔楼组成。

2. 塔机选型及布置

本标段工程施工需要设置自升式塔机,负担钢筋、模板、架料等施工材料的垂直运输。

1 号塔楼为地上 51F,地下室高度 24.350 m,±0.000 m 以上高度 218.90 m,需要提升高度 250.00 m。如采用内爬塔机布置方案则⑰轴以西、ⓑ轴～①轴区域不能由主塔楼塔机覆盖,需多设一台塔机负担其裙楼及地下室施工垂直运输,且塔机爬升频繁影响施工进度,故拟采用新购四川中兴塔机厂生产的 QTZ80(5513)型(8 t 机构、塔身标准节全加强)塔机外附着施工。主要技术性能:最大独立高度 48.6 m;最大附着安装高度 309 m;起重臂长 55 m;配重臂长 12.6 m;最大起重量 80 kN;最小起重量 13 kN;总耗电功率 30 kW(电动机为变频电机);最大提升速度 70 m/min;卷扬筒容存量 640 m;首次附着高度 35.5 m;附着间距 22 m;第 12 次附着高度 281.9 m。能满足高塔施工需要,也能满足地下室基坑第一次安装高度需要超过地面电线电杆高度的要求。

2 号塔楼为地上 46F,地下室高度 24.350 m,±0.000 m 以上高度 180.90 m,塔机需要安装高度 212.00 m。如采用内爬塔机施工,则㉗轴以东、Ⓐ轴～Ⓚ轴区域塔机不能覆盖,亦由于塔机频繁爬升影响施工进度,故此拟采用新购四川中兴塔机厂生产的 QTZ80(5513)型(8 t 机构、塔身标准节全加强)塔机外附着施工,布置在㉓轴～㉔轴交ⓓ轴～Ⓖ轴跨内,该型号塔机最大附着安装高度 309 m,最大独立安装高度 48 m,既能满足高塔施工需要,也能满足地下室基坑第一次安装高度需要超过地面电线电杆高度的要求。

3 号塔楼地上 43F,地下室高度 24.350 m,±0.000 m 以上高度 133.50 m,塔机需要安装高度 140.00 m。由于 1 号及 2 号塔楼均比 3 号塔楼高度高得多,如将塔机布置在⑱轴线以东,则当 1 号、2 号塔楼施工高度高于 3 号塔楼塔机时,该塔机吊臂受高楼影响其工作幅度约 1 800,该楼栋以西又紧邻 B 标段的 4 号商住楼,受 4 号楼塔机布置的影响,3 号塔楼塔机只能布置在⑭轴以西Ⓧ轴线处的基坑堡坎上,塔机型号选择新购四川中兴塔机厂生产的 QTZ80(5513)塔机外附着施工(由于塔机位置特殊,塔机附着为超长附着,3 根附着杆的长度分别为 11.50 m、9.40 m、9.40 m)。受 1 号、2 号塔楼影响,该塔机起重臂只能按 45 m 臂长安装,否则起重臂旋转幅度受限制。

裙楼地下室±0.000 m 以下高度 24.35 m,以上高度 41.70 m,塔机需要安装高度 72.00 m。拟选用新购四川中兴塔机厂生产的 QTZ80 型(5513)塔机外附着施工,布置于㉖轴～㉗轴交Ⓥ轴～Ⓤ轴跨内,该塔机起重臂臂长只能为 50 m(如按 55 m 臂长安装,则 1 号及 2 号塔楼的外架将影响其起重臂的旋转幅度),能满足施工需要。

本标段工程施工共需安装塔机 4 台即可覆盖整个施工作业面,能满足施工要求。

3. 塔机布置平面图见施工总平面图(略)

二、施工电梯选型及布置方案

本标段工程施工的作业人员上下楼层以及零散施工材料,如砌体材料、抹灰砂浆、楼地面施工材料、屋面施工材料等,塔机不便运输,需要配置人货两用施工电梯负担施工垂直运输。

根据 1 号、2 号、3 号塔楼的单层施工面积和高度体量,1 号塔楼建筑面积约 80 000 m²,需要提升地面材料约 4 000 m³,墙体材料约 6 000 m³,抹灰砂浆约 2 200 m³,运输施工作业人员约 210 万(人次),考虑在裙楼结构施工完成后再安装塔楼施工电梯,约需要电梯配合施工的工期为 500 天,按平均每天工作 12 小时,平均每小时提升 14 次(按双笼计),每月正常工作 26 天,根据正常提升速度和平均提升重量计算,约需要 1 350 个工作台班,需要设置 2 台提升高度 230 m 双笼人货两用施工电梯才能基本满足施工需要。拟选用四川金隆宇机械制造有限公司生产的 SC200/200—3316 型施工升降机。

2 号塔楼建筑面积约 68 000 m²,虽然建筑面积较 1 号塔楼小,但该子项工程为小户型公寓楼,内部隔墙较多,材料提升量较 1 号塔楼大,总提升量与 1 号塔楼基本持平,亦需设置 2 台提升高度 200 m 人货两用施工电梯。拟选用四川金隆宇机械制造有限公司生产的 SC200/200—3316 型施工升降机。

3 号塔楼建筑面积约 28 000 m²,为小户型商住楼,施工材料提升量较大,需要设置 1 台提升高度 150 m 人货两用施工电梯负担施工人员上下楼层和施工材料的垂直运输。拟租用普通高层施工电梯。裙楼主体结构施工垂直运输由塔机负担,装饰装修阶段的施工垂直运输拟配设 3 台门式物料提升机。

三、混凝土泵送方案

本工程 1 号、2 号、3 号塔楼高度均过普通高层结构高度,属于超高层混凝土结构工程。其中 1 号塔楼要求混凝土垂直输送高度 218 m,需要地面配制水平管不低于 55 m。2 号塔楼要求混凝土垂直输送高度 189 m,需要地面水平配管不低于 48 m。3 号塔楼要求混凝土垂直输送高度 139 m,需要地面水平配管不低于 35 m。特别是 1 号、2 号塔楼高度均在 150 m 以上,普通高压混凝土输送泵车无法将混凝土泵送到施工楼层,这是本工程混凝土泵送施工的技术难题。在走访商品混凝土供应市场和网上查阅相关资料后,了解到此前超高层混凝土结构工程施工中常采用接力泵送施工,这给施工现场环境保护、文明施工带来极大的困难,中联重科推出的超高压柴油动力型混凝土输送泵(HBT110.26.390RS 型),最大输送高度 350m,能满足本工程施工需要。

参 考 文 献

[1] 李仙兰.建筑工程技术综合[M].2版.北京:中国电力出版社,2017.

[2] 姚谨英.建筑施工技术[M].4版.北京:中国建筑工业出版社,2018.

[3] 陈达飞.平法识图与钢筋计算[M].3版.北京:中国建筑工业出版社,2018.